国家“双高计划”水利水电建筑工程专业群系列教材

钢结构制作与安装

主　编　满广生　包海玲

副主编　艾思平　祝冰青　于文静　王来玮　夏　璐

电子课件
（仅限教师）

華中科技大學出版社
http://press.hust.edu.cn
中国·武汉

图书在版编目(CIP)数据

钢结构制作与安装/满广生,包海玲主编.—武汉:华中科技大学出版社,2023.8(2025.2重印)
ISBN 978-7-5680-9967-7

Ⅰ.①钢… Ⅱ.①满… ②包… Ⅲ.①钢结构-结构构件-制作 ②钢结构-建筑安装 Ⅳ.①TU391
②TU758.11

中国国家版本馆CIP数据核字(2023)第161953号

钢结构制作与安装
Gangjiegou Zhizuo yu Anzhuang

满广生　包海玲　主编

策划编辑:康　序
责任编辑:狄宝珠
封面设计:孢　子
责任监印:曾　婷
出版发行:华中科技大学出版社(中国·武汉)　　电话:(027)81321913
　　　　　武汉市东湖新技术开发区华工科技园　　邮编:430223
录　　排:武汉三月禾文化传播有限公司
印　　刷:武汉邮科印务有限公司
开　　本:787mm×1092mm　1/16
印　　张:16
字　　数:407千字
版　　次:2025年2月第1版第2次印刷
定　　价:48.00元

前言 Preface

本书主要讲述钢结构的基本原理、钢结构设计以及 BIM 技术在钢结构中的应用。书中含有大量数字资源，本书按《钢结构通用规范》(GB 55006—2021)、《钢结构设计标准》(GB 50017—2017)、《建筑结构可靠性设计统一标准》(GB 50068—2018)等最新标准、规范编写。

本书是根据高等职业教育土建类专业人才培养目标，结合“双高计划”的教材建设而编写的新形态一体化数字教材。依据高等职业教育土建类专业人才培养目标，使学生能够系统地掌握钢结构制作与安装的相关知识、基本理论和方法。本书的主要内容有钢结构基本知识、建筑钢结构材料的选用、钢结构的连接、钢结构加工制作、钢结构涂装工程施工、钢结构安装准备、钢结构安装施工等内容。通过教学，树立学生的质量意识，使学生掌握钢结构的制作安装工艺和质量控制方法，能运用所学知识进行钢结构制作和安装实施，使学生能在国家规范、法律、行业标准的范围内，提交钢结构制作和安装的方案，并在施工一线付诸实施，具备从事本专业岗位需求的安装技能。

本书由安徽水利水电职业技术学院满广生、包海玲任主编，安徽水利水电职业技术学院艾思平、祝冰青、于文静、王来玮、夏璐任副主编。具体分工如下：包海玲编写项目 1、项目 7、项目 8，于文静、夏璐编写项目 2、项目 3，王来玮编写项目 4、项目 9，艾思平编写项目 5、项目 6，祝冰青编写项目 10，满广生教授承担全书的审核与统筹工作。

为了方便教学，本书还配有电子课件等资料，任课教师可以发邮件至 husttujian@163.com 索取。

由于编者水平有限，加之时间仓促，书中难免存在疏漏之处，恳请广大读者批评指正。

编　者

2023 年 5 月

目录

Contents

项目1 概述 /001

任务1 钢结构的概念和特点 /003
任务2 钢结构的应用范围 /004
任务3 钢结构的组成类型 /006
任务4 我国钢结构的发展概况 /011

项目2 钢结构材料与连接 /017

任务1 建筑钢结构材料 /019
任务2 建筑钢结构连接 /025

项目3 钢结构基本构件的设计原理 /049

任务1 轴心受力构件 /051
任务2 受弯构件 /058
任务3 偏心受力构件 /068

项目4 钢结构施工图识图 /074

任务1 施工图基本知识 /076
任务2 钢结构节点详图 /099
任务3 钢结构工程施工设计图识图 /108

项目5 钢结构制作及连接 /111

任务1 概述 /112
任务2 钢结构加工前的生产准备 /113
任务3 钢构件制作 /115
任务4 构件连接与组装 /123
任务5 钢结构预拼接 /134

任务 6 钢构件成品检验、管理和包装 /139

项目 6 钢结构的安装 /144

任务 1 施工准备 /145
任务 2 单层钢结构安装 /145
任务 3 多层及高层钢结构安装 /149
任务 4 钢网架安装 /154

项目 7 钢结构施工验收 /158

任务 1 隐蔽工程验收 /160
任务 2 《钢结构工程施工质量验收标准》(GB 50205—2020)简介 /161
任务 3 分项工程检验批的验收 /163
任务 4 分项工程的验收 /165
任务 5 分部工程的验收 /166
任务 6 钢结构工程施工质量验收程序和组织 /167
任务 7 不合格项目的处理原则 /168

项目 8 钢结构施工安全 /170

任务 1 钢结构工程安全技术措施 /172
任务 2 钢结构现场吊装及运输要求 /174
任务 3 钢结构焊接工程安全技术要求与标准 /177
任务 4 紧固件连接工程安全技术要求与标准 /179
任务 5 压型钢板工程安全技术要求与标准 /180
任务 6 钢结构安装工程安全技术要求与标准 /181
任务 7 钢结构涂装工程安全技术要求与标准 /182

项目 9 钢结构 BIM 技术应用 /185

任务 1 钢结构建筑 BIM 技术的应用现状 /187
任务 2 BIM 技术在钢结构建筑设计中的应用 /190
任务 3 BIM 技术在钢结构构件生产中的应用 /197
任务 4 BIM 技术在钢结构建筑施工中的应用 /200
任务 5 钢结构的发展方向及 BIM 技术在钢结构施工中应用存在的问题 /206

项目 10 钢结构工程施工案例 /211

任务 1 门式钢架施工案例 /212
任务 2 网架结构施工案例 /237

参考文献 /247

项目1

概述

GAISHU

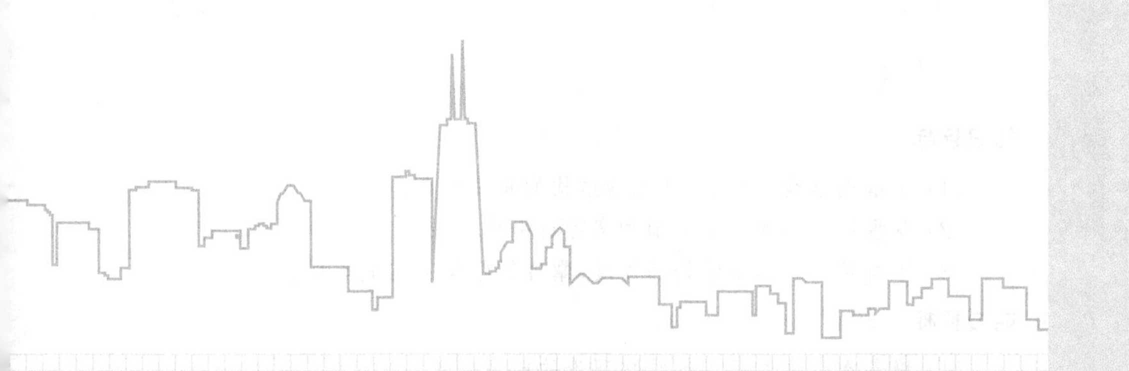

项目描述

“共和国超级工程”北京大兴国际机场:创造新奇迹、见证新发展

这座被誉为“世界级工程奇迹”“共和国超级工程”,北京大兴国际机场,它是世界上最大的飞机场,荣获全国绿色建筑创新一等奖、全国爱国主义教育示范基地、第十九届中国土木工程詹天佑奖等诸多荣誉。同时,凭借超高技术难度的把控和精细的工程质量管理,北京新机场旅客航站楼及综合换乘中心、停车楼及综合服务楼工程整体获得“中国钢结构金奖年度杰出工程大奖”,荣膺钢结构行业最高奖项。它是中国速度、中国力量的完美呈现。大兴国际机场不仅是国家发展一个新的动力源,更是践行“创新、协调、绿色、开放、共享”的新发展理念的新国门。

【二维码 1.1:北京大兴国际机场核心区钢结构分区】

北京大兴国际机场航站楼总建筑面积 143 万平方米,主体为现浇钢筋混凝土框架结构,局部为型钢混凝土结构,屋面及其支撑为钢结构,钢结构总重约 13 万吨。

项目执行

任务 1:钢结构的概念和特点
任务 2:钢结构的应用范围
任务 3:钢结构的组成类型
任务 4:我国钢结构的发展概况

学习目标

知识目标

(1) 了解钢结构的特点,掌握钢结构的相关概念。
(2) 掌握钢结构的应用范围和实际运用情况。
(3) 了解目前我国钢结构的发展,掌握钢结构的组成类型。

能力目标

(1) 培养学生运用基本钢结构理论的能力。
(2) 培养学生发现问题、分析问题和解决问题的能力。

素质目标

(1) 具备良好的职业道德修养,能遵守职业道德规范。
(2) 具有良好的团队合作精神和协调能力。
(3) 具有规范意识和工匠精神。

任务1 钢结构的概念和特点

1.1.1 任务目标

(1) 掌握钢结构的相关概念。
(2) 了解钢结构的特点。

1.1.2 任务实施

一、钢结构的概念

钢材的特点是强度高、自重轻、整体刚度好、抵抗变形能力强,故用于建造大跨度和超高、超重型的建筑物特别适宜;材料匀质性和各向同性好,属理想弹性体,最符合一般工程力学的基本假定;材料塑性、韧性好,可有较大变形,能很好地承受动力荷载;建筑工期短;其工业化程度高,可进行机械化程度高的专业化生产。

二、钢结构的特点

钢结构是以钢材(钢板和型钢)为主制作的结构,和其他材料的结构相比,钢结构具有如下特点。

1. 强度高、重量轻

钢比混凝土、砌体和木材的强度和弹性模量要高出很多倍,因此,钢结构的自重常较轻。例如,在跨度和荷载都相同时,普通钢屋架的重量只有钢筋混凝土屋架的1/4~1/3,若采用冷弯薄壁型钢屋架,只约1/10,轻得更多。由于强重比大,钢结构用于建造大跨度结构时可以采用更小的截面尺寸,结构占用空间小。由于重量轻,可减轻下部结构和基础的负担,钢结构用于建造超高、超重型的建筑物,综合造价低。

2. 材质均匀

钢材的内部组织均匀,非常接近于各向同性体,且在一定的应力范围内,属于理想弹性体,符合工程力学所采用的基本假定。因此,计算结果准确可靠。

3. 塑性、韧性好

钢材具有良好的塑性,钢结构在一般情况下,不会发生突发性破坏,而是在事先有较大变形作预兆。此外,钢材还具有良好的韧性,能很好地承受动力荷载和地震作用,在抗震设防地区可以优先考虑采用。

4. 工业化程度高

钢结构是用各种型材(H型钢、T型钢、工字钢、槽钢、角钢等)和钢板,经切割、焊接等工序制造成钢构件或子结构,然后分运输单元送至工地安装。对一些轻型屋面结构(压型钢板屋面、彩板拱形波纹屋面等),甚至可在工地边压制边安装。钢结构的安装,由于是装配化作业，故效率高，建造期短，发挥投资效益快。

5. 拆迁方便

钢结构由于重量轻，连接方便，故非常适宜于建造一些临时结构、移动结构等。对已经使用的钢结构，也便于加固、改建，甚至拆迁。

6. 密闭性好

焊接的钢结构可以做到完全密闭，因此适宜于建造要求气密性和水密性好的气罐、油罐和高压容器。

7. 耐腐蚀性差

一般钢材较易腐蚀，特别是在湿度大和有侵蚀性介质的环境中更甚。因此，须采取除锈、刷油漆等防护措施，而且还须定期维修，需要一定的维护费用。在必要时，可采用具有防锈性能的耐候钢。

8. 耐热但不耐火

当辐射热温度低于 100 ℃时，即使长期作用，钢材的主要性能变化也很小，因此其耐热性能较好。但当温度超过 250 ℃时，其材质变化较大，达 600 ℃时强度几乎为零，故当结构表面长期受辐射热达 150 ℃以上或在短时间内可能受火焰作用时，须采取隔热和防火措施。

1.1.3 任务练习

观看央视网《大工告成 北京大兴国际机场》第一集：蓄势待发；第二集：初露锋芒；第三集：凤舞九天。了解行业科技，感受中国人民创造的一个令世人惊叹的奇迹。

任务 2 钢结构的应用范围

1.2.1 任务目标

了解钢结构的应用范围。

1.2.2 任务实施

随着我国国民经济的不断发展和科学技术的进步，钢结构在我国的应用范围也在不断扩大。根据钢结构的特点，目前钢结构应用范围大致如下。

一、大跨结构

结构跨度越大，自重在荷载中所占的比例就越大，减轻结构的自重会带来明显的经济效益。钢材强度高结构重量轻的优势正好适合于大跨结构，因此钢结构在大跨空间结构和大跨桥梁结构中得到了广泛的应用，如图 1-2-1 所示。

二、重型工业厂房

吊车起重量较大或者其工作较繁重的车间的主要承重骨架多采用钢结构。另外，有强烈辐射热的车间，也经常采用钢结构，如图 1-2-2 所示。

图 1-2-1 北京大兴机场魔幻空间

图 1-2-2 单层工业厂房

三、受动力荷载影响的结构

由于钢材具有良好的韧性，设有较大锻锤或产生动力作用的其他设备的厂房，即使屋架跨度不大，也往往由钢制成。对于抗震能力要求高的结构，采用钢结构也是比较适宜的。北京大兴国际机场就是世界上最大单体隔震建筑。

四、多层、高层和超高层建筑

钢结构因其材料强度高结构重量轻，对地基压力小，在超高层建筑中应用相当普遍。由于钢结构的综合效益指标优良，近年来在多、高层民用建筑中也得到了广泛的应用，如图1-2-3所示。

五、高耸结构

高耸结构包括塔架和桅杆结构，如高压输电线路的塔架、广播、通信和电视发射用的塔架和桅杆、火箭(卫星)发射塔架等，如图 1-2-4 所示。

图 1-2-3 上海金茂大厦

图 1-2-4 黑龙江电视塔

六、可拆卸的结构

钢结构不仅重量轻，还可以用螺栓或其他便于拆装的手段来连接，因此非常适用于需要搬迁的结构，如建筑工地、油田和需野外作业的生产和生活用房的骨架等。钢筋混凝土结构施工用的模板和支架，以及建筑施工用的脚手架等也大量采用钢材制作。

七、容器和其他构筑物

冶金、石油、化工企业中大量采用钢板做成的容器结构，包括油罐、煤气罐、高炉、热风炉等，如图 1-2-5 所示。此外，经常使用的还有皮带通廊栈桥、管道支架、锅炉支架等其他钢构筑物，海上采油平台也大都采用钢结构。

八、轻型钢结构

钢结构重量轻，不仅对大跨结构有利，对屋面活荷载特别轻的小跨结构也有优越性。因为当屋面活荷载特别轻时，小跨结构的自重也成为一个重要因素。轻工业厂房、仓库、住宅等，多采用冷弯薄壁型钢结构、门式刚架结构、金属拱形波纹屋盖以及钢管结构等，如图1-2-6所示。

图 1-2-5　网壳顶油罐施工图

图 1-2-6　门式刚架轻钢厂房

1.2.3　任务练习

钢结构有哪些特点？结合这些特点，应怎样选择其合理应用范围。

任务 3　钢结构的组成类型

1.3.1　任务目标

掌握钢结构的组成类型，以及各种钢结构类型各自特点。

1.3.2 任务实施

一、钢结构的基本组成类型

在建筑工程中，钢结构的应用极其广泛。为了能更好发挥钢材的性能，有效地承担外荷载，结构根据使用功能不同往往采用不同的组成方式。因此，钢结构的主要结构形式比较多。但无论何种结构形式，它们都是由钢板和型钢经过加工、组合、连接制成各种基本构件，如拉杆、压杆、梁、柱、钢索、拱等，然后将这些基本构件按一定方式通过焊接和(或)螺栓等连接组成结构，以满足使用功能要求。

1. 单层工业厂房

单层工业厂房常用的结构形式，是由一系列的平面承重结构用纵向构件和支撑构件等连成空间整体，如图 1-3-1 所示。在这种结构形式中，重力荷载主要由平面承重结构承担，纵向水平荷载由支撑承受和传递。平面承重结构又可有多种形式，最常见的为横梁与柱刚接的门式刚架和横梁(桁架)与柱铰接的排架。

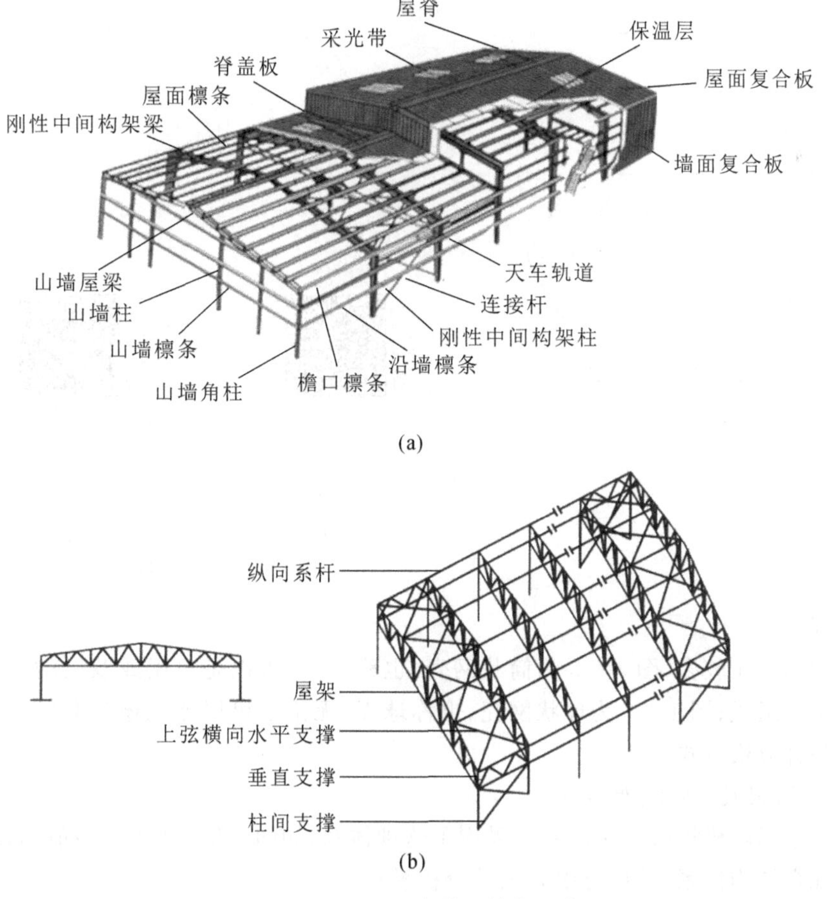

图 1-3-1 单层厂房常用结构形式

2. 大跨度单层房屋

大跨度单层房屋的结构形式众多，常用的有以下几种。

1）平板网架

这种结构也称为空间结构体系，内力分布合理，更加节省钢材。图 1-3-2 给出了双层平板网架三维图，该网架布置有斜腹杆，使杆件受拉方向更加有利。图 1-3-3 为正放四角锥网架，其受力均匀，空间刚度大，应用最广。图 1-3-4 由三个方向交叉的桁架组成，空间刚度大、受力性能好。这种结构形式目前也已在单层工业房屋中广泛应用。

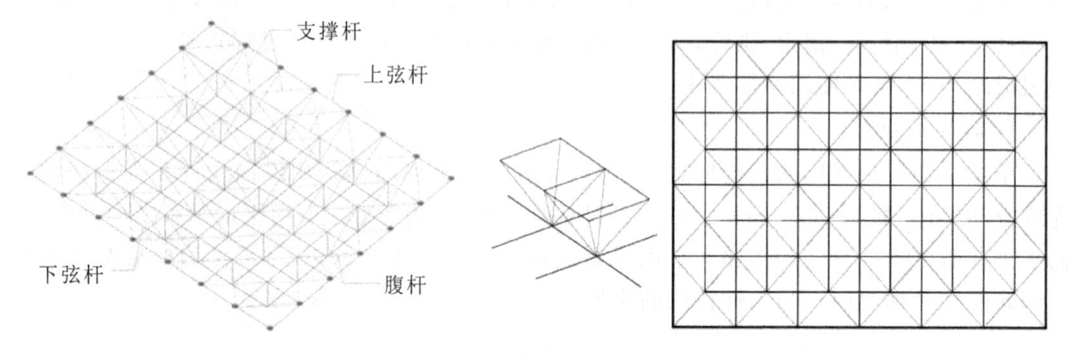

图 1-3-2　平板网架

图 1-3-3　正放四角锥网架

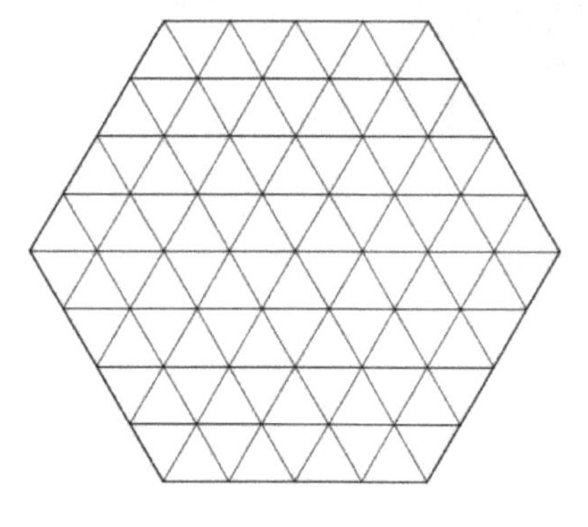

图 1-3-4　三向交叉网架

【二维码 1.2：单层网壳结构——上海科技馆】

【二维码 1.3：260 吨单层球面网壳结构——用汗水和智慧攻坚克难：湖州市“太阳酒店·水晶晶广场”】

2）网壳

网壳的形式比较多，图 1-3-5 为筒状网壳，也称筒壳，可以是单层或双层的，双层时一般由倒置四角锥组成；图 1-3-6 为球状网壳，也称球壳，无论是单层球壳还是双层球壳，其网格都可以有多种分格方式。

3）空间桁架或空间刚架体系

上海浦东国际机场航站楼的屋盖采用了这种体系，如图 1-3-7 所示。该航站楼体系为复杂大跨度混合结构体系，采用有限元软件分析模型。

4）悬索

悬索结构是一种极为活跃的结构，可赋予建筑不同的造型和美感，结构自重轻、效率高、抗震性能好，特别适合大跨度建筑。其形式之多可谓不胜枚举，图 1-3-8 给出了少量的常用形式。

图 1-3-5 筒状网壳(青岛火车站)

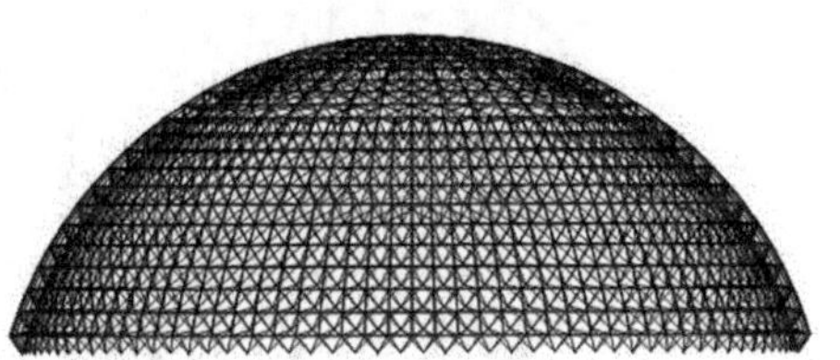

图 1-3-6 网壳

图 1-3-7 浦东国际机场航站楼

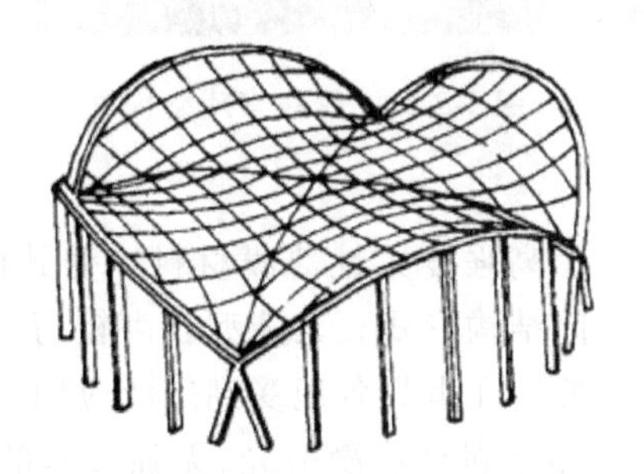

图 1-3-8 悬索结构

5）杂交结构

杂交结构是指不同结构形式组合在一起的结构。图 1-3-9(a)是拱与索网组合在一起，图 1-3-9(b)是拉索与平板网架组合在一起的斜拉网架。

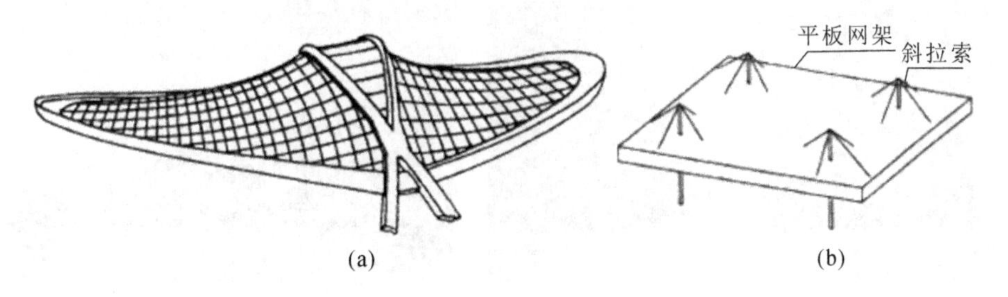

图 1-3-9 杂交结构

6）张拉集成结构

张拉集成结构是一种主要用拉索通过预应力张拉与少量压杆组成的结构。这种结构形式可以跨越较大空间，是目前空间结构中跨度最大的结构，具有极佳的经济指标。图 1-3-10 所示是一种 240 m×193 m 椭圆形平面的张拉集成结构，这种形式也称索穹顶。

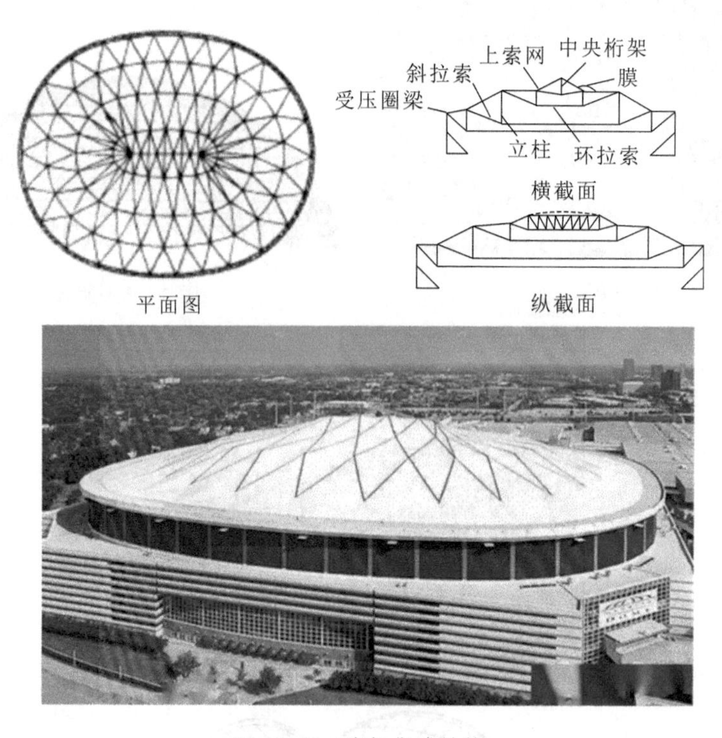

图 1-3-10 张拉集成结构

7）索膜结构

索膜结构由索和膜组成，是用高强度柔性薄膜材料经受其他材料的拉压作用而形成稳定曲面，能承受一定外荷载的空间结构形式。其造型自由轻巧，具有阻燃、制作简易、安装快捷、节能、使用安全等优点，因而使它在世界各地受到广泛应用。另外值得一提的是，在阳光的照射下，由膜覆盖的建筑物内部充满自然漫射光，无强反差的着光面与阴影的区分，室内的空间视觉环境开阔和谐。夜晚，建筑物内的灯光透过屋盖的膜照亮夜空，建筑物的体型显现出梦幻般的效果。这种结构形式特别适用于大型体育场馆、入口廊道、小品、公众休闲娱乐广场、展览会场、购物中心等领域。图 1-3-11 为常见的索膜结构。图 1-3-12 为枣庄体育馆。

图 1-3-11 索膜结构

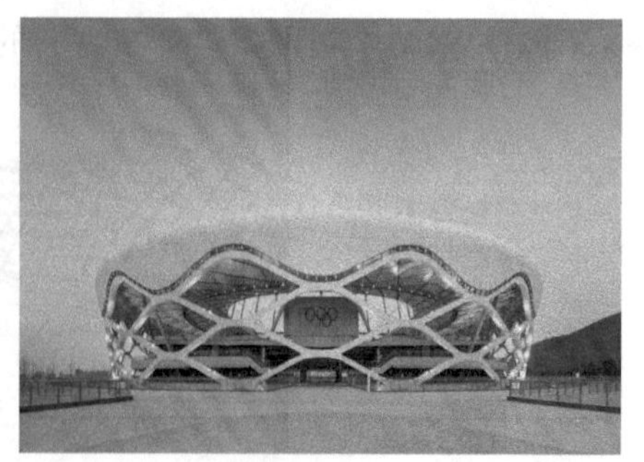

图 1-3-12 枣庄体育馆

二、多层、高层及超高层建筑

结构所承受的风荷载或地震作用随着房屋高度的增加而迅速增加，如何有效地承受水平力是考虑结构形式的一个重要问题。根据高度的不同,多层、高层及超高层建筑可采用以下合适的结构形式:①框架结构,梁和柱刚性连接形成多层多跨框架,如图 1-3-13(a)所示,承受水平荷载;②框架-支撑结构,即由框架和支撑体系(包括抗剪桁架、剪力墙和核心筒)组成的结构,图 1-3-13(b)即为框架-抗剪桁架结构;③框筒、筒中筒、束筒等筒体结构,图 1-3-13(c)为一束筒结构形式;④巨型结构,包括巨型桁架和巨型框架,如图 1-3-13(d)所示。各种结构最大高度应符合表 1-3-1 的规定。

【二维码 1.4:《钢结构深化设计案例》——BIM 技术在超高层建筑中的应用】

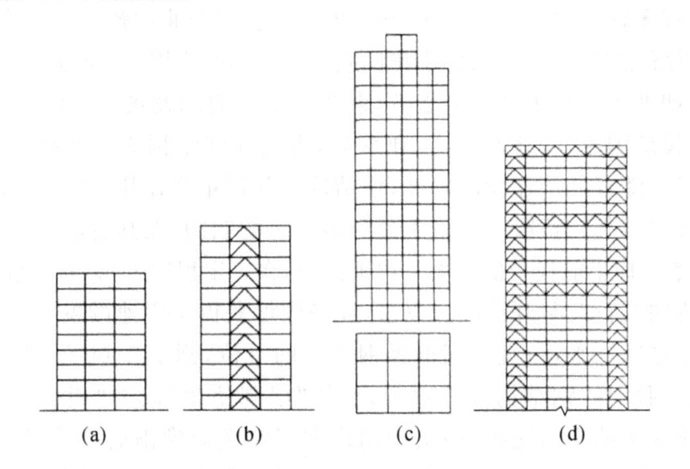

图 1-3-13 多层、高层及超高层建筑的结构形式

表 1-3-1 钢结构房屋适用的最大高度 m

结构类型	6、7 度	8 度	9 度
框架	110	90	50
框架-支撑	220	200	140
筒体(框筒、筒中筒、桁架筒、束筒)和巨型结构	300	260	180

注:1. 房屋高度指室外地面到主要屋面板板顶的高度(不包括局部凸出屋顶部分);
2. 超过表中高度的房屋,应进行专门研究和论证,采取有效的加强措施。

1.3.3 任务练习

根据你所知道的钢结构工程,试举例一二,并表述它们的特点。

任务 4 我国钢结构的发展概况

1.4.1 任务目标

了解我国钢结构的发展概况,了解现代“中国建造”的钢结构项目。

1.4.2 任务实施

一、我国钢结构的发展简史

钢(steel)是铁碳合金,人类采用钢结构的历史和炼铁、炼钢技术的发展是密不可分的。早在战国时期,我国的炼铁技术已很盛行了。公元 65 年(汉明帝时代),已成功地用锻铁(wrought iron)为环,相扣成链,建成了世界上最早的铁链悬桥——兰津桥。除铁链悬桥外,我国古代还建有许多铁建筑物。如公元 1061 年(宋代)在湖北荆州玉泉寺建成的 13 层铁塔,目前依然存在。所有这些都表明,我们中华民族对铁结构的应用,曾经居于世界领先地位。

由于我国长期处于封建主义统治之下,束缚了生产力的发展,1840 年鸦片战争以后,更沦为半封建半殖民地国家,经济凋敝,工业落后,古代在铁结构方面的技术优势早已丧失殆尽。新中国成立后,随着经济建设的发展,钢结构曾起过重要作用,如第一个五年计划期间,建设了一大批钢结构厂房、桥梁。但由于受到钢产量的制约,在其后很长一段时间内,钢结构被限制使用在其他结构不能代替的重大工程项目中,在一定程度上,影响了钢结构的发展。

自 1978 年我国实行改革开放政策以来,经济建设获得了飞速的发展,钢产量逐年增加。自 1996 年超过 1 亿吨以来,一直位列世界钢产量的首位,到了 2006 年,我们国家钢产量已经达到 4.2 亿吨。我国的钢结构技术政策,也从“限制使用”改为“积极合理地推广应用”。近年来,随着市场经济的不断完善,钢结构制作和安装企业像雨后春笋般在全国各地涌现,外国著名钢结构厂商也纷纷打入中国市场。在多年工程实践和科学研究的基础之上,我国新的《钢结构设计标准》(GB 50017—2017)和《冷弯薄壁型钢结构技术规范》(GB 50018—2002)也已发布实施。所有这些,为钢结构在我国的快速发展创造了条件。

二、钢结构的发展方向

自 2013 年以来,国务院、工信部、住建部对大力发展钢结构产业、推进数字化转型多次提出了指导性意见。据中国钢结构协会统计,以大跨、高层为代表的大型复杂钢结构在全部钢结构工程总量中的占比超过 80%,因此,我们可以说,推进钢结构的数字化建造转型是实现整个钢结构产业数字化转型的关键。

“到 2025 年,我国钢结构制造业整体素质大幅提升,创新能力显著增强,全员劳动生产率明显提高,建筑工业化和信息化融合迈上新台阶,形成一批具有较强国际竞争力的跨国公司和产业集群,在全球钢结构产业分工和价值链中地位明显提升。”——钢结构行业 2025 年的战略规划目标。

具体来说,在钢结构行业规模上,我国钢结构和钢-混凝土组合结构占比要与目前发达国家先进水平相当,达到 20%~30%;在钢结构制造业效能上,我国钢结构制造关键工序数控化率要超过 50%,全行业全员人均劳动生产率平均要超过 100 吨/年;在钢结构工程技术水平上,我国钢结构工程技术水平整体上要达到国际先进水平,钢结构技术标准与国际标准全面接轨,争取主导 ISO 钢结构骨干技术标准制定;在钢结构市场竞争力上,我国钢结构产品在全球钢结构市场上的份额要超过 50%,形成 10 个以上具有国际竞争力和以钢结构工程

【二维码 1.5:《大国建造——高用钢量案例》】

为特色的国际工程总承包跨国集团公司，培育10个以上国家级钢结构产业集群园区。

1.研制和推广应用高强度高性能钢材

1）高强度钢材

应用高强度钢材，对大（跨度）、高（耸）、重（型）的结构非常有利。我国新修订的钢结构设计规范中增列了性能优良的Q420钢，该钢材（15MnVN）已成功地应用在九江长江大桥的建设中。另外我国冶金部门制订了行业标准《高层建筑结构用钢板》（YB 4104—2000），该钢板是专门供高层建筑和其他重要建（构）筑物用来生产厚板焊接截面构件的。其性能与日本建筑结构用钢材相近，而且质量上还有所改进。

美国和欧洲等国家也在高强度高性能钢材的研制和应用等方面做出了不少贡献。如美国生产的经调质处理的合金钢板A514，其屈服点高达690 N/mm²，并可用于焊接生产。

2）H型钢、T型钢

我国钢结构在20世纪一贯采用的型钢品种是普通工字钢、槽钢和角钢。由于其截面形式和尺寸的限制，故在应用时材料很难充分合理地发挥作用。但国外自1970年以来，就大量采用了H型钢和T型钢（见图1-4-1）。由于其截面开展，并可直接用来做梁、柱或屋架杆件等，使制造工作量减低15%～20%，工期缩短，经济效果显著。我国近年来在引进的上海宝山钢铁总厂的部分厂房和许多高层建筑中，就主要采用了这类型钢。现在，我国马鞍山钢铁公司、鞍山第一轧钢厂等已能批量生产，且其他具有较大规模的H型钢轧钢厂也在修建中，可以保证市场需求，但剖分T型钢生产仍有欠缺。

图1-4-1 H型钢、T型钢和压型钢板

3）彩（色）涂（层）钢板、热镀锌或镀铝锌钢板

镀锌或镀铝锌钢板是在薄钢板（厚度0.3～2 mm，屈服点≥280 N/mm² 或≥345 N/mm²）表面热浸镀锌或镀铝锌而成，具有很好的耐腐蚀性能，而后者更优于前者。彩涂钢板则是以镀锌（或镀铝锌）钢板作基板，再在其表面辊涂1～2层彩色聚酯类涂料，故其抗大气腐蚀性能更佳。由于其厚度小，易于冷压成形，色彩鲜艳，故可将其冷压（轧）成各种波形的压型钢板，直接用作屋面板、墙板。还可用两层压型钢板在其间填充聚氨酯或岩棉做成夹心保温板，不但重量轻（自重仅0.1 kN/m²），外形美观，且施工简便。再者，将0.6～1.5 mm厚彩涂钢板先压成单个梯形或U形直槽板，现沿其槽向弯成拱形，然后一一拼接做成彩板拱形波纹屋面，是近年来应用异军突起的一种轻型钢结构。它不需屋架、檩条等承重构件，甚至不需柱子而做成落地拱。其跨度一般为6～36 m，用钢量仅10～20 kg/m²。另外，用镀锌钢板压制成的压型钢板还可用于高层建筑的组合楼盖，即在其上浇灌混凝土，此时它既可以代

替模板同时又可兼起抗拉筋作用承受拉力。

我国现在采用彩涂钢板建造的房屋已达 200 万 m^2/年(其中彩涂拱形波纹屋面约 800 000 m^2/年)规模,而且还在增长。然而相比之下,我国有关的设计规范、彩涂钢板的标准还相对滞后,须进行修订完善,以便于设计应用。另外,对镀铝锌钢板也还要抓紧研制。

4) 冷弯(薄壁)型钢

系用 1.5～5 mm 薄钢板(或镀锌、镀铝锌钢板)经冷轧(弯)形成各种截面形式的型钢。由于壁薄,故相对而言,其材料离形心轴较普通型钢远,因此能有效地利用材料,从而达到节约钢材的目的。如用冷弯型钢制造的屋架,其用钢量仅 10 kg/m^2 左右,约可比热轧型钢制造的省 40%。将冷弯型钢用于建造住宅,亦是当前有待开发的轻钢结构。若使其达到产业化,造价降低,将使我国住宅建筑出现新的面貌。

冷弯型钢的生产,近年来在我国已形成一定规模,产量超过了 100 万吨/年,壁厚亦达到 14 mm(美国可冷弯 25.4 mm,已超出薄壁范围的概念),这也为其应用创造了良好条件。但目前市场仍存在品种规格不齐,高强度低合金钢材材质的产品亦有待改善,以利于应用。

5) 耐候钢、耐火钢、Z 向钢

耐候钢(包括耐盐腐蚀钢)具有良好的抗腐蚀性能,可节约钢结构大量的涂装和维护费用。耐火钢则可改善普通钢材不耐高温的特性,保证结构的安全使用。这国目前对这两种钢材的开发已取得可喜成果。如武钢生产的 WGJ510C2(屈服点≥325 N/mm^2)耐火耐候建筑用钢,其耐候性能为普通钢材的 2～8 倍,耐火性能则达到保证 600 ℃高温下的屈服点不低于室温时的 2/3(普通钢材在 600 ℃时强度接近于零)的建筑防火安全指标。Z 向钢是保证厚钢板在厚度方向具有抗层状撕裂能力,高层钢结构和海上石油平台一般都需要此项保证。Z 向钢对冶炼和轧制的质量控制远比普通钢材严格,前述 WGJ510C2 钢轧制的厚板具有良好的抗层状撕裂能力。

如今在中国发展钢结构的环境非常有力,各种政策、法律法规的出台,政府的重视与引导,民众对钢结构的消费也已经随着经济的发展而日益剧增。现在大量的家庭在房价不断高涨的情形下,慢慢地接受了钢结构房子。许多年轻人甚至以拥有一套钢结构房子为豪。钢结构房子具备了时尚、抗震、低成本、容易装修等优点。

2. 改进设计方法

经过我国钢结构工程技术人员多年来勤奋工作,新的《钢结构设计标准》(GB 50017—2017)在原规范的基础上做了较多改进。在设计方法上,采用了当前国际上结构设计最先进方法——以概率论为基础的极限状态设计法。该方法的特点是,根据各种不定性分析所得到的失效概率(或可靠指标)去度量结构的可靠性,并使所计算的结构构件的可靠度达到预期的一致性和可比性。但是该方法还有待发展,因为用它计算的可靠度还只是构件或某一截面的可靠度而不是结构体系的可靠度,若要对结构体系的性能研究采用概率方法,则需要进行的研究工作更多。另外,对构件或连接的疲劳验算,采用的是容许应力幅计算法,而未按极限状态计算,这亦有待于进一步研究。

另外,目前大多数国家(当然包括我国)采用计算长度法计算钢结构的稳定问题。该方法的最大特点是以单个构件为分析对象,采用计算长度系数来考虑结构体系对被隔离出来的构件的影响,进行一阶弹性分析,计算比较简单,对比较规则的结构也可给出较好的结果。但计算长度法不能考虑节间荷载的影响,不能考虑结构体系中内力的塑性重分布,不能精确地考虑结构体系与它的构件之间的相互影响。要克服上述问题,必须开展以整个结构体系为对象的二阶非弹性分析，即所谓高等分析和设计。但目前仅平面框架的高等分析和设计法研究得比较成熟，空间框架的高等分析距实用还有很大的一段距离有待跨越。

高等分析和设计是一个正在发展和完善的新设计方法，而且是一种较精确的方法，我们可以用其来评价计算长度法的精度和问题，提出有关计算长度法的改进建议。可以预期，在近期内这两种方法将并存，并获得共同的发展。今后，随着计算机技术的发展，高等分析和设计法将逐渐成为主要的设计方法。应加紧开展相应的研究，以便在下一次钢结构规范修订时能达到国际相同的水平。

3. 采用新型结构体系

近年来，在全国各地修建了大量的大跨空间结构，网架和网壳结构形式已在全国普及，张弦桁架、悬挂结构也有很多应用实例；直接焊接钢管结构、变截面轻钢门式刚架、金属拱型波纹屋盖等轻钢结构也已遍地开花；钢结构的高层建筑也在不少城市拔地而起；适合我国国情的钢-混凝土组合结构和混合结构也有了广泛应用；目前好多地方都在建造索膜结构的罩棚和建筑小品。可以毫不夸张地说，我国已成了各种钢结构体系的展览馆和试验场，许多大型复杂的钢结构工程的建设都正在进行中。

这样大规模的基础建设，选择先进合理的结构体系，既能满足建筑艺术需要，又能做到技术先进、经济合理、安全适用、确保质量就显得非常重要。各种不同的结构体系各有所长，但生命力较强的结构体系均具有如下特点：

(1) 必须是几何不可变的(除悬索、薄膜等张拉结构)空间整体，在各类作用的效应之下能保持稳定性、必要的承载力和刚度；

(2) 应使结构材料的强度得到充分利用，使自重趋于最低；

(3) 能利用材料的长处，避免克服其短处；

(4) 能使结构空间和建筑空间互相协调、统一；

(5) 能适合本国情况，制作、安装简便，综合效益好。

4. 应用优化原理

电子计算机的应用，已使确定优化的结构形式和优化的截面形式成为可能，从而取得极大的经济效果。例如用计算机优化确定的吊车梁的截面尺寸可比过去的标准设计节省钢材5%～10%。对整体结构的优化设计今后还需做进一步研究。另外，随着社会分工日益细化，计算机辅助设计和绘制钢结构施工详图亦应大力开发提高，以促进钢结构设计走向专业化发展道路。

钢结构的广泛使用，催生了钢结构计算分析 BIM 软件的产生。我们常用 Tekla 软件做钢结构建模，可以实现三维建模、自动创建图纸和材料表，出来的图也非常漂亮，凭借这些优势它已经成为钢结构技术工作者必须要掌握的一项技术，也是在求职应聘时必须要具备的一项技能。钢结构计算分析软件，Bentley 的 STAAD 是市面上最受欢迎的软件之一，它全面集成了有限元分析和设计解决方案。

杭州大运河亚运公园体育馆，设计、建筑全过程采用 BIM（Building Information Modeling，建筑信息模型）技术，充分体现杭州亚运会“智能”理念，如图 1-4-2 所示。设计阶段、施工阶段均采用 BIM 技术，实现了项目各参与方之间的协同互用及各类信息的集成，荣获浙江省第一个体育场馆类三星级绿色建筑设计标识。

5. 构件的定型化、系列化、产品化

从设计着手，结合制造工艺，将一些易于定型化、标准化的产品，如网架、平行弦人字形屋架等，使其规格统一，便于互换和大量制造成系列化产品，以达到批量生产，降低造价。

图 1-4-2 杭州大运河亚运公园体育馆

小 结

(1) 钢结构具有强度高、自重轻、材质均匀、塑性韧性好、施工速度快等优点，但需注意防锈蚀及防火维护。

(2) 钢结构最适合于大(跨度)、高(耸)、重(型)、动(力荷载)的结构，但是随着我国工业生产和城市建设的发展，钢结构的应用范围也扩大到轻工业厂房和民用住宅等。

(3) 钢结构通常由型钢、钢板等制成的拉杆、压杆、梁、柱、桁架等构件组成，各构件或部件间采用焊接或螺栓连接。钢结构用于单层厂房、大跨度空间结构、多高层及超高层建筑中，根据荷载形式及使用功能，应该选择合适的结构形式。在满足结构使用功能的要求时，结构必须形成空间整体(几何不变体系)，才能有效而经济地承受荷载，具有较高的强度、刚度和稳定性。根据组成方式不同，钢结构设计时有的可按平面结构计算，有的可按空间结构计算。

(4) 钢结构的发展关键是要节约钢材。要从生产高效钢材、改进设计方法、完善结构形式、提高制造和安装工艺等方面不断进行研究。

巩固训练

观看央视网《超级工程纪录片》第二集：上海中心大厦。这是一个关于上海的梦想，一个二十年前便开始的计划。632 米，这是中国人第一次把建筑造到 600 米以上，它也是世界最高的绿色超级摩天大楼。这是工程师们关于垂直城市的大胆想象，第一次在超高层建筑中使用双层玻璃幕墙，打造东方“空中花园”，创造更为环保、舒适的未来空间。

项目2

钢结构材料与连接

GANGJIEGOUCAILIAO YU LIANJIE

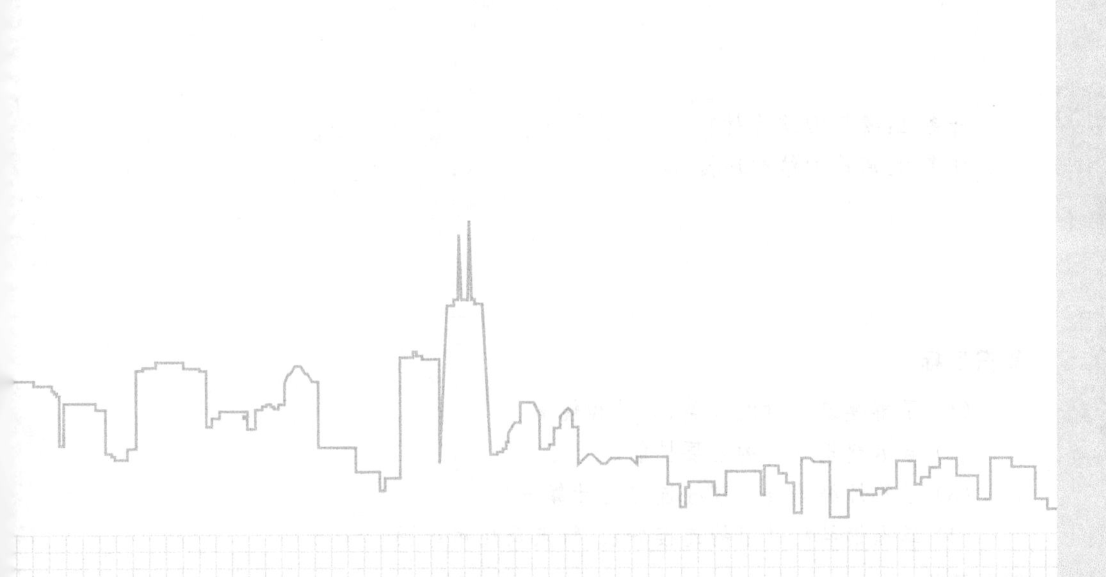

项目描述

国家体育场即“鸟巢”位于北京奥林匹克公园，被誉为“第四代体育馆”的伟大建筑作品，工程主体建筑呈空间马鞍椭圆形，主体钢结构形成整体的巨型空间马鞍形钢桁架编织式“鸟巢”结构，外部钢结构为4.2万吨，其中主结构用钢量约为2.3万吨，钢筋绑扎约5.2万吨，整个体育场总用钢量约为11万吨。“鸟巢”结构设计奇特新颖，搭建它的钢结构的Q460也有很多独到之处，Q460是一种低合金高强度钢，它在受力强度达到460兆帕时才会发生塑性变形，这个强度要比一般钢材大，因此生产难度很大。这是中国国内在建筑结构上首次使用Q460规格的钢材；而这次使用的钢板厚度达到110毫米，是以前绝无仅有的，在中国的国家标准中，Q460的最大厚度也只是100毫米。以前这种钢一般从卢森堡、韩国、日本进口。为了给“鸟巢”提供“合身”的Q460，从2004年9月开始，河南舞阳特种钢厂的科研人员开始了长达半年多的科技攻关，前后3次试制终于获得成功。2008年，400吨自主创新、具有知识产权的国产Q460钢材撑起了“鸟巢”的铁骨钢筋。

【二维码2.1:鸟巢背后的大国工匠】

项目执行

任务1:建筑钢结构材料

任务2:建筑钢结构连接

学习目标

知识目标

(1) 了解建筑钢材的分类、品种和规格。

(2) 掌握建筑钢材的主要性能。

(3) 了解焊缝连接和螺栓连接的计算方法。

(4) 掌握钢结构常用的连接方法、特点及应用范围。

能力目标

(1) 能依据实际需要选用合适的钢材。

(2) 能够根据图纸判别钢结构连接种类。

(3) 能判断钢结构连接各构造尺寸正误。

素质目标

(1) 培养良好的团队合作精神和协调能力。

(2) 培养细致、严谨的工作态度。

(3) 树立规范意识，践行工匠精神。

任务1　建筑钢结构材料

2.1.1　任务目标

(1) 了解建筑钢材的分类。
(2) 掌握建筑钢材的主要性能。
(3) 了解建筑钢材品种和规格。

2.1.2　任务实施

一、建筑钢材的分类

在我国常用的建筑钢材主要为碳素结构钢和低合金高强度结构钢两种。

1.碳素结构钢

碳素结构钢是最普通的工程用钢，按其含碳量的多少可分为低碳钢、中碳钢和高碳钢，通常把含碳量在0.25%及以下的称为低碳钢，含碳量在0.26%～0.60%之间的称中碳钢，含碳量在0.6%～2.0%之间的称为高碳钢。建筑钢结构主要使用低碳钢。

碳素钢又分为普通碳素结构钢和优质碳素结构钢。

1) 普通碳素结构钢

【二维码2.2：著名钢结构工程用钢介绍】

按国家标准《碳素结构钢》(GB/T 700—2006)规定，钢的牌号由代表屈服强度的字母Q、屈服强度数值、质量等级符号(A、B、C、D)、脱氧方法符号(F、Z、TZ)等4个部分按顺序组成。质量等级中以A级最差、D级最优，脱氧方法中F、Z、TZ分别代表沸腾钢、镇静钢及特殊镇静钢。其中代号Z、TZ可以省略。按照国家标准，碳素结构钢分Q195、Q215、Q235、Q275四个牌号，如表2-1-1所示。Q235A代表屈服点为235的A级镇静碳素结构钢。

表2-1-1　碳素结构钢牌号

牌号	统一数字代号	等级	厚度(或直径)/mm	脱氧方法
Q195	U11952	—	—	F、Z
Q215	U12152	A	—	F、Z
	U12155	B		
Q235	U12352	A	—	F、Z
	U12355	B		
	U12358	C		Z
	U12359	D		TZ

续表

牌号	统一数字代号	等级	厚度(或直径)/mm	脱氧方法
Q275	U12752	A	—	F、Z
	U127SS	B	<40	Z
			>40	
	U12758	C	—	z
	U12759	D		TZ

注:本表选自《碳素结构钢》(GB/T 700—2006)。

2) 优质碳素结构钢

与碳素结构钢相比,优质碳素结构钢对有害杂质含量控制严格,质量稳定,但成本较高。

优质碳素结构钢钢号用代表平均含碳量的数字表示,参照国家标准《优质碳素结构钢》(GB/T 699—2015),例如45,表示平均含碳量为0.45%。在钢结构中优质碳素结构钢常用作高强度螺栓的螺母及垫圈等。

2. 低合金高强度结构钢

低合金高强度结构钢是一种在碳素结构钢的基础上添加总量不超过5%合金元素的钢材。加入合金元素后钢材强度明显提高,同时具有良好的韧性和可焊性、耐腐蚀性、耐低温性能。在钢结构中采用可节约钢材并减轻结构自重,特别适用大型、大跨度结构或重负荷结构中。

按国家标准《低合金高强度结构钢》(GB/T 1591—2018)规定,低合金高强度结构钢的牌号由代表屈服强度的字母Q、规定的最小上屈服强度数值、交货状态代号(AR或WAR、N)、质量等级符号(A、B、C、D)等4个部分按顺序组成。交货状态中AR或WAR代表热轧,N代表正火或正火轧制状态,其中AR或WAR可省略。质量等级中以A级最差、D级最优。《低合金高强度结构钢》(GB/T 1591—2018)将热轧钢、正火或正火轧制钢按屈服点数值分为Q355、Q390、Q420、Q460等4个牌号。

3. 抗层状撕裂的Z向钢

随着高层建筑和大跨度结构的发展,要求构件的承载力越来越大,所用钢板的厚度也日趋增大。钢材尤其是厚钢板,局部性的夹渣、分层往往难以避免。在实际的钢结构中,尤其是层数较高和跨度较大的结构,常常会有沿钢板厚度方向受拉的情况,钢板沿厚度方向塑性较差以及夹渣、分层现象,常常造成钢板沿厚度方向受拉时发生层状撕裂。为保证安全,要求采用一种能抗层状撕裂的钢,称为厚度方向性能钢板,或称Z向钢(Z向是指钢材厚度方向)。

Z向钢是在某一级结构钢(称为母级钢)的基础上,经过特殊冶炼、处理的钢材。其含硫量控制更严,为一般钢材的1/5以下,截面收缩率在15%以上。因此,Z向钢沿厚度方向有较好的延性。我国生产的Z向钢板的技术指标符合国家标准《厚度方向性能钢板》(GB/T 5313—2010)规定,其标记是在母级钢牌号后面加上Z向钢板等级标记Z15、Z25和Z35。Z后面的数字为截面收缩率ψ的指标(%)。

4. 耐候钢

耐候钢是在低碳钢或低合金钢中加入铜、铬、镍等合金元素制成的一种耐大气腐蚀的钢材。在大气作用下,钢材表面自动生成一种致密的防腐薄膜,起到抗腐蚀作用。因此,对处于外露环境,且对抗大气腐蚀有特殊要求,或在腐蚀性气态和固态介质作用下的承重结构,宜采用耐候钢。按国家标准《耐候结构钢》(GB/T 4171—2008)规定,耐候钢分为焊接结构用耐候钢和高耐候钢两类。耐候钢的牌号由屈服点的字母Q、屈服强度的下限值、耐候的字母(NH、GNH)以及钢材质量等级符号(A、B、C、D、F)等4个部分按顺序组成。

【二维码2.3:国内用耐候钢的案例】

1)焊接结构用耐候钢

焊接结构用耐候钢能保持钢材具有良好的焊接性能,适用于桥梁、建筑和其他需要具有耐候性能的结构,适用厚度可达100 mm。《耐候结构钢》(GB/T 4171—2008)将焊接结构用耐候钢分为Q235NH、Q295NH、Q355NH、Q415NH、Q460NH、Q500、Q550NH等7个牌号。

2)高耐候钢

高耐候钢的耐候性能比焊接结构用耐候钢好,所以称作高耐候性钢,适用于建筑、塔架等需要高耐候性的结构,焊接性能不如焊接结构用耐候钢。《耐候结构钢》(GB/T 4171—2008)将高耐候钢分为Q265GNH、Q295GNH、Q310GNH、Q355GNH等4个牌号。

二、建筑钢材的性能

钢材作为结构用料,与其他材料相比,有明显的综合优势。国际上习惯以材料自身的密度与其屈服点的比值作为指标表征一种结构的轻质高强度程度,除了铝合金以外,钢材有最低值,而钢材的弹性模量却是铝合金的3倍,这显示了钢材作为结构材料具有良好的刚度,也是其他材料很难比拟的。

从结构应用的角度,关注材料性能有两个方面,即力学性能和工艺性能。力学性能是要满足结构的功能要求,包括强度、塑性、韧性、硬度等。工艺性能是要满足各种加工的要求,包括冷弯形能和可焊性。

1.建筑钢材的力学性能

1)强度

材料在外力作用下抵抗破坏的能力称为强度。强度可通过比例极限、弹性极限、屈服强度、抗拉强度等指标来反映,在拉伸试件的应力-应变曲线上可表示出来,如图2-1-1所示。在比例极限之前,应力与应变之间呈线性关系,弹性极限是不会出现残余塑性变形时的最大应力的,弹性极限与比例极限相当接近。当应力超过弹性极限后,应力与应变不再呈线性关系,产生塑性变形,曲线出现波动,这种现象称为屈服。波动最高点称上屈服点,最低点为下屈服点,下屈服点数值较为稳定,因此以它作为材料抗力指标,称为屈服点。有些钢材无明显的屈服现象,以材料产生的0.2%塑性变形时的应力作为屈服强度,如图2-1-2所示。当钢材屈服到一定程度后,由于内部晶粒重新排列,强度提高,进入应变强化阶段,应力达到最大值,此时称为抗拉强度。此后试件截面迅速缩小,出现颈缩现象,直至断裂破坏。

屈服点(屈服强度)和抗拉强度是工程设计和选材的重要依据,也是材料购销和检验工作中的重要指标。工程上对屈强比还有要求,屈强比是屈服点和抗拉强度的比,屈强比越小,则结构安全度越大,但不能充分发挥钢材的强度水平。

2）塑性

塑性表示钢材在外力作用下抵抗变形的能力，它是钢材的一个重要性能指标，用伸长率表示。伸长率越大，塑性越好。

伸长率用下式计算：

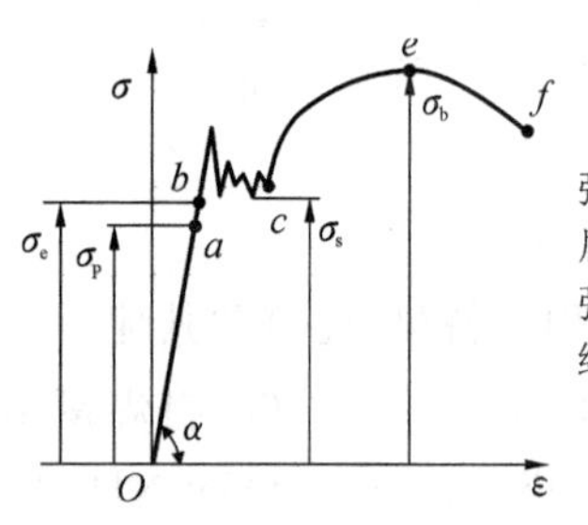

图 2-1-1　低碳钢拉伸曲线示意图

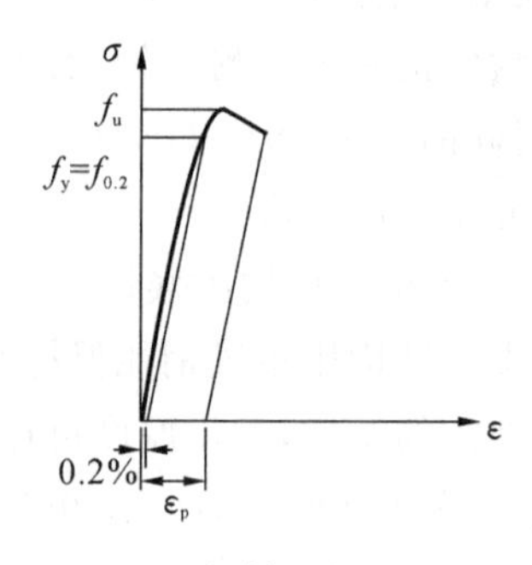

图 2-1-2　钢材的条件屈服点

$$\delta=\frac{l-l_0}{l_0}\times 100\%$$

式中：l_0——试件原始标距长度，mm；

l——试件拉断后的标距长度，mm。

3）韧性

韧性是指材料对冲击荷载的抵抗能力，用冲击韧性值 α_k（J/cm^2）表示。冲击韧性指标是通过标准试件的弯曲冲击韧性试验确定的。对经常承受较大冲击荷载的结构，应选择 α_k 值较高的钢材。

4）硬度

硬度是指材料表面局部区域抵抗变形的能力。钢材的硬度常用布氏硬度（HB）表示。

2. 建筑钢材的工艺性能

良好的工艺性能包括冷加工、热加工和可焊性能。具有良好的工艺性能的钢材不但易于加工成各种形式的结构构件，而且不致因加工而对结构的强度、塑性、韧性等造成较大的不利影响。

1）冷弯性能

冷弯性能是指材料在常温下能承受弯曲而不破裂的能力。钢材的冷弯性能是通过试件180°弯曲试验来判断的一种综合性能。钢材按原有厚度经表面加工成板状，常温下弯曲180°后，如外表面和侧面不开裂，也不起层，则认为合格。冷弯性能反映钢材经一定角度冷弯后抵抗产生裂纹的能力，是钢材塑性能力及冶金质量的综合指标。除了反映钢材的塑性和对冷加工的适应程度以外，还能暴露冶金缺陷（如晶粒组织、夹杂物分布及夹层等），冷弯性能在一定程度上还可以反映钢材的可焊性。冷弯性能是评价钢材工艺性能和力学性能以及钢材质量的一项综合性指标，弯曲试验是鉴定钢材质量的一项有效措施。

2）可焊性

可焊性是指钢材对焊接工艺的适应能力，包括两方面的要求：一是通过一定的焊接工艺能保证焊接接头具有良好的力学性能；二是施工过程中，选择适宜的焊接材料和焊接工艺参数后，有可能避免焊缝金属和钢材热影响区产生热（冷）裂纹的敏感性。钢材的可焊性评定可分化学成分判别和工艺试验法评定两种方法，化学成分判别即由碳当量的含量来判断钢材的可焊性，碳当量越高，可焊性越差。

3）冷加工

冷加工是指将钢材在常温下进行冷拉、冷轧或冷拔，使其产生塑性变形，从而提高屈服强度，但塑性和韧性会下降的一种工艺。

4）热处理

热处理是指将钢材通过加热、保温和冷却，以改变其组织，从而获得所需性能的一种工艺。方法有退火、正火、淬火和回火。

三、建筑钢材的品种、规格

我国钢结构中常用钢板、热轧工字钢、槽钢、角钢、H 型钢和钢管等，产品的规格、外形、重量及允许偏差应符合国家现行相关标准的规定。

1. 钢板和钢带

钢板是矩形平板状的钢材，可直接轧制或由宽钢带剪切而成。钢板分热轧薄钢板、热轧厚钢板及扁钢。热轧薄钢板厚度为 0.35～4 mm，主要用来制作冷弯薄壁型钢；热轧厚钢板厚度为 4.5～60 mm，广泛用作钢结构构件及连接板件，实际工作中常将厚度为 4～20 mm 的钢板称为中板，厚度为 20～60 mm 的钢板称为厚板，厚度大于 60 mm 的钢板称为特厚板；扁钢宽度较小，为 12～200 mm，在钢结构中用得不多。此外还有制造高层建筑结构、大跨度结构及其他重要建筑结构用的钢板，在《建筑结构用钢板》(GB/T 19879—2015)中给出了规定，牌号有 Q235GJ、Q345GJ、Q390GJ、Q420GJ、Q460GJ、Q500GJ、Q550GJ、Q620GJ、Q690GJ 等，GJ 代表高性能建筑结构用钢，质量等级符号分 B、C、D、E，对于厚度方向性能钢板，在质量等级后加上厚度方向性能级别(Z15、Z25 或 Z35)，如 Q345GJCZ25。成张钢板的规格以厚度×宽度×长度的毫米数表示。长度很长，成卷供应的钢板称为钢带。钢带的规格以厚度×宽度的毫米数表示，如图 2-1-3 所示。

图 2-1-3　钢板和钢带

2. 常用型钢

结构中常用型钢有工字钢、槽钢、角钢、H 型钢、T 型钢、冷弯薄壁型钢等，如图 2-1-4 所示。

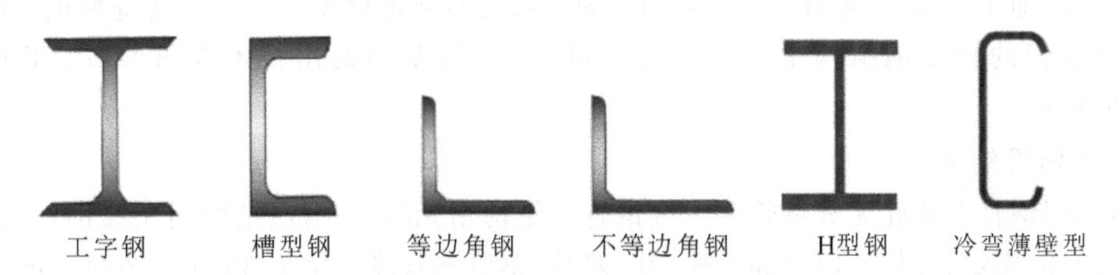

图 2-1-4　常用型钢截面示意图

1）工字钢

工字钢是截面为工字形，其规格以截面高度（mm）×翼缘宽度（mm）×腹板厚度（mm）表示，也可用型号表示，即以代号和截面高度的厘米数表示，如I16。同一型号工字钢可能有几种不同的腹板厚度和翼缘宽度，在型号后加a、b、c以示区别。一般按a、b、c顺序，腹板厚度和翼缘宽度依次递增2 mm。我国生产的热轧普通工字钢规格有I10～I63号。工字钢应符合《热轧型钢》(GB/T 706—2016)的规定。

2）槽钢

槽钢是截面为凹槽形，其规格表示同工字钢，以截面高度（mm）×翼缘宽度（mm）×腹板厚度（mm）表示，也可以用型号表示，即以代号和截面高度的厘米数及a、b、c表示（a、b、c意义与工字钢相同），如[16。我国生产的热轧普通槽钢规格有[5～[40号。槽钢应符合《热轧型钢》(GB/T 706—2016)的规定。

3）角钢

角钢由两个互相垂直的肢组成，若两肢长度相等，称为等边角钢，若不等则为不等边角钢。角钢的规格用代号L和长肢宽度（mm）×短肢宽度（mm）×肢厚度（mm）表示，例如L90×90×6、L125×80×8等。角钢的规格应符合《热轧型钢》(GB/T 706—2016)的规定。

4）热轧H型钢和焊接H型钢

H型钢由工字钢发展而来，与工字钢比，H型钢具有翼缘宽、翼缘相互平行、内侧没有斜度、自重轻、节约钢材等特点。同时它的截面材料分布更向翼缘集中，截面力学性能优于普通工字钢，在截面面积相同的条件下，型钢的实际承载力比普通工字钢大。热轧H型钢分三类：宽翼缘H型钢HW、中翼缘H型钢HM、窄翼缘H型钢HN。其规格型号用高度h×宽度b×腹板厚度t_1×翼缘厚度t_2表示，规格应符合《热轧H型钢和剖分T型钢》(GB/T 11263－2017)的规定。

除热轧H型钢外，还有普通焊接型钢和轻型焊接型钢。前者是将钢板裁剪、组合后再用自动埋弧焊制成；后者一般采用手工焊、二氧化碳气体保护焊或高频电焊工艺焊接而成。这类型钢由于焊接残余应力较大，力学性能不如热轧型钢。其规格型号用高度×宽度表示，规格应符合《焊接H型钢》(YB/T 3301—2005)的规定。

【二维码2.4：常用型钢】

5）热轧剖分T型钢

热轧剖分T型钢由热轧H型钢剖分后而成，分宽翼缘剖分T型钢(TW)、中翼缘剖分T型钢(TM)、窄翼缘剖分T型钢(TN)三类。其规格型号用高度h×宽度b×腹板厚度t_1×翼缘厚度t_2表示，规格应符合《热轧H型钢和剖分T型钢》(GB/T 11263－2017)的规定。

6）冷弯薄壁型钢

冷弯型钢是用可加工变形的冷轧或热轧钢带在连续辊式冷弯机组上生产的冷加工型材，壁厚在1.5～6 mm，因此称为冷弯薄壁型钢。冷弯薄壁型钢多用于跨度小、荷载轻的轻型钢结构中。其质量应符合《冷弯型钢通用技术要求》(GB/T 6725—2017)的规定。

3.结构用钢管

结构用钢管有热轧无缝钢管和焊接钢管。结构用无缝钢管按《结构用无缝钢管》(GB/T 8162－2018)规定，分热轧（扩）和冷拔（轧）两种，钢管的长度通常为3000～12000 mm。热轧钢管外径为32～630 mm，壁厚为2.5～75 mm。冷拔钢管外径为6～200 mm，壁厚为0.25

～14 mm，焊接钢管由钢板或钢带经过卷曲成型后焊制而成，分直缝电焊钢管和螺旋焊钢管。

小结

(1) 建筑钢材要求强度高、塑性韧性好，焊接结构还要求可焊性好。

(2) 衡量钢材强度的指标是屈服点、抗拉强度，衡量钢材塑性的指标是伸长率和冷弯试验指标，衡量钢材韧性的指标是冲击韧性值。

(3) 碳素结构钢的主要化学成分是铁和碳，其他为杂质成分；低合金高强度钢的主要化学成分除铁和碳外，还有总量不超过5%的合金元素，如锰、钒、铜等，这些元素以合金的形式存在于钢中，可以改善钢材性能。

(4) 我国钢结构中常用钢板、热轧工字钢、槽钢、角钢、H型钢和钢管等。

巩固训练

(1) 钢结构对钢材性能有哪些要求？这些要求用哪些指标来衡量？

(2) 钢结构中常用的钢材有哪几种？钢材牌号的表示方法是什么？

(3) 钢材选用应考虑哪些因素？怎样选择才能保证经济合理？

任务2 建筑钢结构连接

2.2.1 任务目标

(1) 掌握钢结构常用的连接方法、特点及应用范围。

(2) 熟悉焊缝连接、普通螺栓连接的强度计算方法。

(3) 熟悉连接各构造要求。

2.2.2 任务实施

钢结构是由若干构件组合而成的。连接的作用就是通过一定的手段将板材或型钢组合成构件，或将若干构件组合成整体结构，以保证其共同工作。因此，连接方式及其质量优劣直接影响钢结构的工作性能。钢结构的连接必须满足安全可靠、传力明确、构造简单、制造方便、节约钢材和降低造价的原则。连接接头应有足够的强度，要留有适于进行连接施工操作的足够空间。

钢结构的连接方法可分为焊接连接、螺栓连接和铆钉连接三种，如图 2-2-1 所示。

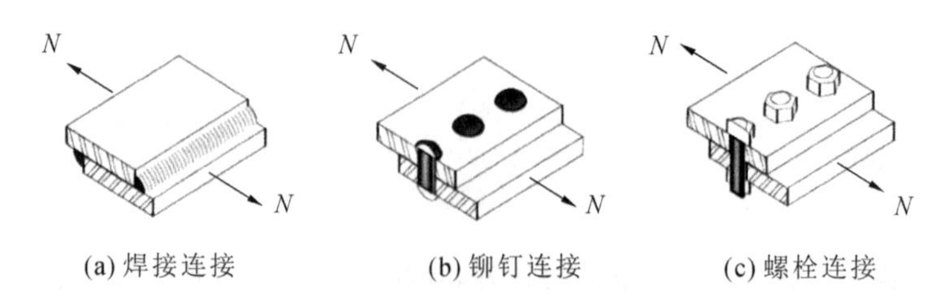

图 2-2-1 钢结构的连接方法示意图

一、焊接连接

焊接连接是目前钢结构最主要的连接方法，其工作原理是利用电弧产生的热量使焊条（或焊丝）和构件的施焊部位熔化，再经过冷却凝结成焊缝，使焊件相连成为一体。焊接连接的优点是施工方便、构造简单、节约钢材、连接的密封性能好、刚度大、构件间可实现直接焊接，通过采用自动化作业，还可提高焊接质量和施工效率。焊接连接的缺点是由于施焊时的高温作用，焊缝附近会形成热影响区，使钢材的金相组织和力学性能发生变化，材质变脆。另外，由于构件受到的高温和冷却作用是不均匀的，构件产生焊接残余变形，使钢结构的抗疲劳强度降低，发生脆性破坏的可能性增大。

除少数直接承受动力荷载的结构连接（如重级工作制的起重机梁和柱的连接、桁架式起重机梁的节点连接等）不宜采用焊接连接外，焊接连接可普遍用于工业与民用建筑的钢结构中。

1. 焊接方法

钢结构的焊接方法有电弧焊、电阻焊和气焊。其中常用的是电弧焊，包括手工电弧焊、自动（或半自动）电弧焊、气体保护焊等。

1）手工电弧焊

手工电弧焊是钢结构中最常用的焊接方法，其原理示意图见图 2-2-2。它是由焊条、焊钳、焊件、电焊机和导线等组成电路，通电打火引弧后，在涂有焊药的焊条端和焊件之间的间隙中产生电弧并由此提供热源，使焊条熔化后滴入被电弧加热熔化并吹成的焊口熔池中，同时燃烧焊药，在熔池周围形成保护气体，稍冷后在焊缝熔化金属的表面再形成熔渣，可将熔池中的液体金属和空气中的氧、氮等气体隔离，避免形成脆性化合物。焊缝金属冷却后即与焊件母材熔成一体。

手工电弧焊设备简单、操作方便、适应性强，对一些短焊缝、曲折焊缝以及现场高空施焊尤为方便，应用十分广泛。但其生产效率低、劳动条件差、对操作者的技术水平要求高、所完成的焊缝质量变异性大，如果不经过特殊的检查和处理，焊缝质量得不到保证。

2）自动（或半自动）电弧焊

自动电弧焊（也可称自动埋弧焊）是利用电焊小车来完成全部施焊过程的焊接方法，其原理示意见图 2-2-3。自动电弧焊的全部设备装在一小车上，小车能沿轨道按规定速度移动。通电引弧后，电弧使埋在焊剂下的焊丝及附近焊件熔化，而焊渣浮在熔化了的金属表面，将焊剂埋盖，可有效地保护熔化金属。

当焊机的移动是由人工操作时，称为半自动电弧焊。

由于自动埋弧焊有焊剂和熔渣覆盖保护，电弧热量集中，熔深大，可以焊接较厚的钢板，同时由于采用了自动化操作，焊接工艺条件好，焊缝质量稳定，焊缝内部缺陷少，塑性和韧性好，因此其质量比手工电弧焊好。但它只适合于焊接较长的直线焊缝。半自动埋弧焊质量介于两者之间，因由人工操作，故适合于焊接曲线或特定形状的焊缝。另外，自动（或半自动）埋弧焊的焊接速度快，生产效率高，成本低，劳动条件好。

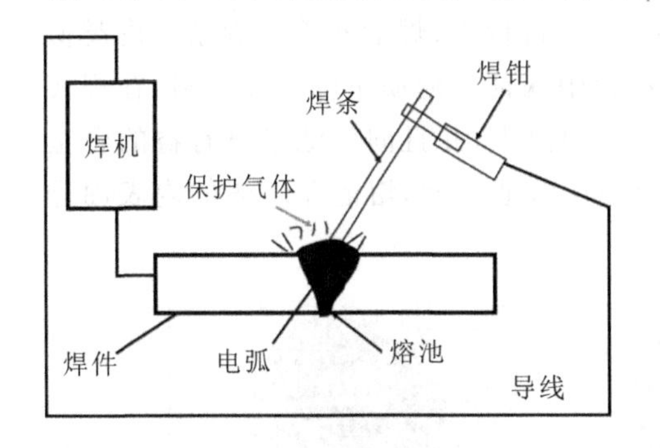

图 2-2-2 手工电弧焊原理示意图

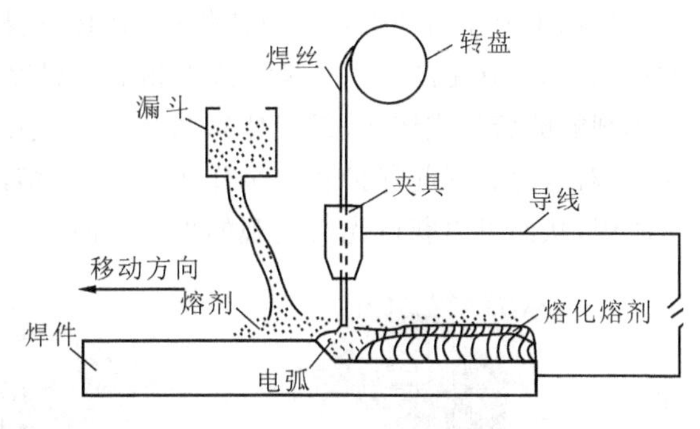

图 2-2-3 自动埋弧焊原理示意图

3）气体保护焊

气体保护焊是用喷枪喷出 CO_2 气体或其他惰性气体，作为电弧的保护介质，将电弧、熔池与大气隔离。气体保护焊电弧加热集中，焊接速度较快，焊件熔深大，热影响区较窄，焊接变形较小，焊缝强度比手工焊高，且具有较高的抗锈能力。但这种焊接方法的设备复杂，电弧光较强，金属飞溅多，焊缝表面不如前面所述的电弧焊平滑，一般用于厚钢板或特厚钢板的焊接。

在进行焊接连接时，无论采用何种电弧焊方式，其所选焊条、焊丝及焊剂均应与焊件金属材质相适应，并且还应符合国家标准中的有关规定。

2. 焊接材料

自从焊接方法产生以来，要求用焊接方法连接的材料越来越多，随之应运而生的是多种多样的焊接材料，以适应不同场合的需要。现在生产中经常使用的焊接材料有焊条、焊剂、焊丝。

1）焊条

焊条是涂有药皮的供焊条电弧焊用的熔化电极。焊条的组成如图 2-2-4 所示，压涂在焊芯表面上的涂料层即药皮，焊条中被药皮包覆的金属芯称为焊芯，焊条端部未涂药皮的焊芯部分可供焊钳夹持用，是焊条夹持端。

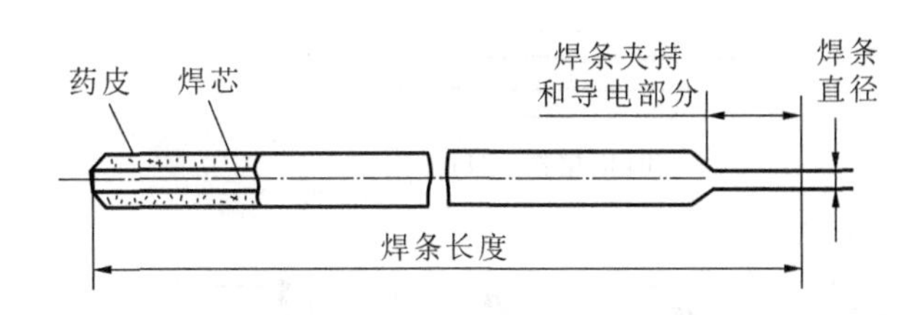

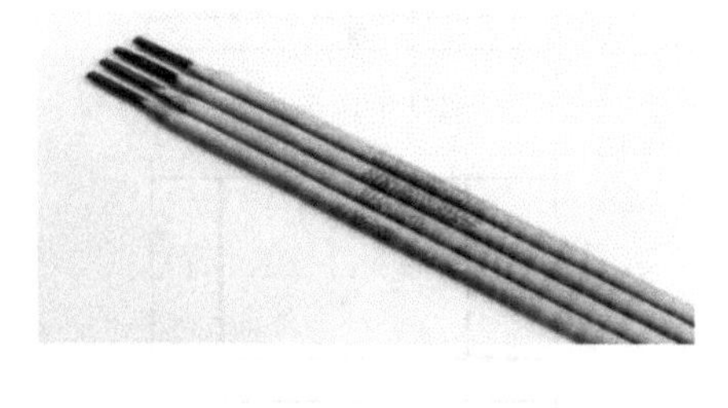

图 2-2-4 焊条

建筑钢结构常用的焊条有碳钢焊条和低合金钢焊条，其牌号为 E 型。其中 E 表示焊条，两位数字表示焊条熔敷金属抗拉强度的最小值。选用焊条应符合国家标准的规定，与主体金属强度相适应。一般情况下,Q235 钢采用 E43 型焊条,Q345 钢采用 E50 型焊条,Q390 钢采用 E55 型焊条。当不同强度的两种钢材进行连接时,应采用与低强度钢材相适应的焊条。

2）焊剂

焊剂主要作为埋弧焊和电渣焊使用的焊接材料,焊接过程中,焊剂起着与焊条药皮类似的作用。焊剂(见图 2-2-5)是埋弧焊和电渣焊焊接过程中保证焊缝质量的重要材料,在焊接时焊剂能够熔化成熔渣(或气体),防止了空气中氧、氮的侵入,并且向熔池过渡有益的合金元素,对熔池金属起保护和冶金作用。另外,熔渣覆盖在熔池上面,熔池在熔渣的内表面进行凝固,从而可以获得光滑美观的焊缝表面。

图 2-2-5 焊剂

3）焊丝

近年来,气体保护焊的应用得到很大发展,使焊丝在焊材消耗中所占的比例逐渐增加,成为一种重要的焊接材料。焊丝是作为填充金属或同时作为导电用的金属丝焊接材料。在气焊和钨极气体保护电弧焊时,焊丝用作填充金属;在埋弧焊、电渣焊和其他熔化极气体保护电弧焊时,焊丝既是填充金属,同时也是导电电极。焊丝的表面不涂防氧化作用的焊剂。

3. 焊缝形式

焊缝连接的形式,可按不同的归类方式进行分类。

1）按被连接构件之间的相对位置分类

按被连接构件之间的相对位置,焊缝连接可分为平接、搭接、T 形连接和角接四种形式,如图 2-2-6 所示。

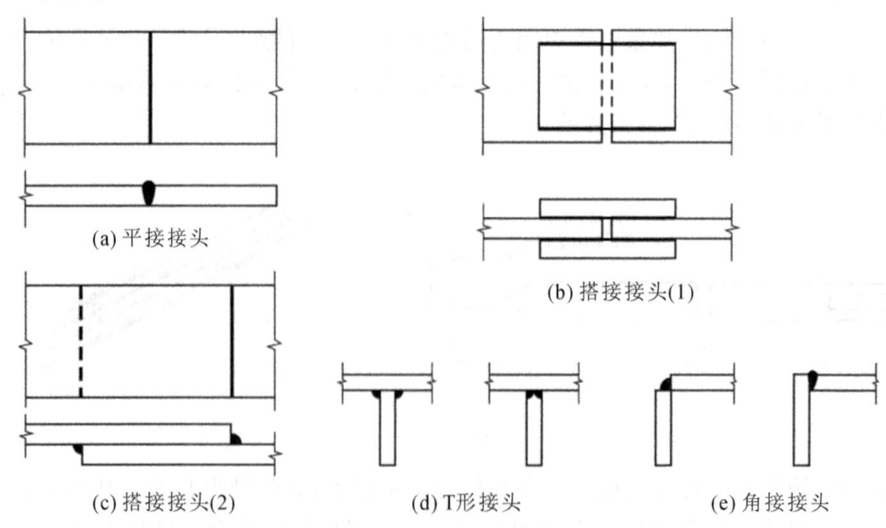

图 2-2-6 焊缝连接的形式

2）按焊缝的构造不同分类

按焊缝的构造不同，焊缝连接可分为对接焊缝和角焊缝两种形式。按作用力与焊缝方向之间的关系，对接焊缝可分为对接正焊缝和对接斜焊缝，如图 2-2-7 所示。角焊缝是指在搭接或顶接板件的边缘，所焊截面为三角形的焊缝。角焊缝按外力作用方向可分为平行于力作用方向的侧面角焊缝、垂直于力作用方向的正面角焊缝以及与力作用方向斜交的斜向角焊缝，如图 2-2-8 所示。角焊缝两边夹角为直角的称为直角角焊缝，夹角为锐角或钝角的称为斜角角焊缝，如图 2-2-9 所示。

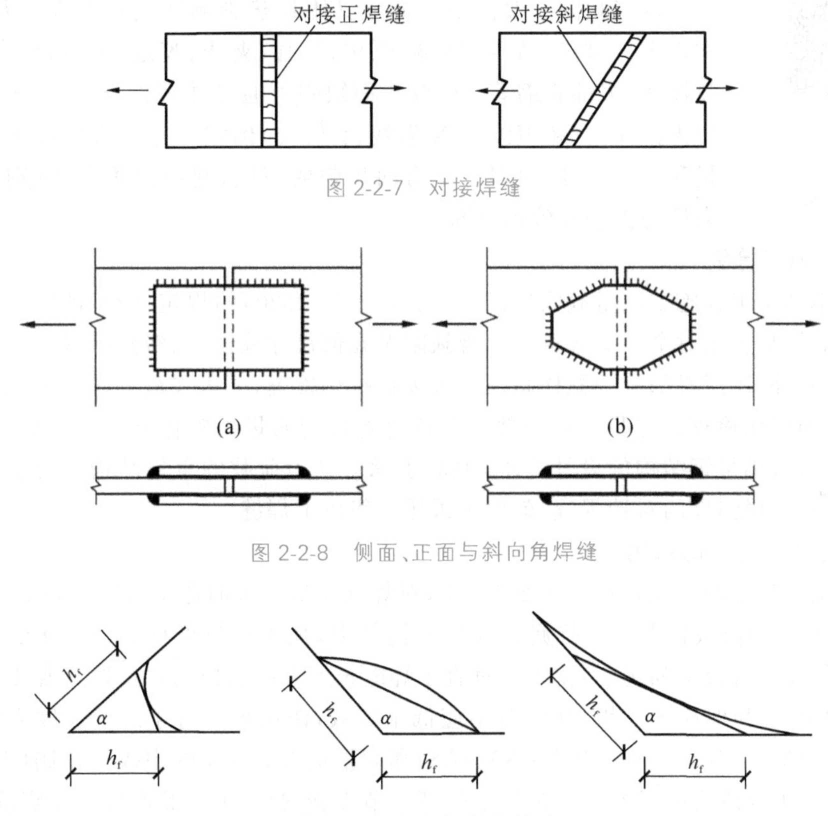

图 2-2-7 对接焊缝

图 2-2-8 侧面、正面与斜向角焊缝

图 2-2-9 斜角角焊缝截面

3）按施焊时焊缝在焊件之间的空间相对位置分类

按施焊时焊缝在焊件之间的空间相对位置，焊缝连接可分为平焊、竖焊、横焊和仰焊四种，如图 2-2-10 所示。平焊也称为俯焊，施焊条件最好，质量易保证，因此质量最好；仰焊的施焊条件最差，质量不易保证，在设计和制造时应尽量避免。

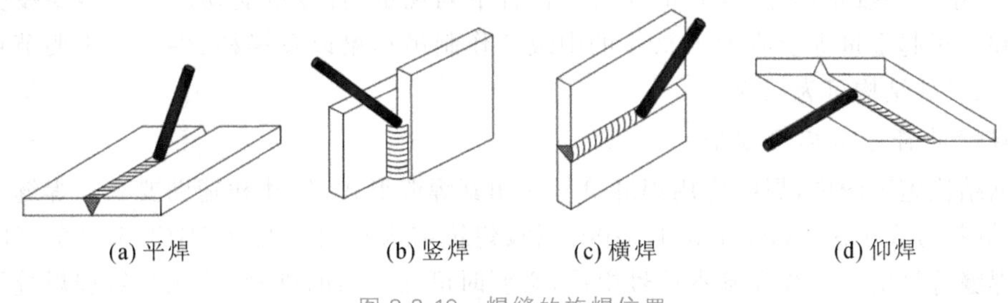

图 2-2-10 焊缝的施焊位置

4. 焊缝缺陷与质量等级

焊缝质量的好坏直接影响连接的强度。质量优良的对接焊缝，试验证明其强度高于母材，受拉试件的破坏部位多位于焊缝附近热影响区的母材上。但是，当焊缝中存在气孔、夹渣、咬边等缺陷时，它们不但使焊缝的受力面积削弱，而且还在缺陷处引起应力集中，易于形成裂纹。在受拉连接中，裂纹更易扩展延伸，从而使焊缝在低于母材强度的情况下被破坏。同样，缺陷也降低连接的疲劳强度。因此，应对焊缝质量严格检验。

【二维码 2.5：焊缝缺陷】

1）焊缝缺陷

焊缝缺陷一般位于焊缝或其附近热影响区钢材的表面及内部，通常表现为裂纹、焊瘤、烧穿、弧坑、气孔、夹渣、咬边、未熔合、未焊透、电弧擦伤、根部收缩等。焊缝表面缺陷可通过外观检查确定，内部缺陷则用无损探伤（超声波或 X 射线、γ 射线）确定。它们将直接影响焊缝质量和连接强度，使焊缝受力面积削弱，且引起应力集中，特别是裂纹受力后易扩展导致焊缝断裂。

2）焊缝质量等级

根据《钢结构工程施工质量验收标准》（GB 50205—2020）的规定，焊缝的质量分为三个等级：三级焊缝只要求对全部焊缝进行外观缺陷及几何尺寸检查；二级焊缝除要求对全部焊缝作外观检查外，还需对部分焊缝作超声波等无损探伤检查；一级焊缝要求对全部焊缝作外观检查及无损探伤检查。这些检查全部必须符合各自的质量检验标准。一般情况下，三级焊缝的强度就可满足钢结构的设计要求，但对于承受动力荷载的重要结构或要求焊缝金属强度等于被焊金属强度的对接焊缝，就要求采用二级以上焊缝。

3）焊缝质量等级的选用

《钢结构设计标准》（GB 50017—2017）中，对焊缝质量等级的选用有如下规定：

（1）在承受动荷载且需要进行疲劳验算的构件中，凡要求与母材等强连接的焊缝应焊透，其质量等级应符合下列规定：作用力垂直于焊缝长度方向的横向对接焊缝或 T 形对接与角接组合焊缝，受拉时应为一级，受压时不应低于二级；作用力平行于焊缝长度方向的纵向对接焊缝不应低于二级；重级工作制（A6～A8）和起重量 $Q \geqslant 50$ t 的中级工作制（A4、A5）吊车梁的腹板与上翼缘之间以及吊车桁架上弦杆与节点板之间的 T 形连接部位焊缝应焊透，焊缝形式宜为对接与角接的组合焊缝，其质量等级不应低于二级。

（2）在工作温度等于或低于 −20 ℃的地区，构件对接焊缝的质量不得低于二级。

（3）不需要疲劳验算的构件中，凡要求与母材等强对接的焊缝宜焊透，其质量等级受拉时不应低于二级，受压时不宜低于二级。

（4）部分焊透的对接焊缝、采用角焊缝或部分焊透的对接与角接组合焊缝的 T 形连接部位，以及搭接连接角焊缝，其质量等级应符合下列规定：直接承受动荷载且需要疲劳验算的结构和吊车起重量等于或大于 50 t 的中级工作制吊车梁以及梁柱、牛腿等重要节点不应低于二级；其他结构可为三级。

5. 焊缝的符号与标注方法

在钢结构施工图中，焊缝应用焊缝符号注明其焊缝形式、尺寸和辅助要求。焊缝符号应符合《焊缝符号表示法》（GB/T 324—2008）和《建筑结构制图标准》（GB/T 50105—2010）的规定。焊缝符号由引出线和基本符号组成，必要时可加上辅助符号、补充符号和焊缝尺寸符号。表 2-2-1 列出了部分常用焊缝符号。

表 2-2-1 部分常用焊缝符号

	角焊缝				对接焊缝	塞焊缝	三面围焊
	单面焊缝	双面焊缝	安装焊缝	相同焊缝			
形式					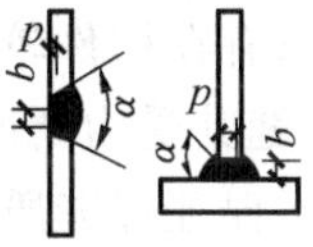		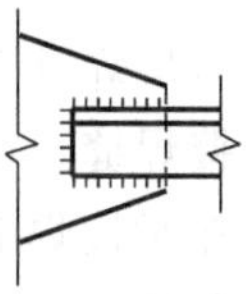
标注方法	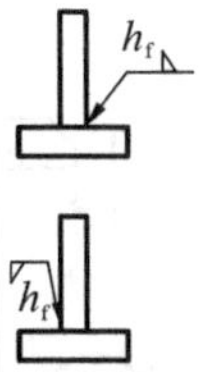	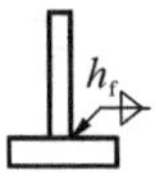	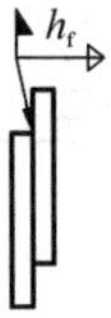		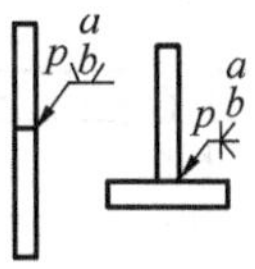		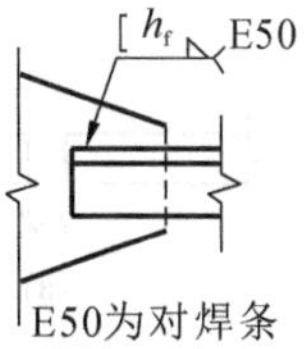 E50为对焊条的辅助说明

1）引出线

引出线由箭头线和两条基准线（其中一条为实线，另一条为虚线）两部分组成，虚线可以画在实线的下侧或上侧。

2）基本符号

基本符号表示焊缝的基本截面形式，如“◣”表示角焊缝（其垂线一律在左边，斜线一律在右边）；“V”表示 V 形坡口的对接焊缝。基本符号相对于基准线的位置，若焊缝在接头的箭头侧，则应将基本符号标注在基准线的实线侧；若焊缝在接头的非箭头侧，则应将基本符号标注在基准线的虚线侧；若为双面对称焊缝，基准线可不加虚线。箭头线相对于焊缝位置一般无特别要求，对有坡口的焊缝，箭头线应指向带有坡口的一侧。

3）辅助符号

辅助符号是表示焊缝表面形状特征的符号。V 形坡口的对接焊缝加上一短画表示对接 V 形焊缝表面的余高部分应加工成平面使之与焊件表面齐平，此处一短画为辅助符号。

4）补充符号

补充符号是补充说明焊缝某些特征的符号，如“[” 表示三面围焊。

焊缝尺寸标注在基准线上。这里应注意的是，不论箭头线方向如何，有关焊缝横截面的尺寸（如角焊缝的焊角尺寸 h_f）一律标在焊缝基本符号的左边，有关焊缝长度方向的尺寸（如焊缝长度）则一律标在焊缝基本符号的右边。此外，对接焊缝中有关坡口的尺寸应标在焊缝基本符号的上侧或下侧。

当焊缝分布不规则时，在标注焊缝符号的同时，应在焊缝处加栅线，表示可见、不可见或安装焊缝，如图 2-2-11 所示。在标注时，焊缝的基本符号、辅助符号、补充符号均用粗实线表示，并与基准线相交或相切。尾部符号用细实线表示，并且在基准线的尾端。

(a) 可见焊缝　(b) 不可见焊缝　(c) 工地安装焊缝

图 2-2-11 焊缝的栅线符号

6.焊缝连接构造与计算

1）对接焊缝连接构造与计算

（1）对接焊缝构造。

对接焊缝可分为焊透的和未焊透的两种焊缝。焊透的对接焊缝强度高，传力性能好，一般的对接焊缝多采用焊透的，只有在构件较厚，内力较小，且受静载作用时，方可采用未焊透的对接焊缝。未焊透的对接焊缝其受力情况与角焊缝相似，可按角焊缝计算。

在对接焊缝的施焊中，为了保证焊缝质量，便于施焊，减小焊缝截面，通常按焊件厚度及施焊条件的不同，将焊口边缘加工成不同形式的坡口，坡口的形式如图 2-2-12 所示。

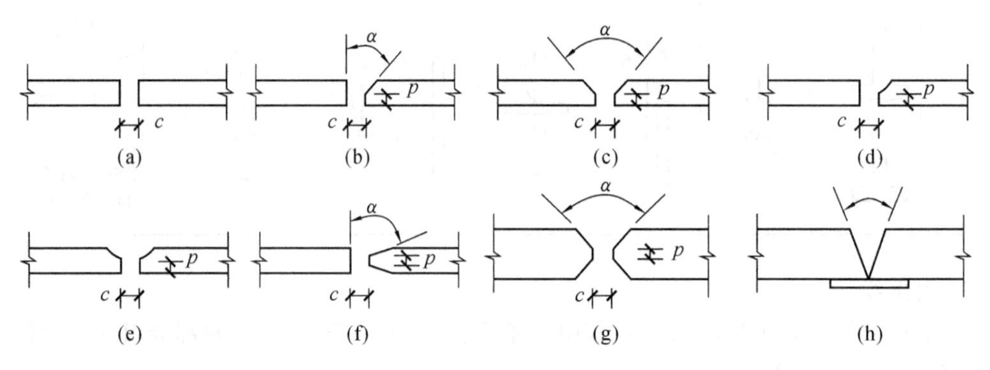

图 2-2-12　对接焊缝的坡口形式

当对接焊缝处的焊件宽度不同或厚度相差超过规定值时，应将较宽或较厚的板件加工成坡度不大于 1∶2.5 的斜坡（动力荷载作用时，坡度不大于 1∶4），形成平缓的过渡，使构件传力平顺，减少应力集中，如图 2-2-13 所示。

在对接焊缝施焊时的起弧和灭弧点，常会出现未焊透或未焊满的凹陷焊口，此处极易产生应力集中和裂纹，对承受动力荷载的结构尤为不利。为避免这种缺陷，施焊时可在焊缝两端设置引弧板，如图 2-2-14 所示。

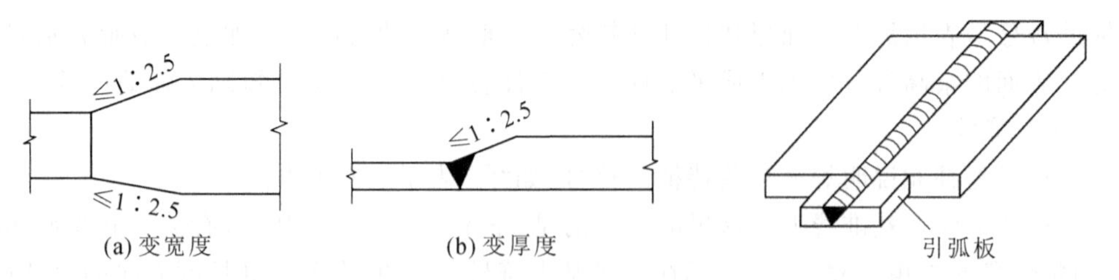

图 2-2-13　变截面钢板对接　　图 2-2-14　对接焊缝施焊用引弧板

（2）轴心力作用时对接焊缝计算。

如图 2-2-15 所示，当对接焊缝受垂直于焊缝长度方向的轴心力作用时，焊缝强度可按下式计算：

$$\sigma=\frac{N}{l_{w}h_{e}}\leqslant f_{t}^{w} \text{ 或 } f_{c}^{w}$$

式中：N——轴心拉力或压力设计值（N）；

l_w——焊缝的计算长度。当采用引弧板时，取焊缝的实际长度；当未采用引弧板和引出板时，每条焊缝取实际长度减去 $2t$，t 为板厚；

h_e——对接焊缝的计算厚度（mm），在对接连接节点中取连接件的较小厚度，在 T 形连接节点中取腹板的厚度；

f_t^w、f_c^w——对接焊缝的抗拉、抗压强度设计值（N/mm^2）。

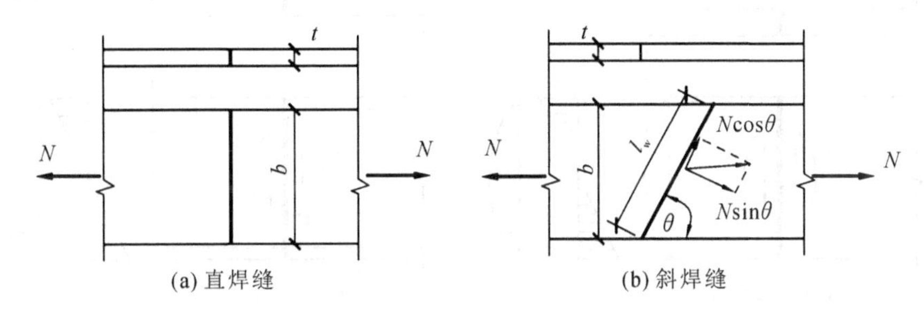

图 2-2-15 轴心力作用时的对接焊缝

当采用引弧板施焊时，质量为一级、二级及不受拉应力的三级对接焊缝，其强度与母材相同，无须计算；而质量为三级的受拉应力作用以及未采用引弧板的对接焊缝，则必须进行强度计算。若计算不满足要求，可改用对接斜焊缝连接[如图 2-2-15(b)所示]或提高焊缝质量等级。

对于斜焊缝只需验算正应力，当斜缝与作用力的夹角 θ 满足 $\tan\theta \leqslant 1.5$ 时，可不再验算焊缝强度。相对来说，斜缝能使焊缝的计算长度加长，提高承载力，但需切角，焊件斜接较费钢材。

(3) 弯矩、剪力共同作用时对接焊缝计算。

如图 2-2-16 所示，对接焊缝受弯矩、剪力共同作用，考虑到焊缝截面内的最大正应力和最大剪应力不位于同一点，应验算边缘纤维的最大正应力、中性轴处的最大剪应力和腹板与翼缘连接处的折算应力。

$$\sigma_{max}=\frac{M}{W_w}\leqslant f_t^w, \tau_{max}=\frac{VS_w}{I_w t_w}\leqslant f_v^w$$

$$\sqrt{\sigma_1^2+3\tau_1^2}\leqslant 1.1f_t^2$$

式中：M——计算截面的弯矩设计值；

W_w——焊缝计算截面的截面模量；

V——与焊缝方向平行的剪力设计值；

S_w——焊缝计算截面在计算剪应力处以上或以下部分截面对中性轴的面积矩；

I_w——焊缝计算截面对中性轴的惯性矩；

t_w——工字形截面腹板厚度；

f_v^w——对接焊缝的抗剪强度设计值；

σ_1——腹板对接焊缝“1”点处的正应力；

τ_1——腹板对接焊缝“1”点处的剪应力；

f_t——对接焊缝的抗拉强度设计值。

2) 角焊缝连接构造与计算

(1) 角焊缝连接构造。

① 角焊缝的最小计算长度应为其焊脚尺寸 h_f 的 8 倍，且不应小于 40 mm；焊缝计算长度应为扣除引弧、收弧长度后的焊缝长度；

② 断续角焊缝焊段的最小长度不应小于最小计算长度；

③ 角焊缝最小焊脚尺寸宜按表 2-2-2 取值，承受动荷载时角焊缝焊脚尺寸不宜小于 5 mm；

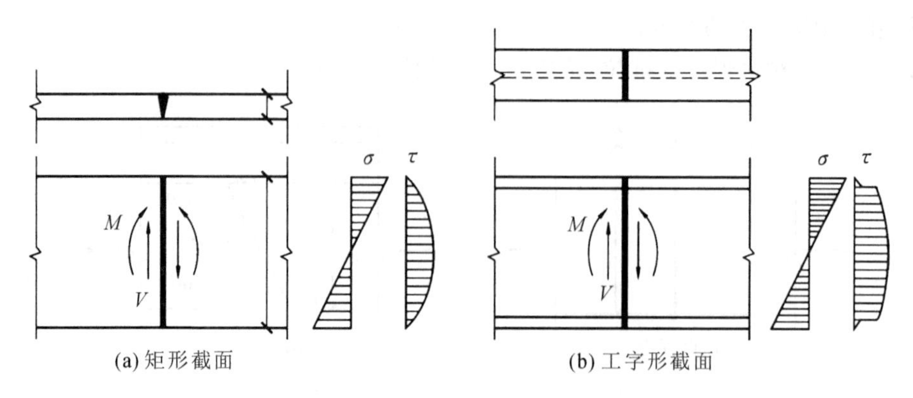

(a) 矩形截面　　(b) 工字形截面

图 2-2-16　弯矩和剪力共同作用时的对接焊缝

表 2-2-2　角焊缝最小焊脚尺寸　mm

母材厚度 t	角焊缝最小焊脚尺寸 h
$t \leqslant 6$	3
$6 < t \leqslant 12$	5
$12 < t \leqslant 20$	6
$t > 20$	8

注：1. 采用不预热的非低氢焊接方法进行焊接时，t 等于焊接连接部位中较厚件厚度，宜采用单道焊缝；采用预热的非低氢焊接方法或低氢焊接方法进行焊接时，t 等于焊接连接部位中较薄件厚度。
2. 焊缝尺寸 h_f 不要求超过焊接连接部位中较薄件厚度的情况除外。
3. 本表选自《钢结构设计标准》(GB 50017—2017)。

④ 被焊构件中较薄板厚度不小于 25 mm 时，宜采用开局部坡口的角焊缝；

⑤ 采用角焊缝焊接连接，不宜将厚板焊接到较薄板上；

⑥ 在搭接连接中，搭接长度不得小于焊件较小厚度的 5 倍，并不得小于 25 mm；

⑦ 只采用纵向角焊缝连接型钢杆件端部时，型钢杆件的宽度不应大于 200 mm，当宽度大于 200 mm 时，应加横向角焊缝或中间塞焊；型钢杆件每一侧纵向角焊缝的长度不应小于型钢杆件的宽度；

⑧ 型钢杆件搭接连接采用围焊时，在转角处应连续施焊。杆件端部搭接角焊缝作绕焊时，绕焊长度不应小于焊脚尺寸的 2 倍，并应连续施焊；

⑨ 搭接焊缝沿母材棱边的最大焊脚尺寸，当板厚不大于 6 mm 时，应为母材厚度，当板厚大于 6 mm 时，应为母材厚度减去 1～2 mm。

(2) 角焊缝受轴心力作用时的计算。

正面角焊缝(作用力垂直于焊缝长度方向)：

$$\sigma_f = \frac{N}{h_e l_w} \leqslant \beta_f f_f^w$$

侧面角焊缝(作用力平行于焊缝长度方向)：

$$\tau_f = \frac{N}{h_e l_w} \leqslant f_f^w$$

斜焊缝或作用力与焊缝长度方向斜交成 θ 的角焊缝，分别算出焊缝的 σ_f 和 τ_f，然后按下式计算：

$$\sqrt{\left(\frac{\sigma_f}{\beta_f}\right)^2+\tau_f^2}\leqslant f_f^w$$

如图 2-2-8 所示，由正面、侧面、斜向各种角焊缝组成的周围角焊缝，假设破坏时各部分角焊缝都达到各自的极限强度：

$$\frac{N}{\sum(\beta_{f\theta}h_e l_w)}\leqslant f_f^w$$

式中：σ_f——按焊缝有效截面($h_e l_w$)计算，垂直于焊缝长度方向的应力(N/mm²)；

τ_f——按焊缝有效截面计算，沿焊缝长度方向的剪应力(N/mm²)；

h_e——直角角焊缝的计算厚度(mm)，当两焊件间隙 $b\leqslant 1.5$ mm 时，$h_e=0.7h_f$；1.5 mm$<b\leqslant 5$ mm 时，$h_e=0.7(h_f-b)$，h_f 为焊脚尺寸；

l_w——角焊缝的计算长度(mm)，对每条焊缝取其实际长度减去 $2h_f$；

f_f^w——角焊缝的强度设计值(N/mm²)；

β_f——正面角焊缝的强度设计值增大系数，对承受静力荷载和间接承受动力荷载的结构，$\beta_f=1.22$；对直接承受动力荷载的结构，$\beta_f=1.0$；

$\beta_{f\theta}$——斜面角焊缝的强度增加系数。

(3) 角钢连接的角焊缝计算。

在普通钢屋架中，双角钢截面轴力腹杆与节点板的连接一般多采用两面侧焊；受动力荷载时，可采用三面围焊；受力较小时，可采用 L 形围焊，围焊的转角处必须连续施焊，如图 2-2-17所示。

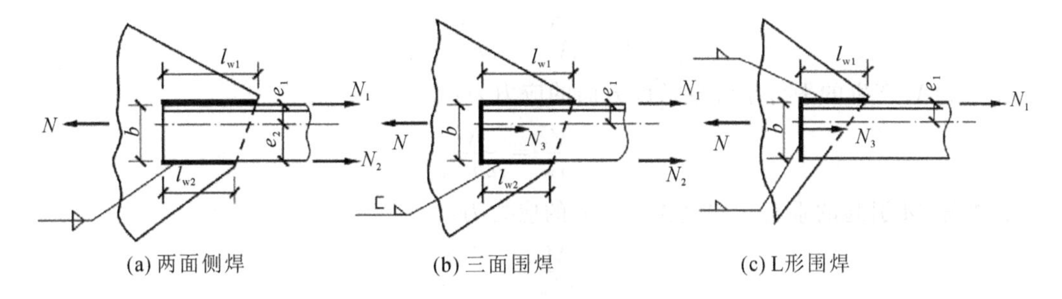

图 2-2-17 角钢的节点板连接焊缝

① 用两侧缝连接时的计算。

由于角钢重心轴线到肢背和肢尖的距离不等，使靠近重心轴线的肢背焊缝比远离重心轴线的肢尖焊缝承受的内力大。设 N_1 和 N_2 分别为角钢肢背和肢尖焊缝分别承担的内力，根据平衡条件 $\sum M=0$ 可得

$$N_1=\frac{e_2}{e_1+e_2}N=\frac{e_2}{b}N=K_1N$$

$$N_2=\frac{e_1}{e_1+e_2}N=\frac{e_1}{b}N=K_2N$$

式中：K_1、K_2——角钢肢背和肢尖焊缝的内力分配系数：等边角钢，$K_1=0.7$，$K_2=0.3$；短肢相连的不等边角钢，$K_1=0.75$，$K_2=0.25$；长肢相连的不等边角钢，$K_1=0.65$，$K_2=0.35$。

求出 N_1 和 N_2 后，可根据构造要求确定肢背与肢尖的焊脚尺寸 h_{f1} 和 h_{f2}，然后分别计算角钢肢背与肢尖焊缝所需的计算长度。

② 采用三面围焊时的计算。

首先根据构造要求选取端缝的焊脚尺寸 h_f，并计算其所能承受的内力

$$N_3 = 0.7h_f \sum l_{w3} \cdot \beta_f f_f^w$$

再由平衡条件可得

$$N_1 = K_1 N - \frac{N_3}{2}$$

$$N_2 = K_2 N - \frac{N_3}{2}$$

同样地，可由 N_1 和 N_2 分别计算角钢肢背与肢尖焊缝所需的计算长度。

③ 采用L形围焊时的计算。

由于L形围焊中角钢肢尖无焊缝，$N_2=0$，则可得

$$N_3 = 2K_2 N$$

$$N_1 = N - N_3 = (1-2K_2)N$$

求出 N_1 和 N_3 后，可分别计算角钢的正面角焊缝和肢背侧面角焊缝所需的计算长度。

(4) 在轴力、弯矩和剪力共同作用下T形连接的计算。

如图2-2-18所示为一同时承受轴向力 N、弯矩 M 和剪力 V 的T形连接。焊缝的 A 点为最危险点，由轴力 N 产生的垂直于焊缝长度方向的应力为：

$$\sigma_f^N = \frac{N}{A_w} = \frac{N}{2h_e l_w}$$

由剪力 V 产生的平行于焊缝长度方向的应力为：

$$\tau_f^V = \frac{V}{A_w} = \frac{V}{2h_e l_w}$$

由弯矩 M 引起的垂直于焊缝长度方向的应力为：

$$\sigma_f^M = \frac{M}{W_w} = \frac{6M}{2h_e l_w^2}$$

危险应力点 A 的强度条件为：

$$\sqrt{\left(\frac{\sigma_f^N + \sigma_f^M}{\beta_f}\right)^2 + (\tau_f^V)^2} \leqslant f_f^w$$

式中：A_w——角焊缝的计算截面面积；

W_w——角焊缝的计算截面模量。

二、螺栓连接

螺栓连接的操作方法是通过扳手施拧，使螺栓产生紧固力，从而使被连接件连接成为一体。螺栓连接根据螺栓使用的钢材性能等级分为普通螺栓连接和高强度螺栓连接两种。螺栓连接的优点是安装方便、工艺简单、所需设备简单易得，施工效率和质量容易得到保证，并可方便拆装。螺栓连接的缺点是由于需要在构件上制孔，所以对构件截面有削弱；在实现连接时一般需要配有连接件，使得钢材用量增加，构造较繁杂，工作量也有增加。

普通螺栓连接一般用于需要拆装的连接中，在承受拉力的连接和不太重要的连接中也

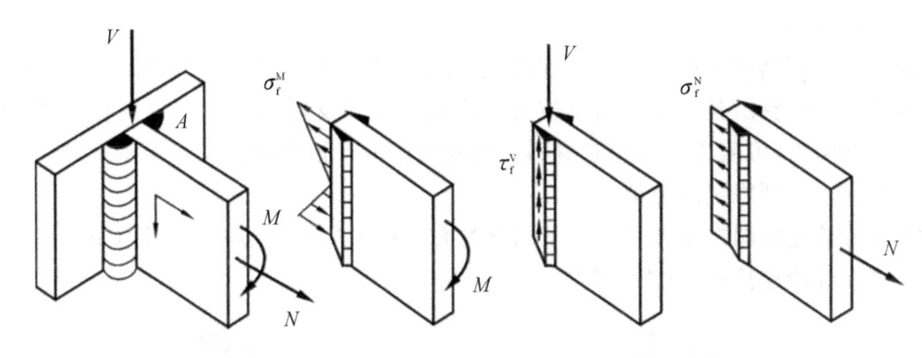

图 2-2-18 弯矩、剪力和轴力共同作用时 T 形接头角焊缝

有广泛的应用。高强度螺栓由于具有连接紧密、受力良好、耐疲劳、便于养护及在动力荷载作用下不易松动等优点，因而被广泛地应用在桥梁、大跨度的工业厂房及民用建筑中。

1. 螺栓连接材料

1) 普通螺栓

按照普通螺栓的形式，可将其分为六角头螺栓、双头螺柱和地脚螺栓等，如图 2-2-19 所示，本教材主要介绍六角头螺栓。

(a) 六角头螺栓　(b) 双头螺柱　(c) 地脚螺栓

图 2-2-19 普通螺栓图片

六角头螺栓按产品质量和制作公差的不同，分为 A、B、C 三个等级，其中 A、B 级为精制螺栓，C 级为粗制螺栓。在钢结构螺栓连接中，除特别注明外，一般均为 C 级粗制螺栓。

C 级螺栓由未经加工的圆钢压制而成。其材料性能等级为 4.6 级或 4.8 级，小数点前的数字表示螺栓材料的最低抗拉强度，4 即为400 N/mm^2；小数点及后面的数字(0.6、0.8)则表示材料的屈强比。C 级螺栓表面粗糙，一般用于在单个零件上一次冲成或不用钻模钻成设计孔径的孔(Ⅱ类孔)。螺栓孔的直径比螺栓杆的直径大 1.5～3 mm。对于采用 C 级螺栓的连接，由于螺栓杆与螺栓孔之间有较大的间隙，受剪力作用时，将会产生较大的剪切滑移，连接的变形大，但安装方便，且能有效地传递拉力，故一般可用于沿螺栓杆轴受拉的连接中，以及次要结构的抗剪连接或安装时的临时固定。在一些受拉或拉剪联合作用的临时安装连接中，经常采用 C 级螺栓。

【二维码 2.6：为高铁拧上“中国螺栓”】

A、B 级精制螺栓是由毛坯在车床上经过切削加工精制而成。其材料性能等级为 5.6 级与 8.8 级，表面光滑，尺寸准确，螺杆直径与螺栓孔径相同，对成孔质量要求高。由于有较高的精度，因而受剪性能好。但制作和安装复杂，价格较高，已很少在钢结构中采用。

2）高强度螺栓

高强度螺栓用高强度钢材经热处理制成，安装时用特制的扳手拧紧螺栓。拧紧时螺栓杆被迫伸长，栓杆受拉，其拉力称为预拉力。由此产生的反作用力使连接钢板压紧，导致板件之间产生摩阻力，可阻止板件相对滑移。特制的扳手有相应的预拉力指示计，施工时必须保证螺栓预拉力达到规定的数值。

高强度螺栓连接副按安装工艺的不同分为大六角头高强度螺栓连接副（见图 2-2-20）和扭剪型高强度螺栓连接副（见图 2-2-21）。

图 2-2-20　大六角头高强度螺栓连接副

图 2-2-21　扭剪型高强度螺栓连接副

高强度螺栓连接副含一个螺栓、一个螺母、两个垫圈（螺头和螺母各一个）；扭剪型高强度螺栓连接副含一个螺栓、一个螺母、一个垫圈。螺栓、螺母、垫圈在组成一个连接副时，其性能等级要匹配。

钢结构用大六角高强度螺栓的质量应符合现行国家标准《钢结构用高强度大六角头螺栓》(GB/T 1228—2006)、《钢结构用高强度大六角螺母》(GB/T 1229—2006)、《钢结构用高强度垫圈》(GB/T 1230—2006)、《钢结构用高强度大六角头螺栓、大六角螺母、垫圈技术条件》(GB/T 1231—2006)的规定。扭剪型高强度螺栓的质量应符合现行国家标准《钢结构用扭剪型高强度螺栓连接副》(GB/T 3632—2008)的规定。

高强度螺栓连接受剪时，按其传力方式可分为摩擦型连接和承压型连接两种。摩擦型连接受剪时，以外剪力达到板件接触面间最大摩擦力为极限状态，即保证在整个使用期间外剪力不超过最大摩擦力为准则。这样，板件之间不会发生相对滑移变形，连接板件始终是整体弹性受力，因而连接刚性好，变性小，受力可靠，耐疲劳。承压型连接则允许接触面间摩擦力被克服，从而板件之间产生滑移，直至栓杆与孔壁接触，由栓杆受剪或孔壁受挤压传力直至破坏，此时受力性能与普通螺栓相同。

高强度螺栓可广泛应用于厂房、高层建筑和桥梁等钢结构重要部位的安装连接，但根据摩擦型连接和承压型连接的不同特点，其应用还应有所区别。摩擦型连接整体性和连接刚度好，剪切变形小，耐疲劳，特别适用于承受动力荷载的结构，如吊车梁的工地拼接、重级工作制吊车梁与柱的连接等。受剪的高强度螺栓连接中，承压型连接设计承载力显然高于摩擦型连接，但其整体性和刚度相对较差，实际强度储备相对较小，一般多用于承受静力或间接动力荷载的连接。

2. 螺栓连接形式

1）钢板的螺栓连接形式

(1) 平接连接：用双面拼接板连接的形式，力的传递不产生偏心作用，如图 2-2-22 所示；

用单面拼接板连接的形式,力的传递产生偏心,受力后连接部位易发生弯曲,如图 2-2-23 所示。

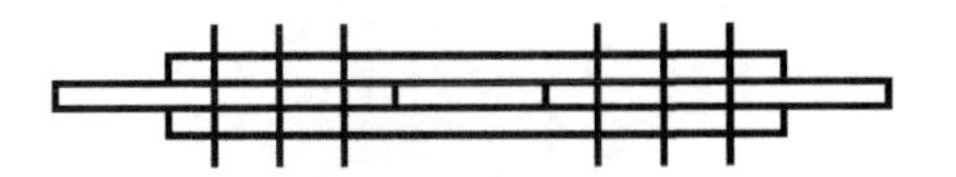

图 2-2-22 双面拼接板连接形式

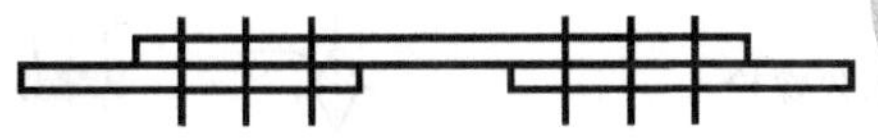

图 2-2-23 单面拼接板连接形式

【二维码 2.7:单面拼接板连接】

对于板件厚度不同的拼接,必须设置填板并将其伸出拼接板以外,用焊件或螺栓固定,如图 2-2-24 所示。

(2) 搭接连接。采用搭接连接的方式传力偏心,一般构件受力不大时可以采用,如图 2-2-25 所示。

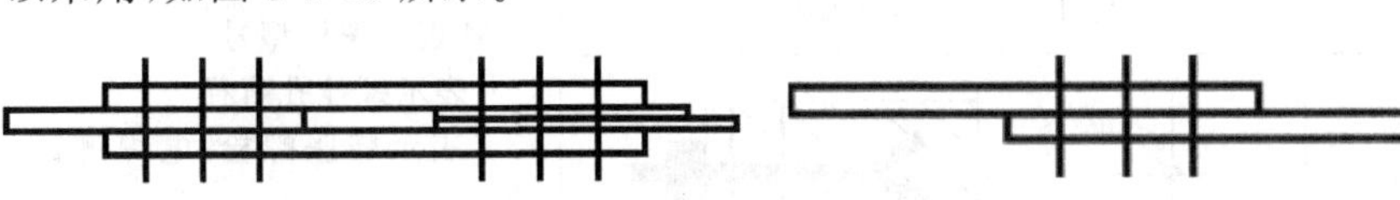

图 2-2-24 板件厚度不同的拼接连接形式　　图 2-2-25 搭接连接形式

【二维码 2.8:板件厚度不同的拼接连接】

(3) T 形连接,如图 2-2-26 所示。

2) 槽钢螺栓连接、工字钢螺栓连接

拼接时,拼接板的总面积不能小于被拼接的杆件截面积,其各肢面积分布与材料面积大致相等,符合等强度原则,如图 2-2-27 所示。

【二维码 2.9:槽钢螺栓连接】

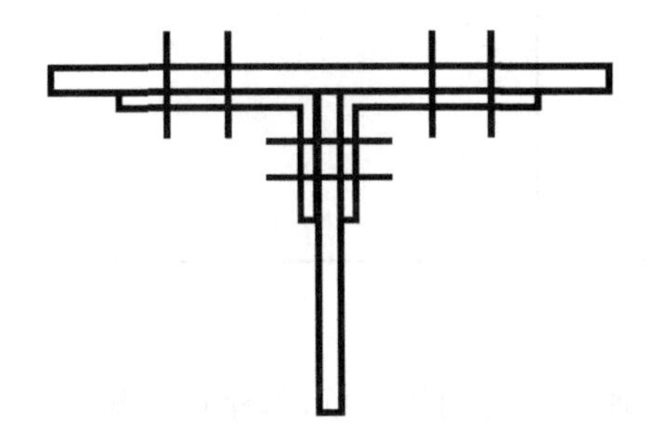

图 2-2-26 T 形连接

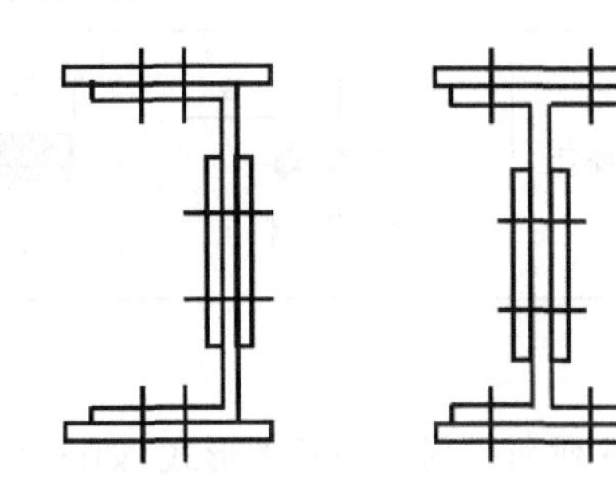

图 2-2-27 槽钢螺栓连接和工字钢螺栓连接

3) 角钢连接

(1) 角钢与钢板连接,如图 2-2-28(a)所示。

(2) 角钢与角钢连接,如图 2-2-28(b)所示。

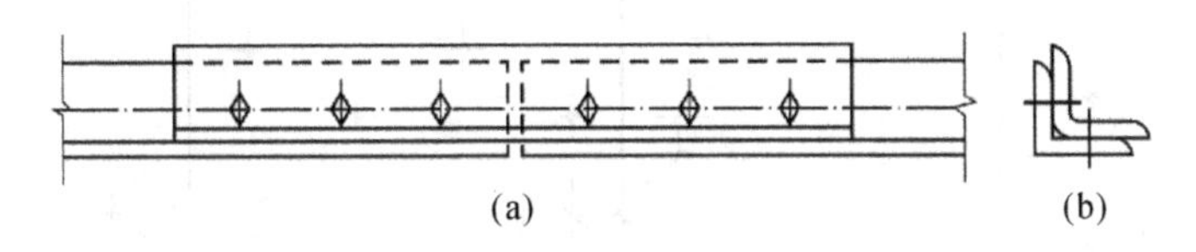

图 2-2-28 角钢与角钢连接

【二维码 2.10:角钢与角钢连接】

3. 螺栓连接的排列

1) 螺栓及孔的图例

钢结构施工图采用的螺栓及孔的图例应符合《建筑结构制图标准》(GB/T 50105—2010)的规定,见表 2-2-3。

表 2-2-3 螺栓及孔图例

序号	名称	图例	说明
1	永久螺栓		细"＋"线表示定位线 M 表示螺栓型号 ϕ 表示螺栓孔直径 d 表示膨胀螺栓、电焊铆钉直径 采用引出线标注螺栓时，横线上标注螺栓规格，横线下标注螺栓孔直径
2	高强螺栓		
3	安装螺栓		
4	胀锚螺栓		
5	圆形螺栓孔		
6	长圆形螺栓孔		

2）螺栓的排列

螺栓的排列有并列和错列两种基本形式，如图 2-2-29 所示。并列较简单，但栓孔对截面削弱较多；错列较紧凑，可减少截面削弱，但排列较繁杂。

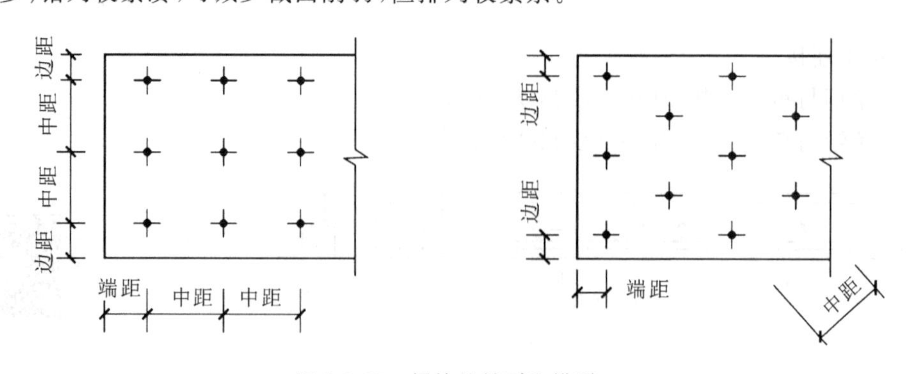

图 2-2-29 螺栓的并列和错列

螺栓在构件上的排列，应保证螺栓间距及螺栓至构件边缘的距离不应太小，否则螺栓之间的钢板以及边缘处螺栓孔前的钢板可能沿作用力方向被剪断；同时，螺栓间距及边距太小也不利扳手操作。另一方面，螺栓的间距及边距也不应太大，否则连接钢板不易夹紧，潮气容易侵入缝隙引起钢板锈蚀。对于受压构件，螺栓间距过大还容易引起钢板鼓曲。为此，相关国家标准根据螺栓孔直径、钢材边缘加工情况（轧制边、切割边）及受力方向，规定了螺栓中心间距及边距的最大、最小限值，见表 2-2-4。

表 2-2-4 螺栓的最大、最小容许距离

<table>
<tr><th>名称</th><th colspan="3">位置和方向</th><th>最大容许距离（取两者的较小值）</th><th>最小容许距离</th></tr>
<tr><td rowspan="5">中心间距</td><td colspan="3">外排（垂直内力方向或顺内力方向）</td><td>$8d_0$ 或 $12t$</td><td rowspan="5">$3d_0$</td></tr>
<tr><td rowspan="3">中间排</td><td colspan="2">垂直内力方向</td><td>$1d_0$ 或 $24t$</td></tr>
<tr><td rowspan="2">顺内力方向</td><td>构件受压力</td><td>$12d_0$ 或 $18t$</td></tr>
<tr><td>构件受拉力</td><td>$12d_0$ 或 $24t$</td></tr>
<tr><td colspan="3">沿对角线方向</td><td>—</td></tr>
<tr><td rowspan="4">中心至构件边缘距离</td><td colspan="3">顺内力方向</td><td rowspan="4">$4d_0$ 或 $8t$</td><td>$2d_0$</td></tr>
<tr><td rowspan="3">垂直内力方向</td><td colspan="2">剪切边或手工气割边</td><td rowspan="2">$1.5d_0$</td></tr>
<tr><td rowspan="2">轧制边、自动气割或锯割边</td><td>高强度螺栓</td></tr>
<tr><td>其他螺栓或铆钉</td><td>$1.2d_0$</td></tr>
</table>

注：1. d_0 为螺栓或铆钉的直径，t 为外层较薄板件的厚度。
2. 钢板边缘与刚性构件（如角钢、槽钢等）相连的螺栓或铆钉的最大间距，可按中间排的数值采用。
3. 计算螺栓孔引起的截面削弱时可取 $d+4$ mm 和 d_0 的较大者。

4. 螺栓连接计算

1）普通螺栓连接计算

普通螺栓连接按螺栓传力方式可分为受剪螺栓连接、受拉螺栓连接和拉剪螺栓连接三种。受剪螺栓连接是靠栓杆受剪和孔壁承压传力，受拉螺栓连接是靠螺栓沿杆轴方向受拉传力，拉剪螺栓连接则是同时兼有上述两种传力方式。

（1）受剪螺栓连接计算。

受剪螺栓连接在达极限承载力时可能出现五种破坏形式：当螺栓杆较细、板件较厚时，螺栓杆被剪断，如图 2-2-30(a)所示；当螺栓杆较粗、板件较薄时，孔壁挤压破坏，如图 2-2-30(b)所示；当螺孔对板削弱过多时，板件被拉断，如图 2-2-30(c)所示；当端距太小时，板端可能因冲剪而破坏，如图 2-2-30(d)所示；当栓杆细长时，栓杆可能因弯曲而破坏，如图 2-2-30(e)所示。

【二维码 2.11：普通螺栓的抗剪连接破坏】

为保证螺栓连接能安全承载，对于图 2-2-30(a)、图 2-2-30(b)所示类型的破坏，通过计算单个螺栓承载力来控制；对于图 2-2-30(c)所示类型的破坏，则由验算构件净截面强度来控制；对于图 2-2-30(d)所示类型破坏，通过保证螺栓间距及边距不小于规定值（见表 2-2-4）来控制；对于图 2-2-30(e)所示类型破坏，通过使螺栓的夹紧长度不超过 4～6 倍螺栓直径来控制。

① 单个普通螺栓的受剪承载力计算。

受剪螺栓中，假定栓杆剪应力沿受剪面均匀分布，孔壁承压应力换算为沿栓杆直径投影

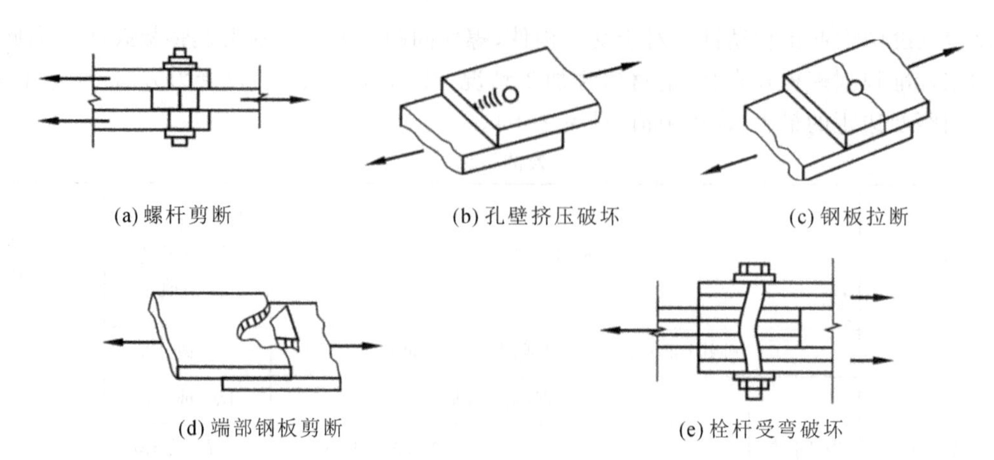

图 2-2-30　受剪螺栓连接的破坏形式

宽度内板件面上均匀分布的应力。这样，一个受剪螺栓的承载力设计值为：

受剪承载力设计值：

$$N_{\mathrm{v}}^{\mathrm{b}} = n_{\mathrm{v}} \frac{\pi d^2}{4} f_{\mathrm{V}}^{\mathrm{b}}$$

承压承载力设计值：

$$N_{\mathrm{c}}^{\mathrm{b}} = d \sum t f_{\mathrm{c}}^{\mathrm{b}}$$

式中：n_{v}——螺栓受剪面数，单剪 $n_{\mathrm{v}}=1$，双剪 $n_{\mathrm{v}}=2$，四剪 $n_{\mathrm{v}}=4$；

d——螺栓杆直径；

$\sum t$——同一方向承压构件厚度之和的较小值；

$f_{\mathrm{v}}^{\mathrm{b}}$、$f_{\mathrm{c}}^{\mathrm{b}}$——分别为螺栓的抗剪和承压强度设计值。

单个受剪螺栓的承载力设计值应取 $N_{\mathrm{v}}^{\mathrm{b}}$ 和 $N_{\mathrm{c}}^{\mathrm{b}}$ 中的较小值：

$$N_{\min}^{\mathrm{b}} = \min | N_{\mathrm{v}}^{\mathrm{b}}, N_{\mathrm{c}}^{\mathrm{b}} |$$

② 普通螺栓群轴心受剪计算。

两块钢板通过双盖板用螺栓连接。在轴心拉力作用下，螺栓群同时承压和受剪。由于拉力通过螺栓中心，为计算方便，假定每个螺栓的受力完全相同。则连接一侧所需的螺栓数，由下式确定：

$$n = \frac{N}{N_{\min}^{\mathrm{b}}}$$

在构件连接节点的一端，当螺栓沿轴向受力方向的连接长度 l_1 大于 $15d_0$ 时（d_0 为孔径），应将螺栓的承载力设计值乘以折减系数（$1.1-l_1/150d_0$），当大于 $60d_0$ 时，折减系数取为定值 0.7。

③ 构件净截面强度计算。

螺栓连接中，由于螺栓孔削弱了构件截面，因此需要验算构件开孔处的净截面强度，即验算构件最薄弱截面的净截面强度

$$\sigma = \frac{N}{A_{\mathrm{n}}} \leqslant f$$

式中：N——连接所受轴心力；

$N_{\min}^{\mathrm{b}}$——单个受剪螺栓承载力设计值；

f——钢材的抗拉(或抗压)强度设计值;

A_n——构件或连接板最薄弱截面净截面面积。

(2) 受拉螺栓连接计算。

图 2-2-31 为借助角钢的螺栓连接的 T 形接头。在外力 N 的作用下,栓杆将沿杆轴方向受拉。受拉螺栓破坏的特点是栓杆被拉断,而拉断的部位通常位于螺纹削弱的截面处。

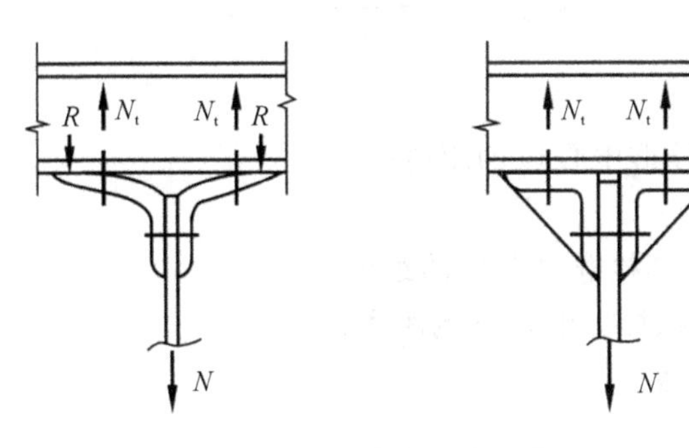

图 2-2-31　受拉螺栓连接

① 单个普通受拉螺栓的承载力。

单个受拉螺栓抗拉承载力设计值:

$$N_t^b = A_e f_t^b = \frac{1}{4}\pi d_e^2 f_t^b$$

式中:d_e、A_e——分别为螺栓螺纹处的有效直径和有效面积;

f_t^b——螺栓抗拉强度设计值。

② 普通螺栓群轴心受拉计算。

当外力 N 通过螺栓群中心使螺栓受拉时,假定每个螺栓承受的拉力相等,则所需螺栓的个数为:

$$n = \frac{N}{N_t^b}$$

③ 受拉螺栓群偏心受拉计算。

图 2-2-32 中,牛腿(或梁端)用普通螺栓与 I 字形截面柱相连接,螺栓群受偏心拉力以及剪力的作用。一般地,剪力在设计计算时认为全部由焊接于柱上的支托承担,螺栓群受偏心拉力。这种情况应根据偏心距的大小分为下列两种情况计算。

(a) 小偏心受拉情况:

$$N_{\min} \geqslant 0$$

当偏心距 e 较小时,弯矩 $M=Fe$ 不大,连接以承受轴心拉力 N 为主。这时螺栓群中所有螺栓均受拉,计算 M 作用下螺栓的内力时,取螺栓群的转动轴在螺栓群中心位置 O 处。最顶排螺栓所受拉力为:

$$N_1^M = \frac{My_1}{m\sum y_i^2} = \frac{Fey_1}{m\sum y_i^2}$$

在轴心拉力 $N=F$ 作用下,各螺栓均匀受拉,其拉力值为:

$$N = \frac{F}{n}$$

螺栓群所受的最大拉力 N_{max} 发生在弯矩背向一侧最外排螺栓处，其值及其应符合的条件为：

$$N_{max}=\frac{F}{n}+\frac{Fey_1}{m\sum y_i^2}\leqslant N_t^b$$

最小拉力 N_{min} 发生在弯矩指向一侧最外排螺栓处，其值及其应符合的条件为：

$$N_{min}=\frac{F}{n}-\frac{Fey_1}{m\sum y_i^2}\geqslant 0$$

式中：F——偏心拉力设计值；

e——偏心拉力至螺栓群中心 O 的距离；

n——螺栓数目；

y_1——最外排螺栓到螺栓群中心 O 的距离；

y_i——第 i 排螺栓到螺栓群中心 O 的距离；

m——螺栓的纵向列数。

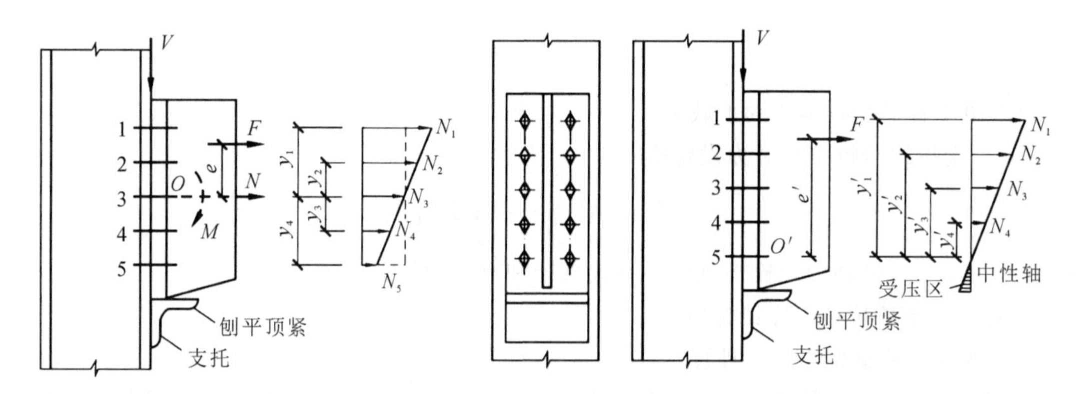

图 2-2-32　弯矩与轴力作用下的拉力连接

(b) 大偏心受拉情况：

$$N_{min}<0$$

当偏心距 e 较大时，属大偏心受拉，此时在连接底部会出现受压区，螺栓群的转动轴从螺栓群中心位置下移。为了简化计算，近似地取弯矩指向一侧最外排螺栓 O' 为转动轴，此时最大拉力 N_{max} 发生在背向弯矩一侧最外排，其值应满足：

$$N'_{max}=\frac{Fe'y'}{m\sum {y'_i}^2}\leqslant N_t^b$$

式中：F——偏心拉力设计值；

m——螺栓的纵向列数；

e'——偏心拉力 F 到转动轴 O'（弯矩指向一侧的最外排螺栓处）的距离；

y'——最外(上)排螺栓到转动轴 O' 的距离；

y'_i——第 i 排螺栓到转动轴 O' 的距离；

(3) 剪拉螺栓连接计算。

图 2-2-32 中，若不设支托，则剪力也由螺栓群承担，此时螺栓将同时承受剪力和拉力作用。在剪力作用下，可假设全部螺栓均匀承担，则每个螺栓承受剪力为：

$$N_v=\frac{V}{n}$$

在拉力 F 作用下，受拉螺栓连接可按前述求出受拉力最大的螺栓的拉力 N_t。

当螺栓同时受 V 和 N_t 作用时，其强度应满足下式要求：

$$\sqrt{(\frac{N_v}{N_v^b})^2 + (\frac{N_t}{N_t^b})^2} \leqslant 1$$

同时，为防止板件较薄引起承压破坏，还应满足下式：

$$N_v \leqslant N_c^b$$

式中：N_v^b——单个螺栓的抗剪承载力设计值；

N_t^b——单个螺栓的抗拉承载力设计值；

N_c^b——单个螺栓的承压承载力设计值。

2）高强度螺栓连接计算

(1) 高强度螺栓的预拉力计算。

摩擦型高强度螺栓不论是用于受剪螺栓连接、受拉螺栓连接还是拉剪螺栓连接，其受力都是依靠螺栓对板叠强大的法向压力，即紧固预拉力。承压型高强度螺栓，也要部分地利用这一特性。因此，高强度螺栓的预拉力值应尽可能高些，但必须保证螺栓在拧紧过程中不会屈服或断裂。为保证连接质量，必须控制预拉力。预拉力值的大小可按规范取值(见表 2-2-5)。

表 2-2-5 高强度螺栓的预拉力 P(kN)

螺栓的性能等级	螺栓公称直径/mm					
	M16	M20	M22	M24	M27	M30
8.8 级	80	125	150	175	230	280
10.9 级	100	155	190	225	290	355

(2) 高强度螺栓连接摩擦面抗滑移系数。

提高连接摩擦面抗滑移系数是提高高强度螺栓连接承载力的有效措施。摩擦面抗滑移系数值与钢材品种及钢材表面处理方法有关。一般干净的钢材轧制表面，若不经处理或只用钢丝刷除去浮锈，其摩擦面抗滑移系数值很低。若对轧制表面进行处理，提高其表面的平整度、清洁度及粗糙度，则可以提高摩擦面抗滑移系数值。为了增加摩擦面的清洁度及粗糙度，一般采用的方法有：喷砂或喷丸、喷砂(丸)后涂无机富锌漆、喷砂(丸)后生赤锈。相关规范对摩擦面抗滑移系数的规定见表 2-2-6。

表 2-2-6 摩擦面抗滑移系数

在连接处构件接触面的处理方法	构件的钢号		
	Q235 钢	Q345 钢、Q390 钢	Q420 钢
喷砂(丸)	0.45	0.50	0.50
喷砂(丸)后涂无机富锌漆	0.35	0.40	0.40
喷砂(丸)后生赤锈	0.45	0.50	0.50
钢丝刷清除浮锈或未经处理的干净轧制表面	0.30	0.35	0.40

(3) 摩擦型高强度螺栓连接计算。

① 受剪高强度螺栓连接的计算。

受剪摩擦型高强度螺栓是以摩擦力被克服而产生相对滑移为极限状态的，一个螺栓的抗剪承载力设计值为：

$$N_v^b = 0.9 n_f \mu P$$

式中：n_f——传力摩擦面数；

P——每个高强度螺栓的预拉力；

μ——摩擦面的抗滑移系数。

螺栓群受轴心力作用时的摩擦型连接受剪高强度螺栓的计算和普通螺栓的一样，故前述普通螺栓的计算公式均可加以利用。连接一侧所需的螺栓数为：

$$n = \frac{N}{N_v^b}$$

式中：N——连接承受的外力(轴心拉力)；

N_v^b——摩擦型连接单个受剪高强度螺栓的承载力设计值。

对受轴心力作用的构件净截面强度验算和普通螺栓的稍有不同。由于摩擦型连接高强度螺栓传力所依靠的摩擦力一般可认为均匀分布于螺孔四周，故孔前接触面即已经传递每个螺栓所传内力的一半，如图 2-2-33 所示最外列螺栓截面 Ⅰ—Ⅰ 处。这种通过螺栓孔中心线以前构件接触面之间的摩擦力来传递截面内力的现象称为“孔前传力”。每个螺栓所承受剪力的 50%已由孔前摩擦面传走(孔前传力系数为 0.5)，此时一般只需验算最外排螺栓所在截面，因为此处内力最大。

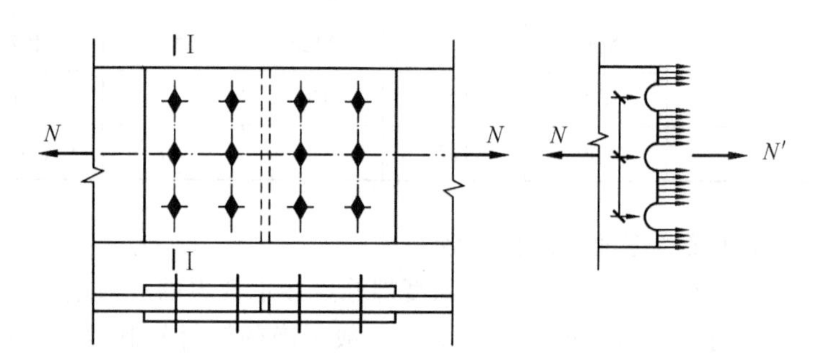

图 2-2-33 高强螺栓净面积验算

连接开孔截面的净截面强度按下式计算：

$$\sigma = \frac{N'}{A_n}(1 - 0.5\frac{n_1}{n})\frac{N}{A_n} \leqslant f$$

式中：n_1——截面 Ⅰ—Ⅰ 处的高强度螺栓数目；

n——连接一侧高强度螺栓数目；

A_n——截面 Ⅰ—Ⅰ 处的净截面面积；

f——构件的强度设计值。

和普通螺栓一样，对其他各列螺栓处，若螺孔数未增多，亦可不予验算。但在毛截面处，却承受全部 N 力，故可能比开孔处截面还危险，因此还应按对其强度进行计算：

$$\sigma = \frac{N}{A} \leqslant f$$

式中：A——构件或连接板的毛截面面积。

② 受拉高强度螺栓连接的计算。

单个高强螺栓受拉承载力设计值：

$$N_t^b = 0.8P$$

式中：P——预拉力。

摩擦型受拉高强度螺栓群受轴心力作用时，其计算和普通螺栓的一样。计算所需螺栓的个数为：

$$n = \frac{N}{N_t^b}$$

式中：N_t^b——高强度螺栓的承载力设计值。

摩擦型受拉高强度螺栓受弯矩 M 作用时，只要确保螺栓所受最大外拉力不超过高强度螺栓的承载力设计值，被连接件接触面将始终保持密切贴合。因此，可以认为螺栓群在弯矩 M 作用下将绕螺栓群中心轴转动。最外排螺栓所受拉力最大，其值可按下式计算：

$$\frac{My_1}{m\sum y_i^2} \leqslant N_t^b = 0.8P$$

式中：y_1——最外排螺栓到螺栓群中心 O 的距离；

y_i——第 i 排螺栓到螺栓群中心 O 的距离；

m——螺栓的纵向列数。

摩擦型受拉高强度螺栓连接受偏心拉力作用时的计算在此不再详述。

③ 拉剪高强度螺栓连接的计算。

实验结果表明，外加剪力和拉力与高强螺栓的受拉、受剪承载力设计值之间为线性关系，故相关规范规定在 V 和 N 共同作用下应满足下式：

$$\frac{N_t}{N_t^b} + \frac{N_v}{N_v^b} \leqslant 1$$

式中：N_v、N_t——分别为某个高强度螺栓所承受的剪力和拉力；

N_v^b、N_t^b——一个高强度螺栓的受剪、受拉承载力设计值。

(4) 承压型高强度螺栓连接计算。

① 受剪高强度螺栓连接的计算。

高强度螺栓承压型连接的计算方法与普通螺栓连接相同。但当剪切面在螺纹处时，其受剪承载力应按螺纹处的有效面积进行计算。

② 受拉高强度螺栓连接的计算。

在杆轴受拉的连接中，每个高强度螺栓的受拉承载力设计值的计算方法与普通螺栓相同。

③ 拉剪高强度螺栓连接的计算。

同时承受剪力和杆轴方向拉力的承压型连接，承载力应符合下列公式的要求：

$$\sqrt{\left(\frac{N_v}{N_v^b}\right)^2 + \left(\frac{N_t}{N_t^b}\right)^2} \leqslant 1$$

为了防止孔壁的承压破坏，应满足：

$$N_v \leqslant \frac{N_c^b}{1.2}$$

式中：N_v、N_t——分别为某个高强度螺栓所承受的剪力和拉力；

N_v^b、N_t^b、N_c^b——一个高强度螺栓的受剪、受拉和承压承载力设计值。

三、铆钉连接

铆钉连接是用一端有半圆形铆头的铆钉，经加热烧红后迅速插入到需连接构件的预制铆孔中，然后用铆钉枪或压铆机将钉端打成或压成铆钉头，当钉杆冷缩后，连接件被铆钉压紧形成牢固的连接。铆钉连接的优点是连接质量易于直观检查，传力可靠，连接部位的塑性、韧性较好，对构件的金属材质的要求低。铆钉连接的缺点是制造费时费工、浪费钢材、铆合时噪声大、劳动条件差、对技工的技术水平要求高。目前，除了在一些重型和直接承受动力荷载的结构中偶有应用外，铆钉连接已经被焊接连接和螺栓连接所取代。

本项目主要介绍焊接连接、螺栓连接的构造和计算方法。铆钉连接因其特性类似普通螺栓连接，故其构造、计算可参照螺栓连接内容，不另论述。

小结

(1) 钢结构的连接方法有焊接、螺栓连接和铆钉连接。不论是钢结构的制造或是安装，焊接均是主要连接方法。

(2) 焊接连接的焊缝可分为对接焊缝和角焊缝。角焊缝便于加工但受力性能较差，对接焊缝反之。除制造时接料和重要部位的连接常采用对接焊缝外，一般多采用角焊缝。它们的工作原理和强度计算方法不同。

(3) 螺栓连接分普通螺栓连接和高强度螺栓连接。常用的普通螺栓为C级螺栓，应注意其排列布置必须满足构造要求，其受力形式主要是螺栓抗剪和承压，设计承载力取受剪承载力设计值和承压承载力设计值中的较小值，并验算构件净截面强度。高强度螺栓分为摩擦型和承压型，其各自的受力和破坏形式不同，计算时应加以区分。

巩固训练

(1) 钢结构常用的连接方法有哪几种？各自的优缺点及适用范围如何？

(2) 对接焊缝与角焊缝各有什么优缺点？

(3) 角焊缝的尺寸需满足哪些构造要求？

(4) 查阅相关资料，总结螺栓在钢板和型钢上的允许距离都有哪些规定？它们是根据哪些要求制定的？

项目3

钢结构基本构件的设计原理

GANGJIEGOU JIBEN GOUJIAN DE SHEJI YUANLI

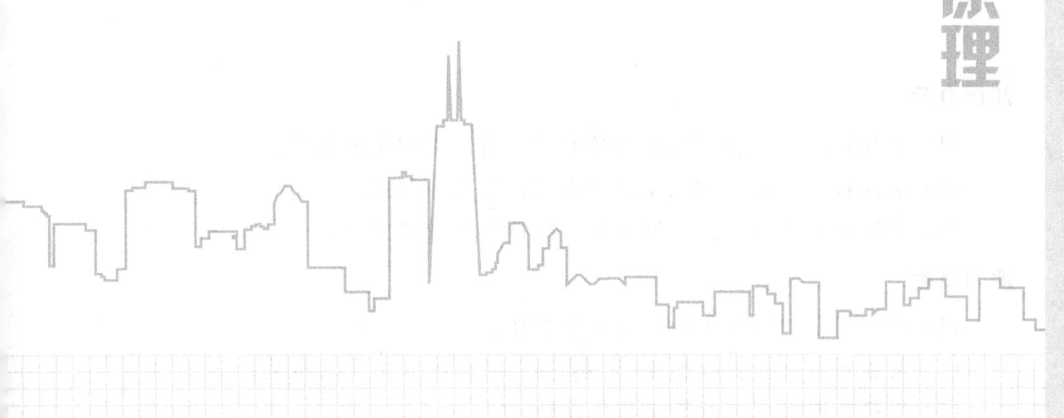

项目描述

魁北克大桥，位于加拿大的圣劳伦斯河上。这是一座钢悬臂桥，主跨长达548.6 m，是当时世界上最长的桥跨。两端的锚跨结构各长152.4 m，两悬臂跨各171.45 m。魁北克大桥对于世界建筑领域来说，最大的意义不在于桥梁本身的使用价值、实用性和建筑美学价值，而在于它的两次灾难，尤其是第一次灾难。1907年8月29日，魁北克大桥两端的锚跨结构和两悬臂跨都已完工，中间的悬吊跨也正在组装并已向河中伸出182.9 m。下午五点半，收工后工人们从桁架上向岸边走去，突然一声巨响，南端锚跨的两根下弦杆突然被压屈，并牵动了整个南端的结构。结果南端的整个锚跨及悬臂跨，以及已部分完工的中间悬吊跨，共重19000吨的钢材垮了下来，造成75人死亡。事故调查报告指出，该事故是由于弦杆受压失稳引起的。魁北克大桥失事在影响大跨桥梁结构体系选择的同时也促进了对压杆，特别是用格条缀合起来的组合压杆的稳定研究。

【二维码 3.1："工程师之戒"——魁北克大桥失事记】

项目执行

任务1：轴心受力构件

任务2：受弯构件

任务3：偏心受力构件

学习目标

知识目标

（1）了解轴心受压、受弯、偏心受力构件的应用和截面形式。

（2）掌握轴心受压、受弯、偏心受力构件的破坏形式。

（3）了解轴心受压、受弯、偏心受力构件设计计算方法。

能力目标

（1）能够判断钢结构中的各种受力构件。

（2）能够列举防止轴心受压、受弯、偏心受力构件失稳的措施。

（3）能够查阅规范进行简单构件设计。

素质目标

（1）培养良好的团队合作精神和协调能力。

（2）培养细致、严谨的工作态度。

（3）树立规范意识，践行工匠精神。

钢结构构件一般按受力特征分为轴心受力构件、受弯钩件、压弯(拉弯)构件等不同类型。

任务1　轴心受力构件

3.1.1　任务目标

(1) 了解轴心受压的应用和截面形式。
(2) 了解轴心受力构件的强度和刚度的计算方法。
(3) 掌握影响轴心受压构件稳定的因素。

3.1.2　任务实施

一、轴心受力构件概述

【二维码 3.2：H 型钢截面柱】

轴心受力构件是轴向力通过截面形心作用的构件。钢结构中的桁架、网架、塔架、屋盖的支撑体系等杆系结构,一般均假设节点为铰接,若荷载都作用于节点上,则所有的杆件按轴心受力构件设计。按受力方式轴心受力构件可以分为轴心受拉构件和轴心受压构件。

根据截面形式,轴心受力构件可以分为型钢截面构件和组合截面构件(见图 3-1-1)。

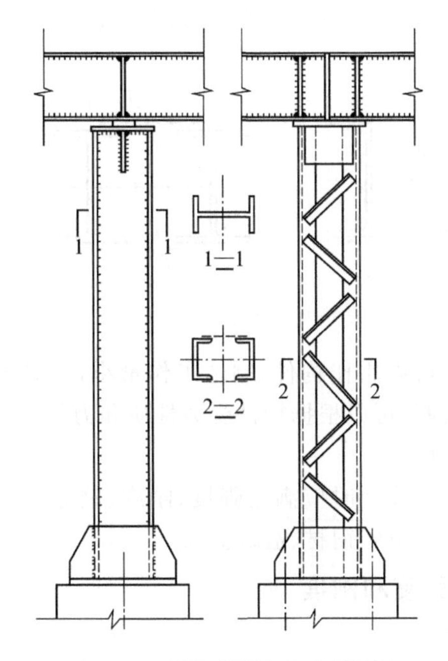

图 3-1-1　型钢截面和组合截面柱

型钢截面适合于受力较小的构件，常用的型钢截面有圆钢、圆管、角钢、槽钢、工字钢及T型钢等，如图3-1-2所示。

组合截面由型钢或钢板连接而成，按其构造形式可分为实腹式组合截面(见图3-1-3)和格构式组合截面(见图3-1-4)两类。实腹式组合截面是由钢板、型钢拼接形成的整体连续截面。格构式组合截面一般是由几个独立的肢件通过缀板或缀条联系形成整体的组合构件，其基本截面由几个独立的平面几何形体组成，它们的相对位置固定，但在基本截面内彼此没有联系，组合截面适合于受力较大的构件。

图3-1-2　型钢截面

图3-1-3　实腹式组合截面

图3-1-4　格构式组合截面

型钢只需要少量加工就可以用作构件，制造工作量小，省时省工，故成本较低。组合截面的形状和尺寸几乎不受限制，可以根据构件受力性质和力的大小选用合适的截面，可以节约用钢，但制造比较费工费时。

轴心受力构件应用广泛。设计时应满足强度、刚度、整体稳定和局部稳定性的要求，构件应力求构造简单、施工方便、节省钢材、造价低廉。

二、轴心受力构件的强度和刚度

1.轴心受力构件的强度

轴心受力构件正常工作的强度条件要求截面平均正应力不超过钢材强度的设计值。规

范(即钢结构设计标准)规定除采用高强度螺栓摩擦型连接外,其截面强度应采用下列公式计算:

毛截面屈服:

$$\sigma = \frac{N}{A} \leqslant f$$

净截面断裂:

$$\sigma = \frac{N}{A_n} \leqslant 0.7 f_u$$

式中:N——轴心力的设计值;

A_n——构件的净截面面积;

f——钢材的抗拉、抗压强度设计值;

f_u——钢材的抗拉、抗压强度最小值。

2. 刚度

轴心受力构件应有足够的刚度要求,以免构件在制造、运输和安装过程中产生过大变形;在使用期间因构件过于细长,在风荷载或动力荷载作用下引起不必要的振动或晃动;甚至在构件自重作用下,也会因刚度不足而发生弯曲变形。根据长期的工程实践经验,轴心受力构件的刚度以它的长细比来衡量。刚度应满足下式:

$$\lambda = \frac{l_0}{i} \leqslant [\lambda]$$

式中:λ——构件在最不利方向的长细比;

l_0——相应方向的构件计算长度;

i——相应方向的截面回转半径,$i = \sqrt{I/A}$;

I、A——构件截面惯性矩和截面面积;

$[\lambda]$——构件的容许长细比,按表 3-1-1、表 3-1-2 确定。

表 3-1-1 受拉构件的容许长细比

项次	构件名称	承受静力荷载或间接承受动力荷载的结构			直接承受动力荷载的结构
		一般结构	对腹杆提供平面外支点的弦杆	有重级工作制吊车的厂房	
1	桁架的杆件	350	250	250	250
2	吊车梁或吊车桁架以下的柱间支撑	300	—	200	
3	除张紧的圆钢外其他拉杆、支撑、系杆	400	—	350	

注:1. 除对腹杆提供平面外支点的弦杆外,承受静力荷载的结构受拉构件,可仅计算竖向平面内的长细比。

2. 中级、重级工作制吊车桁架下弦杆的长细比不宜超过 200。

3. 在设有夹钳或刚性料耙等硬钩起重机的厂房中,支撑的长细比不宜超过 300。

4. 受拉构件在永久荷载与风荷载组合作用下受压时,其长细比不宜超过 250。

5. 跨度等于或大于 60 m 的桁架,其受拉弦杆和腹杆的长细比,承受静力荷载或间接承受动力荷载时不宜超过 300,直接承受动力荷载时不宜超过 250。

6. 柱间支撑按拉杆设计时,竖向荷载作用下柱子的轴力应按无支撑时考虑。

7. 在直接或间接承受动力荷载的结构中,计算单角钢受拉构件的长细比时,应采用角钢的最小回转半径;在计算单角钢交叉受拉杆件平面外的长细比时,应采用与角钢肢边平行轴的回转半径。

表 3-1-2 受压构件的容许长细比

项次	构件名称	容许长细比
1	柱、桁架和天窗架构件	150
	柱的缀条、吊车梁或吊车桁架以下的柱间支撑	
2	支撑（吊车梁或吊车桁架以下的柱间支撑除外）	200
	用以减少受压构件长细比的杆件	

注：1. 桁架（包括空间桁架）的受压腹杆，当其内力等于或小于承载能力的 50%时，容许长细比值可取为 200。
2. 计算单角钢受压构件的长细比时，应采用角钢的最小回转半径，但在计算交叉杆件平面外的长细比时，可采用与角钢脚边平行轴的回转半径。
3. 跨度等于或大于 60 m 的桁架，其受压弦杆、端压杆和直接承受动力荷载的受压腹杆的长细比不宜大于 120。

确定桁架弦杆和单系腹杆的长细比时，其计算长度应按表 3-1-3 的规定取值；采用相贯焊接连接的钢管桁架，其构件计算长度按表 3-1-4 的规定取值；除钢管结构外，无节点板的腹杆计算长度在任意平面内均应取其几何长度。桁架再分式腹杆体系的受压主斜杆及 K 形腹杆体系的竖杆等，在桁架平面内的计算长度则取节点中心间距离。

表 3-1-3 桁架弦杆和单系腹杆的计算长度

弯曲方向	弦杆	腹杆	
		支座斜杆和支座竖杆	其他腹杆
桁架平面内	l	l	$0.8l$
桁架平面内	l_1	l	l
斜平面	—	l	$0.9l$

注：1. l 为构件的几何长度（节点中心间距离），l_1 为桁架弦杆侧向支承点之间的距离；
2. 斜平面系指与桁架平面斜交的平面，适用于构件截面两主轴均不在桁架平面内的单角钢腹杆和双角钢十字形截面腹杆。

表 3-1-4 钢管桁架构件计算长度

桁架类别	弯曲方向	弦杆	腹杆	
			支座斜杆和支座竖杆	其他腹杆
平面桁架	平面内	$0.9l$	l	$0.8l$
	平面外	l_1	l	l
立体桁架		$0.9l$	l	$0.8l$

注：1. l_1 为平面外无支撑长度，l 为杆件的节间长度；
2. 对端部缩头或压扁的圆管腹杆，其计算长度取 l；
3. 对于立体桁架，弦杆平面外的计算长度取 $0.9l$，同时还应以 $0.9l_1$ 按格构式压杆验算其稳定性。

三、轴心受压构件的稳定性

轴心受压构件往往当荷载还没有达到按强度计算的极限状态，即平均应力尚低于屈服点时，就会发生屈曲破坏，这就是轴心受压构件失去稳定性的破坏，也叫“失稳”。因此轴心受压构件在正常工作条件下除了要满足强度条件外，还必须满足构件受力的稳定性要求，而且在通常情况下其极限承载能力是由稳定条件决定的。

1.轴心受压构件的整体稳定性

规范对不同类型的实际受压构件，根据大量的实测实验数据在科学统计的基础上，对原始条件做出了合理的计算假设。通过科学实验和理论分析，利用计算机进行模拟计算和分类统计，提出了不同类型的轴心受压构件整体稳定的实用计算方法，并提出了统一的标准计算公式。

$$\sigma=\frac{N}{A}\leqslant\varphi\cdot f$$

式中：N——轴心压力设计值；

A——构件截面的毛面积；

f——钢材的抗压强度设计值；

φ——轴心受压构件的整体稳定系数，取截面两主轴稳定系数中的较小者。

整体稳定系数 φ 表示构件整体稳定性能对承载能力的影响。轴心受压构件整体稳定系数 φ 与3个因素有关，即构件截面种类、钢材品种和构件长细比 λ。《钢结构设计标准》(GB 50017—2017)中 φ 可通过构件截面种类、钢材品种和构件长细比 λ 查表得到，这里不再详述。查表时，对长细比 λ 的计算规定如下：

截面形心与剪心重合的实腹式构件，当计算弯曲屈曲时

$$\lambda_x=\frac{l_{0x}}{i_x};\lambda_y=\frac{l_{0y}}{i_y}$$

式中：l_{0x}、l_{0y}——杆件对主轴 x 和 y 的计算长度；

i_x、i_y——杆件截面对主轴 x 和 y 的回转半径。

截面为单轴对称以及无对称轴且剪心和形心不重合的实腹式构件，绕对称轴失稳时，其长细比 λ_y 应取计算扭转效应的换算长细比 λ_{yz}。λ_{yz} 的计算方法可参见钢结构规范的相关条文。

格构式轴心受压构件(见图3-1-5)需要分别考虑对实轴和虚轴的整体稳定性。格构式轴心受压构件对实轴(贯穿两个肢件截面的轴，y-y 轴)整体稳定承载力计算与实腹柱完全相同。对虚轴(平行于两个肢件截面的轴，x-x 轴)应取换算长细比 λ_{0x}，λ_{0x} 的计算可参见钢结构规范的相关条文。

2.轴心受压构件的局部稳定性

对组合式轴心受压构件，当构件的截面形式、组合件的截面几何形状和构件的总体组合形式不合理时，在承受荷载作用时，有可能产生局部失稳现象，从而使构件的承载能力极限降低。

局部失稳现象一般可以分为两种类型。第一种类型是组合件中的板件(例如工字形组合截面中的腹板或翼缘板)，如果太宽太薄，就可能在构件丧失整体稳定之前产生凹凸鼓屈变形，这种现象称为板件屈曲(见图3-1-6)。第二种类型是格构式受压柱的肢件在缀条缀板的相邻节间作为单独的受压杆，当局部长细比较大时，可能在构件整体失稳之前先失稳屈曲(见图3-1-7)。

局部失稳后，虽然构件还能继续承受荷载，但由于部分退出工作，使构件应力分布恶化，可能导致构件提前破坏。因此，规范要求设计轴心受压构件必须保证构件的局部稳定。

1）实腹式轴心受压构件

对于实腹式组合截面钢构件，规范主要通过限制板件的宽厚比来保证板件的局部稳定条

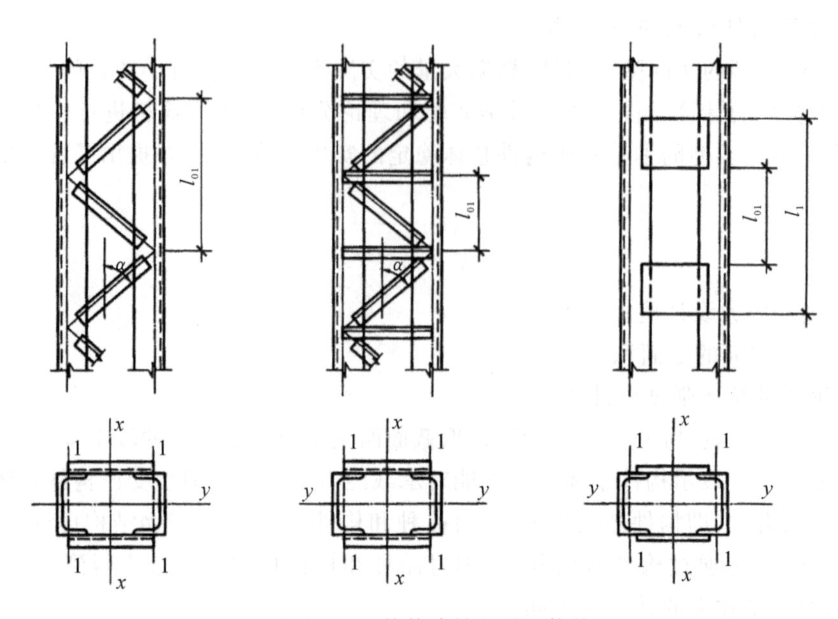

图 3-1-5 格构式轴心受压构件

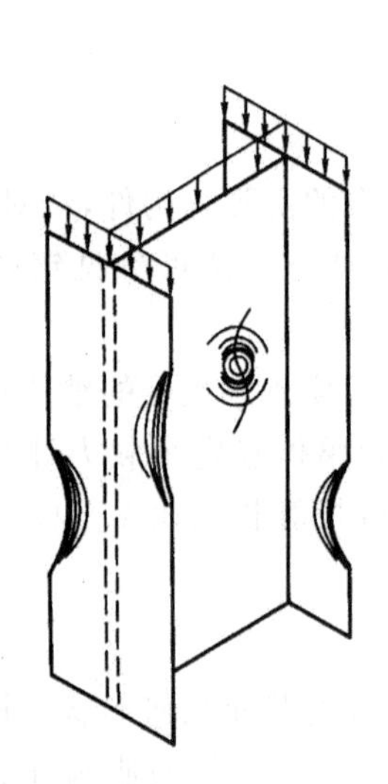

图 3-1-6 实腹式轴心受压构件局部屈曲

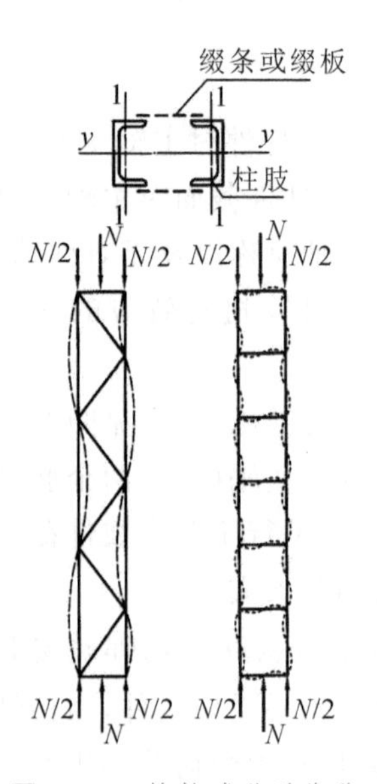

图 3-1-7 格构式分肢失稳

件。规范对板件的宽厚比限值规定如下：

（1）H 形截面的腹板宽厚比的限值为：

$$\frac{h_0}{t_w} \leqslant (25 + 0.5\lambda)\sqrt{\frac{235}{f_y}}$$

翼缘外伸部分的限值为：

$$\frac{b_1}{t} \leqslant (10 + 0.1\lambda)\sqrt{\frac{235}{f_y}}$$

（2）T 形截面的腹板宽厚比的限值为：

热轧剖分 T 型钢：

$$\frac{h_0}{t_w} \leqslant (15 + 0.2\lambda)\sqrt{\frac{235}{f_y}}$$

焊接 T 型钢：

$$\frac{h_0}{t_w} \leqslant (13 + 0.17\lambda)\sqrt{\frac{235}{f_y}}$$

T 形截面翼缘宽厚比的限值为：

$$\frac{b_1}{t} \leqslant (10 + 0.1\lambda)\sqrt{\frac{235}{f_y}}$$

(3) 箱形截面壁板：

$$\frac{b}{t} \leqslant 40\sqrt{\frac{235}{f_y}}$$

式中：λ——构件的长细比，取两个方向长细比中的较大者（当 $\lambda<30$ 时，取 $\lambda=30$；当 $\lambda>100$ 时，取 $\lambda=100$）；

f_y——钢材的屈服强度；

b——壁板的净宽度，当箱形截面设有纵向加劲肋时，为壁板与加劲肋之间的净宽度。

以上各式中，各截面尺寸见图 3-1-8。对焊接构件，h_0 取腹板高度 h_w；对热轧构件，h_0 取腹板平直段长度，简要计算时，可取 $h_0=h_w-t_f$，但不小于(h_w-20) 。

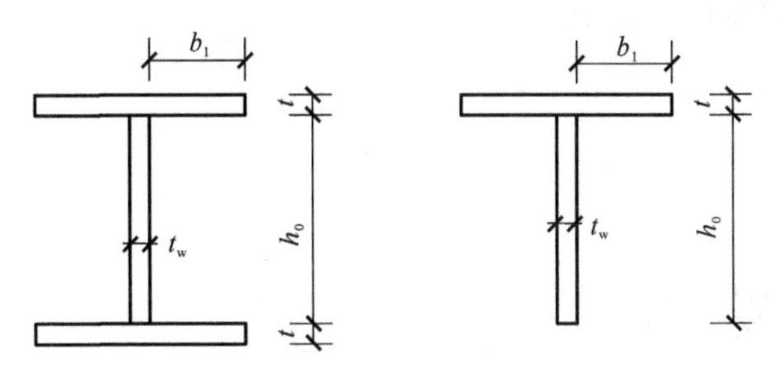

图 3-1-8　截面尺寸

2）格构式轴心受压构件

格构柱在两个缀条或缀板相邻节点之间的单肢是一个单独的轴心受压实腹构件，因此要求单肢不先于构件整体失稳，为此，规范规定单肢的稳定性不应低于构件的整体稳定性。规范规定其单肢长细比应小于规定的许可值。

对缀条式格构柱：

$$\lambda_1 \leqslant 0.7\lambda_{max}(\lambda_{0x},\lambda_y)$$

对缀板式格构柱：

$$\lambda_1 \leqslant 40$$

$$\lambda_1 \leqslant 0.5\lambda_{max}(\text{当 } \lambda_{max} < 50 \text{ 时取 } \lambda_{max} = 50)$$

式中：λ_1——单肢长细比，按下式计算：$\lambda_1=l_{01}/i_1$；

l_{01}——单肢计算长度，对缀条式格构柱取柱单肢在相邻缀条节点间的距离（中心点距离）；对缀板式格构柱取相邻缀板间的净距；

i_1——单肢截面的最小回转半径；

λ_{max}——柱整体绕实轴方向弯曲时的长细比 λ_y 和绕虚轴方向弯曲时的换算长细比 λ_{0x} 中的较大者。

小结

（1）轴心受拉构件应计算强度和刚度；轴心受压构件除计算强度和刚度外，还应计算整体稳定性，其中组合柱还应计算翼缘和腹板的局部稳定性。

（2）轴心受压构件强度计算要求净截面平均应力不超过设计强度。

（3）轴心受压构件刚度计算要求构件长细比不超过容许长细比。

（4）轴心受压实腹组合柱的翼缘和腹板是通过控制板件的宽厚比来保证其局部稳定的。

巩固训练

（1）以轴心受压构件为例，说明构件强度计算与稳定计算的区别。

（2）影响轴心受压构件的稳定承载力的因素有哪些？

（3）轴心受压构件的整体稳定性不能满足要求时，若不增大截面面积，是否还可以采取其他措施提高其承载力？

任务2 受弯构件

3.2.1 任务目标

（1）掌握受弯构件的基本概念。
（2）了解受弯构件强度、刚度及稳定性的计算公式。

3.2.2 任务实施

一、概述

承受横向荷载的构件通常称为受弯构件，受弯构件有实腹式和格构式两种形式。钢梁是指承受横向荷载受弯的实腹钢构件。它是组成钢结构的基本构件之一，例如楼盖梁、屋盖梁、工作平台梁、檩条、墙梁、吊车梁等。

钢梁按截面形式分为型钢梁和组合梁两大类。型钢梁多采用槽钢、工字钢、薄壁型钢以及H型钢，因制造简单方便，成本低，故应用较多。如图3-2-1所示为型钢梁截面。当构件的跨度或荷载较大，所需梁截面尺寸较大时，现有的型钢规格往往不能满足要求，这时常采用由几块钢板组成的组合梁。如图3-2-2所示为焊接工字形组合梁截面和焊接箱形组合梁截面。

钢梁按支承情况可分为简支梁、连续梁、悬臂梁等。与连续梁相比，简支梁虽然其弯矩较大，但它不受支座沉陷及温度变化的影响，并且制造、安装、维修、拆换方便，因此得到广泛应用。

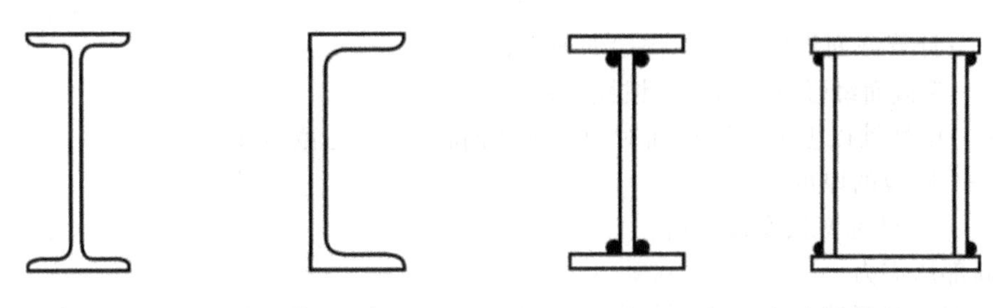

图 3-2-1　型钢梁截面　　图 3-2-2　组合梁截面

钢梁按荷载作用情况的不同，还可以分为仅在一个主平面内受弯的单向弯曲梁和在两个主平面内受弯的双向弯曲梁，如檩条。

与轴心受压构件相对照，梁的设计计算也包括强度、刚度、整体稳定和局部稳定四个方面。

【二维码 3.3：钢梁分类知识点补充】

【二维码 3.4：Tekla 型钢模型图】

二、受弯构件的强度和刚度

1. 受弯构件的强度

对于钢梁要保证强度安全，就要求在设计荷载作用下梁的弯应力、剪应力不超过规范规定的强度设计值。此外，对于工字形、箱形截面梁，在集中荷载处还要求腹板边缘局部压应力也不超过强度设计值。最后，对于梁内弯应力、剪应力及局部应力共同作用处，还应验算其折算应力。

1）抗弯强度

规范规定，梁的抗弯强度计算公式如下：

单向弯曲时：

$$\frac{M_x}{\gamma_x W_{nx}} \leqslant f$$

双向弯曲时：

$$\frac{M_x}{\gamma_x W_{nx}} + \frac{M_y}{\gamma_y W_{ny}} \leqslant f$$

式中：M_x、M_y——绕 x 轴和 y 轴的弯矩（对工字形截面，x 轴为强轴，y 轴为弱轴）；

W_{nx}、W_{ny}——对 x 轴和 y 轴的净截面抵抗矩；

γ_x、γ_y——截面塑性发展系数；

f——钢材的抗弯强度设计值。

对工字形和箱形截面，当截面板件宽厚比等级为 S4 级或 S5 级时，截面塑性发展系数应取为 1.0，当截面板件宽厚比等级为 S1 级、S2 级及 S3 级时，工字形截面 $\gamma_x=1.05$，$\gamma_y=1.20$；箱形截面 $\gamma_x=\gamma_y=1.05$。其他截面的塑性发展系数可参见钢结构规范的相关条文，这里不再详述。对需要计算疲劳强度的梁，宜取 $\gamma_x=\gamma_y=1.0$。

2）抗剪强度

梁截面在剪力的作用下要产生剪应力，规范以截面最大剪应力达到所用钢材剪应力屈服点作为抗剪承载力极限状态。因此对于绕强轴受弯的梁，抗剪强度计算公式如下：

$$\tau = \frac{VS}{It_{\mathrm{w}}} \leqslant f_{\mathrm{v}}$$

式中：V——计算截面沿腹板平面作用的剪力；

I——毛截面绕强轴（x 轴）的惯性矩；

S——中性轴以上或以下截面对中性轴的面积矩，按毛截面计算；

t_{w}——腹板的厚度；

f_{v}——钢材抗剪强度设计值。

3）局部压应力

当工字形、箱形等截面梁的上翼缘上有固定集中荷载（包括支座反力）作用（见图 3-2-3），且该处又未设置支承加劲肋时，或者有移动集中荷载（如吊车轮压，见图 3-2-4）时，集中荷载通过翼缘传给腹板，腹板计算高度边缘集中荷载作用处会有很高的局部横向压应力。为保证这部分腹板不致受压破坏，应计算腹板计算高度上边缘的局部压应力。

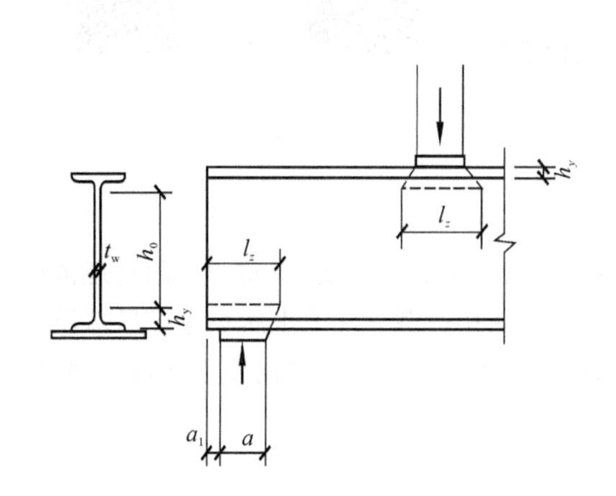

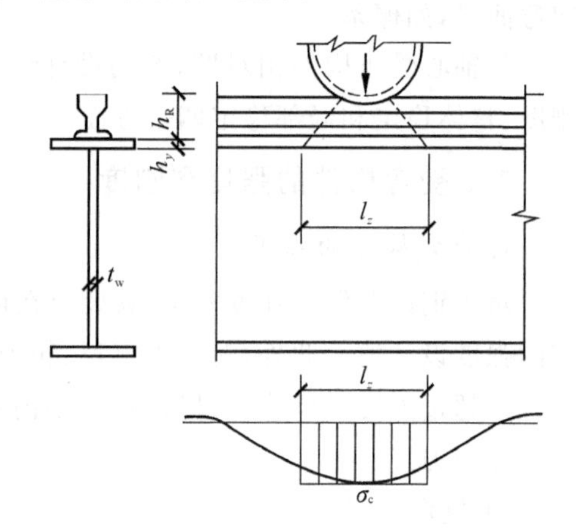

图 3-2-3 钢梁有固定集中荷载

图 3-2-4 钢梁有移动集中荷载

规范规定腹板计算高度的边缘局部压应力应满足下式要求：

$$\sigma_{\mathrm{c}} = \frac{\Psi F}{t_{\mathrm{w}} l_z} \leqslant f$$

式中：F——集中荷载，对动力荷载应考虑动力系数；

Ψ——集中荷载增大系数，对重级工作制吊车梁，$\Psi=1.35$；对其他梁 $\Psi=1.0$；

l_z——集中荷载在腹板计算高度上边缘的假定分布长度，按下式计算：

$$l_z = a + 5h_y + 2h_{\mathrm{R}}$$

a——集中荷载沿梁跨度方向的实际支承长度，对吊车梁可取 50 mm；

h_y——自梁顶面至腹板计算高度上边缘的距离；

h_{R}——轨道的高度，计算处无轨道时 $h_{\mathrm{R}}=0$。

f——钢材的抗压强度设计值。

腹板计算高度边缘处的位置是：对轧制型钢梁，为腹板与上、下翼缘相接处两内弧起点间的距离（可查型钢表计算）；对焊接组合梁即为腹板高度；对铆接（或高强螺栓连接）组合梁，为上、下翼缘与腹板连接的铆钉（或高强度螺栓）线间最近距离，如图 3-2-5 所示。

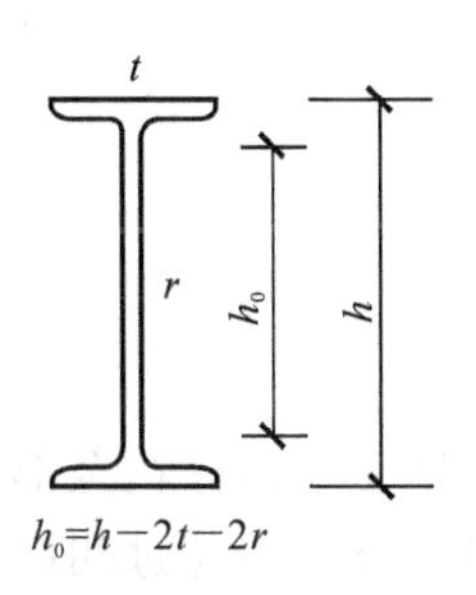

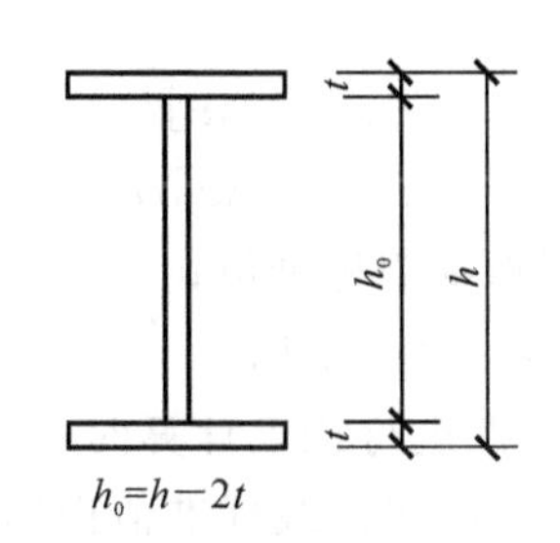

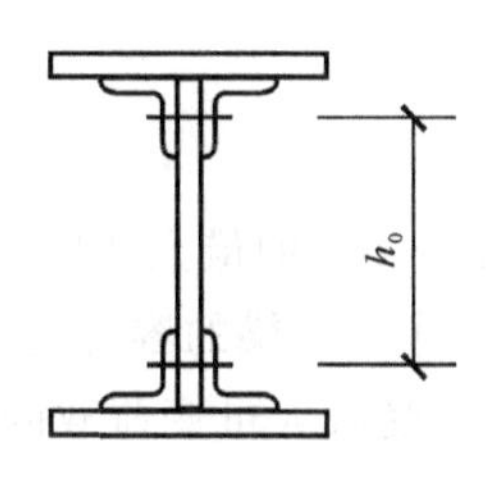

图 3-2-5　腹板计算高度

在梁的支座处，当不设置支承加劲肋时，也应按以上公式计算腹板计算高度下边缘的局部压应力，但集中荷载增大系数取 1.0。当集中荷载位置固定时(支座处反力，次梁传来的集中力)，一般要在荷载作用处的梁腹板上设置支承加劲肋。支承加劲肋对梁翼缘刨平顶紧或可靠连接，这时可认为集中荷载通过支承加劲肋传递，因而腹板的局部压应力不必验算。所以对于固定集中荷载(包括支座反力)，若局部压应力不满足要求，则应在集中荷载处设置加劲肋。

对于移动集中荷载(如吊车轮压)，若局部压应力不满足要求，则应加厚腹板，或采取各种措施使 l_z 增加，从而加大荷载扩散长度减小，局部压应力值。

4) 折算应力

在组合梁的腹板计算高度边缘处，可能同时受有较大的弯曲应力、剪应力和局部压应力；在连续梁的支座处或梁的翼缘截面改变处，可能同时受有较大的弯曲应力与剪应力。在这种情况下，对腹板计算高度边缘应验算折算应力

$$\sqrt{\sigma^2+\sigma_c^2-\sigma\sigma_c+3\tau^2}\leqslant\beta_1 f$$

式中：σ、τ、σ_c——分别为腹板计算高度边缘处同一点上同时产生的正应力、剪应力和局部压应力，σ、σ_c 以拉应力为正值，压应力为负值；

σ_c——验算点处局部压应力，当验算截面处设有加劲肋或无集中荷载时，取 $\sigma_c=0$；

σ——腹板计算高度边缘处的正应力，$\sigma=\dfrac{M}{I_n}y_1$；

I_n——梁净截面惯性矩；

y_1——计算点至梁中性轴的距离；

β_1——计算折算应力处的强度设计值增大系数。当 σ、σ_c 异号时 $\beta_1=1.2$；当 σ、σ_c 同号或 $\sigma_c=0$ 时，取 $\beta_1=1.1$。

在进行梁的强度计算时，要注意计算截面、验算点以及设计强度的取值方法。例如正应力验算是取最大弯矩截面，验算点是截面最外边缘处。折算应力计算是弯矩和剪力均较大的截面，验算点是腹板计算高度边缘处。

【二维码 3.5：强度计算的例题讲解】

2. 受弯构件的刚度

梁必须具有一定的刚度才能保证正常使用。刚度不足时，会产生较大的挠度。如果楼盖梁或屋盖梁挠度太大，会引起居住者不适，或面板开裂；支承吊顶的梁挠度太大，会引起吊顶抹灰开裂脱落；吊车梁挠度过大，可能使吊车不能运行。因此，对梁的挠度要加以限制。梁的挠度或相对挠度应不超过规定容许值，即

满足：

$$w \leqslant [w]$$

$$w/l \leqslant [w]/l$$

式中：w——梁的最大挠度，计算时取荷载标准值；

$[w]$——梁的容许挠度，按表3-2-1采用。

对承受较大可变荷载的受弯构件进行挠度计算时，除了要控制受弯构件在全部荷载标准值下的最大挠度外，还应保证其在可变荷载标准值作用下的最大挠度不超过相应的容许挠度值，以保证构件在正常使用时的工作性能。

表3-2-1 受弯构件挠度容许值

项次	构件类别	挠度允许值	
		$[W_T]$	$[W_Q]$
1	吊车梁和吊车桁架（按自重和起重量最大的一台吊车计算挠度）		
	（1）手动吊车和单梁吊车（含悬挂吊车）	$l/500$	
	（2）轻级工作制桥式吊车	$l/750$	
	（3）中级工作制桥式吊车	$l/900$	
	（4）重级工作制桥式吊车	$l/1000$	
2	手动或电动葫芦的轨道梁	$l/400$	
3	有重轨（重量等于或大于38 kg/m）轨道的工作平台梁	$l/600$	
	有轻轨（重量等于或大于24 kg/m）轨道的工作平台梁	$l/400$	
4	楼（屋）盖梁或桁架，工作平台梁（第3项除外）和平台板		
	（1）主梁或衔架（包括设有悬挂起重设备的梁和桁架）	$l/400$	$l/500$
	（2）抹灰顶棚的次梁	$l/250$	$l/350$
	（3）仅支承压型金属板屋面和冷弯型钢檩条	$l/180$	
	（4）除支承压型金属板屋面和冷弯型钢檩条外，还有吊顶	$l/240$	
	（5）除（1）、（2）款外的其他梁（包括楼梯梁）	$l/250$	$l/300$
	（6）屋盖檩条		
	支承无积灰的瓦楞铁和石棉瓦屋面者	$l/150$	
	支承压型金属板　有积灰的瓦楞铁和石棉瓦等屋面者	$l/200$	
	支承其他屋面材料者	$l/240$	
	（7）平台板	$l/150$	
5	墙架构件（风荷载不考虑阵风系数）		
	（1）支柱		$l/400$
	（2）抗风桁架（作为连续支柱的支承时）		$l/1000$
	（3）砌体墙的横梁（水平方向）		$l/300$
	（4）支承压型金属板的横梁（水平方向）		$l/100$
	（5）支承其他墙面材料的横梁（水平方向）		$l/200$
	（6）带有玻璃窗的横梁（竖直和水平方向）	$l/200$	$l/200$

注：1. l 为受弯构件的跨度（对悬臂梁和伸臂梁为悬伸长度的2倍）。

2. $[W_T]$为永久和可变荷载标准值产生的挠度（如有起拱应减去拱度）允许值；$[W_Q]$为可变荷载标准值产生的挠度允许值。

3. 当吊车梁或吊车桁架跨度大于12 m时，其挠度容许值$[W_T]$应乘以0.9的系数。

4. 当墙面采用延性材料或与结构采用柔性连接时，墙架构件的支柱水平位移容许值可采用$l/300$，抗风桁架（作为连续支柱的支承时）水平位移容许值可采用$l/800$。

三、受弯构件的整体稳定

在梁的最大刚度平面内,受有垂直荷载作用时,梁的上部受压,而下部受拉,如果梁的侧面没有支承点或支承点很少时,当荷载增加到某一数值后,梁的弯矩最大处就会出现很大的侧向弯曲和扭转,而失去了继续承担荷载的能力,只要外荷载再稍有增加,梁的变形便急剧地增大而导致破坏,这种情况称梁丧失了整体稳定,如图 3-2-6 所示。

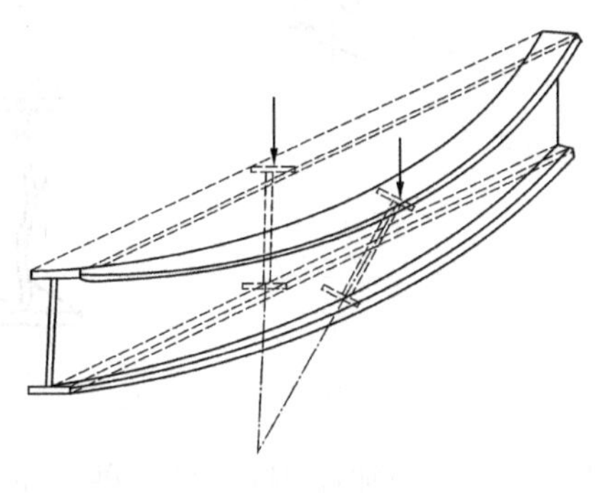

图 3-2-6　梁整体稳定

【二维码 3.6:失稳事故分析】

梁丧失整体稳定之前所能承受的最大弯矩叫作临界弯矩,与临界弯矩相应的弯曲压应力叫作临界应力。整体稳定是以临界应力为极限状态的,整体稳定的计算就是要保证梁在荷载作用下产生的最大弯曲压应力不超过临界应力。

(1) 在最大刚度平面内受弯的构件,其整体稳定性按下式计算:

$$\frac{M_x}{\varphi_b W_x} \leqslant f$$

式中:M_x——绕强轴作用的最大弯矩;

W_x——按受压翼缘确定的梁毛截面抵抗矩;

φ_b——梁的整体稳定系数。

(2) 在两个主平面内受弯的 H 型钢截面或工字形截面构件,其整体稳定性应按下式计算:

$$\frac{M_x}{\varphi_b W_x} + \frac{M_y}{\gamma_y M_y} \leqslant f$$

式中:W_x、W_y——按受压翼缘确定的梁毛截面抵抗矩;

M_x、M_y——绕强轴 x 和弱轴 y 作用的最大弯矩;

φ_b—— 绕强轴弯曲所确定的梁整体稳定系数;

γ_y——截面塑性发展系数。

不同截面类型、不同支撑情况梁整体稳定系数的计算可参见钢结构规范的相关条文,这里不再详述。

(3) 保证梁整体稳定性的措施。

当铺板密铺在梁的受压翼缘上并与其牢固相连,能阻止梁受压翼缘的侧向位移时,可不计算梁的整体稳定性。

当箱形截面简支梁截面尺寸(见图 3-2-7)满足 $h/b_0 \leqslant 6$,$l_1/b_0 \leqslant 95(235/f_y)$时,可不计算整体稳定性,$l_1$ 为受压翼缘侧向支承点间的距离(梁的支座处视为有侧向支承)。

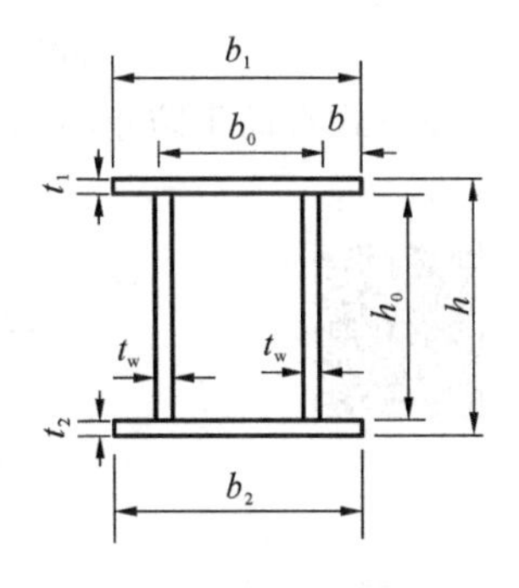

图 3-2-7　箱形截面

四、受弯构件的局部稳定

受弯构件截面主要由平板组成，在设计时，从强度方面考虑，腹板宜高一些，薄一些；翼缘宜宽一些，薄一些；翼缘的宽厚比应尽量大。但是太宽太薄的板（翼缘和腹板）在压应力、剪应力作用下，也会产生屈曲，即梁丧失局部稳定性，如图 3-2-8 所示。

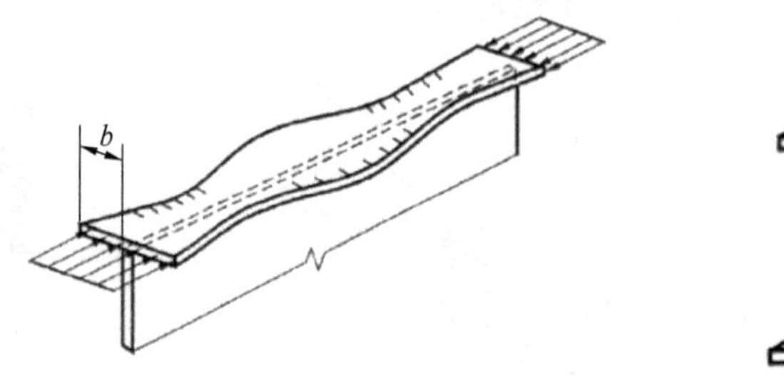

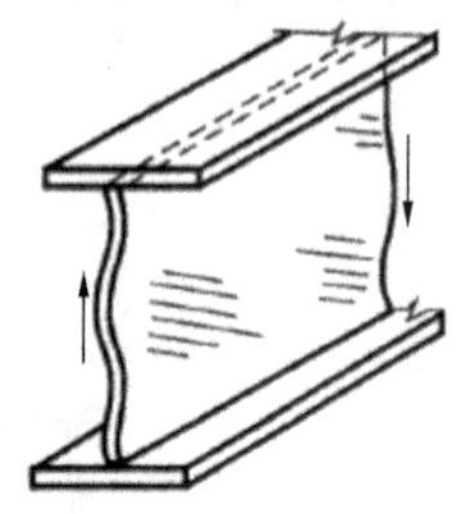

图 3-2-8　局部（翼缘和腹板）失稳

防止局部失稳的办法有两种：一种是加厚钢板；另一种是布置加劲肋减小幅面，即把腹板分成若干带有边框的区格而不失稳。对于翼缘只能采用加厚钢板的方法，通过限制翼缘外伸宽度 b_1 与翼缘厚度 t 的比值，使局部失稳不先于强度破坏。对于腹板，采用加厚钢板的方法是很不经济的，布置加劲肋是一种有效措施，采用减小腹板周界尺寸的办法来保证腹板局部稳定。

1. 加劲肋布置方式

1）仅用横向加劲肋

该方式有助于防止剪力作用下的失稳，如图 3-2-9 所示。

【二维码 3.7：Tekal 模型示意（横向加劲肋）】

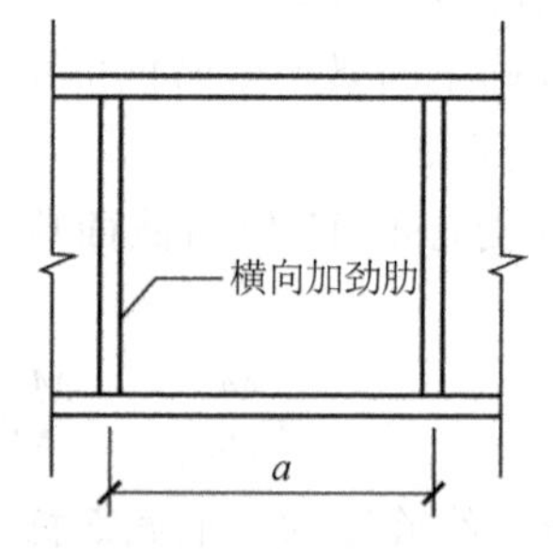

图 3-2-9　横向加劲肋

2）同时使用横向加劲肋和纵向加劲肋

该方式有助于防止不均匀压力和单边压力作用下的失稳，如图 3-2-10 所示。

【二维码 3.8：Tekal 型示意（横向加劲肋和纵向加劲肋）】

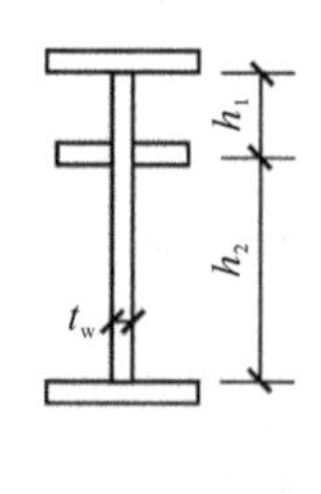
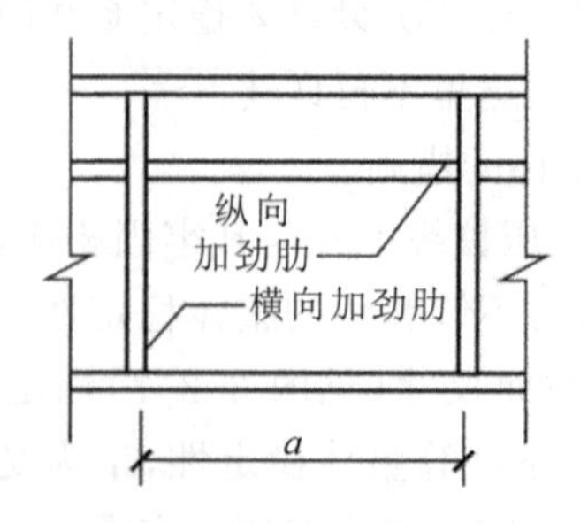

图 3-2-10　同时使用横向加劲肋和纵向加劲肋

3）同时使用横向加劲肋、纵向加劲肋和短加劲肋

该方式有助于防止不均匀压力和单边压力作用下的失稳，如图 3-2-11 所示。

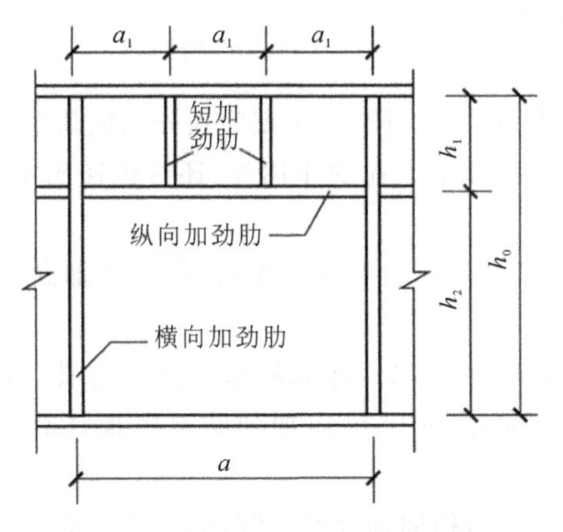

3-2-11　横向加劲肋、纵向加劲肋和短加劲肋

【二维码 3.9：Tekal 模型示意（横向加劲肋、纵向加劲肋和短加劲肋）】

一般情况下，沿垂直梁轴线方向每隔一定间距设置加劲肋，称为横向加劲肋。当 h_0/t_w 较大时，还应在腹板受压区顺梁跨度方向设置纵向加劲肋。必要时在腹板受压区还要设短加劲肋，不过这种情况较为少见。加劲肋一般用钢板成对焊于腹板两侧。由于它有一定刚度，能阻止它所在地点腹板的凹凸变形，这样它的作用就是将腹板分成许多小的区格，每个区格的腹板支承在翼缘及加劲肋上，减小了板的周界尺寸，使临界应力提高，从而满足局部稳定要求。

规范对梁腹板加劲肋布置的规定，见表 3-2-2。

表 3-2-2　梁腹板加劲肋配置规定

项次	腹板情况		加劲肋布置规定
1	$\frac{h_0}{t_w}\leqslant 80\sqrt{\frac{235}{f_y}}$	$\sigma_c=0$	可不配置加劲肋
2		$\sigma_c\neq 0$	构造配置横向加劲肋
3	$\frac{h_0}{t_w}>80\sqrt{\frac{235}{f_y}}$		配置横向加劲肋，并应满足构造和计算要求
4	$\frac{h_0}{t_w}>170\sqrt{\frac{235}{f_y}}$，且翼缘扭转受约束		应在弯曲应力较大区格的受压区增加配置纵向加劲肋
5	$\frac{h_0}{t_w}>150\sqrt{\frac{235}{f_y}}$，且翼缘扭转无约束		
6	按计算需要时		
7	局部压应力很大的梁		必要时还应在受压区配置短加劲肋
8	梁的支座处		宜设置支承加劲肋
9	上翼缘受有较大固定集中荷载		宜设置支承加劲肋
10	任何情况下		$\frac{h_0}{t_w}\leqslant 250\sqrt{\frac{235}{f_y}}$

对梁腹板布置好加劲肋后，腹板就被分成许多区格，需对各区格逐一进行局部稳定验算。如果验算不满足要求，或者富余过多，还应调整间距重新布置加劲肋，然后再作验算直到满意为止，这里验算不再详述。

2. 加劲肋构造要求

加劲肋按其作用可分为两种：一种是为了把腹板分隔成几个区格，以提高腹板的局部稳定性，称为间隔加劲肋；另一种除了上述的作用外，还有传递固定集中荷载或支座反力的作用，称为支承加劲肋。

加劲肋宜在腹板两侧成对配置，也可单侧配置，但支承加劲肋、重级工作制吊车梁的加劲肋不应单侧配置。

横向加劲肋的最小间距应为 $0.5h_0$，除无局部压应力的梁，当 $h_0/t_w \leqslant 100$ 时，最大间距可采用 $2.5h_0$ 外，最大间距应为 $2h_0$。纵向加劲肋至腹板计算高度受压边缘的距离应为 $h_c/2.5 \sim h_c/2$。

在腹板两侧成对配置的钢板横向加劲肋，其截面尺寸应符合下列公式规定：

外伸宽度：

$$b_s \geqslant \frac{h_0}{30} + 40\ \text{mm}$$

厚度：

当为承压加劲肋时

$$t_s \geqslant \frac{b_s}{15}$$

当为不受力加劲肋时

$$t_s \geqslant \frac{b_s}{19}$$

在腹板的一侧配置的钢板横向加劲肋，其外伸宽度应大于按上述公式算得的 1.2 倍，厚度应不小于上式计算规定。

在同时用横向加劲肋和纵向加劲肋加强的腹板中，横向加劲肋的截面尺寸除应符合上述规定外，其截面惯性矩应满足下式的要求：

$$I_z \geqslant 3h_0 t_w^3$$

纵向加劲肋对腹板竖直轴的截面惯性矩应满足下式的要求：

当$\frac{a}{h_0} \leqslant 0.85$时

$$I_y \geqslant 1.5h_0 t_w^3$$

当$\frac{a}{h_0} > 0.85$时

$$I_y \geqslant \left(2.5 - 0.45\frac{a}{h_0}\right)\left(\frac{a}{h_0}\right)^2 h_0 t_w^3$$

上面所用的 z 轴和 y 轴，当加劲肋在两侧成对配置时，取腹板的轴线；当加劲肋在腹板的一侧配置时，取与加劲肋相连的腹板边缘线，如图 3-2-12 所示。

短加劲肋的最小间距为 $0.75h_1$。短加劲肋外伸宽度应取横向加劲肋外伸宽度的 0.7～1.0 倍，厚度不应小于短加劲肋外伸宽度的 1/15。

焊接梁的横向加劲肋与翼缘板、腹板相接处应切角，当作为焊接工艺孔时，切角宜采用

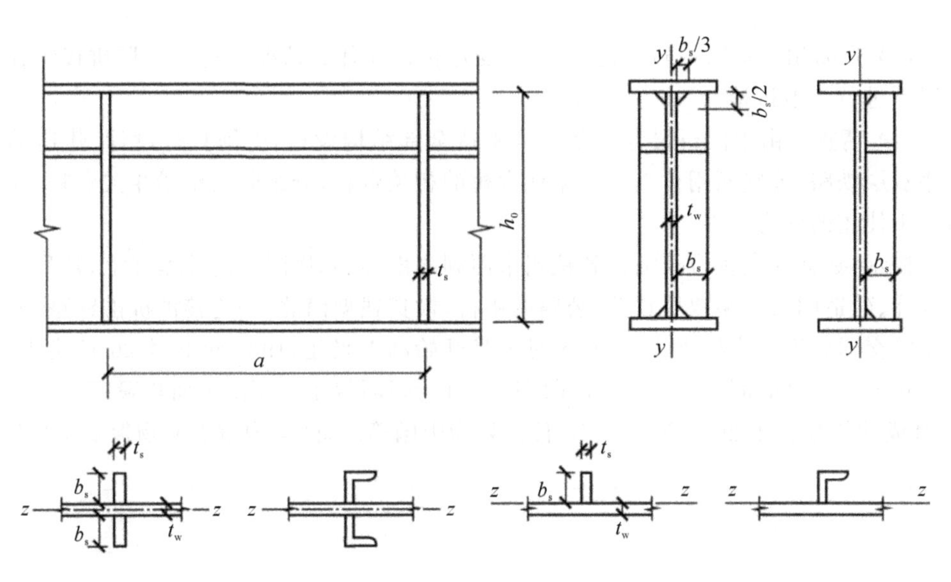

图 3-2-12　腹板加劲肋的构造

半径 $R=30$ mm 的 1/4 圆弧。

对于梁的支承加劲肋，应按承受梁支座反力或固定集中荷载的轴心受压构件计算其在腹板平面外的稳定性；当梁支承加劲肋的端部为刨平顶紧时，应按其所承受的支座反力或固定集中荷载计算其端面承压应力；当端部为焊接时，支承加劲肋与腹板的连接焊缝，应按传力需要进行计算。

小　结

(1) 梁(受弯构件)的抗弯强度、抗剪强度、局部压应力及折算应力的计算公式及过程。

(2) 梁(受弯构件)的刚度计算，主要是梁的挠度要加以限制。梁的挠度或相对挠度应不超过规定容许值。

(3) 梁(受弯构件)的整体稳定计算公式及过程，目的是要保证梁在荷载作用下产生的最大弯曲压应力不超过临界应力。

(4) 防止梁(受弯构件)局部失稳的方法——布置加劲肋：仅用横向加劲肋；同时使用横向加劲肋和纵向加劲肋及同时使用横向加劲肋、纵向加劲肋和短加劲肋。

巩固训练

(1) 在什么情况下可不进行梁的整体稳定计算？如不能保证，须采取哪些有效措施防止失稳？

(2) 为什么组合梁腹板屈曲后还能继续承受荷载？

(3) 查阅相关钢结构施工资料，总结受弯构件在什么情况下进行工厂拼接？什么情况下进行工地拼接？

(4) 请查阅由中国桥梁专家茅以升主持全部结构设计，中国自行设计、建造的第一座双层铁路、公路两用桥——钱塘江大桥的相关资料，分组收集桥梁相关资料，简述桥梁中使用的受弯构件。

提示：钱塘江大桥位于浙江省杭州市西湖之南，六和塔附近的钱塘江上，是我国自行设计、建造的第一座双层铁路、公路两用桥，横贯钱塘南北，是连接沪杭甬铁路、浙赣铁路的交通要道。大桥于 1934 年 8 月 8 日开始动工兴建，1937 年 9 月 26 日建成，历时三年零一个月时间。于 1937 年 12 月 23 日为阻断侵华日军南下而炸毁；于 1948 年 05 月成功修复。于 2006 年 5 月 25 日被列为中国第六批“全国重点文物保护单位”。

任务 3 偏心受力构件

3.3.1 任务目标

(1) 掌握偏心受力构件的基本概念及分类。
(2) 了解拉弯、压弯构件强度、刚度的计算方法。
(3) 了解实腹式压弯构件及格构式压弯构件的稳定性的计算方法。

3.3.2 任务实施

一、概述

偏心受力构件分拉弯构件与压弯构件两种，即同时承受拉力(压力)和弯矩的构件。弯矩可能是由轴向荷载的偏心作用、端部弯矩作用或横向荷载作用等几种因素形成。

同时承受轴向拉力和弯矩或横向荷载共同作用的构件称为拉弯构件(见图 3-3-1)，同时承受轴向压力和弯矩或横向荷载共同作用的构件称为压弯构件(见图 3-3-2)。在钢结构中拉弯构件与压弯构件的应用十分广泛，例如钢屋架中下弦杆当节点之间有横向荷载作用时，就视为拉弯构件。有节间荷载作用的屋架的上弦杆，厂房的框架柱，以及高层建筑的框架柱和海洋平台的立柱等大多都是压弯构件。

无论拉弯构件还是压弯构件，当承受的弯矩很小而轴心力却很大时，其截面形式和一般轴心受力构件相同。但当弯矩相对来说很大时，除了采用在弯矩作用平面内截面高度较大的双轴对称截面外，常采用加强某一个翼缘的工字形以及组合实腹式或格构式的单轴对称截面(见图 3-3-3)，使较大翼缘位于受压一侧。

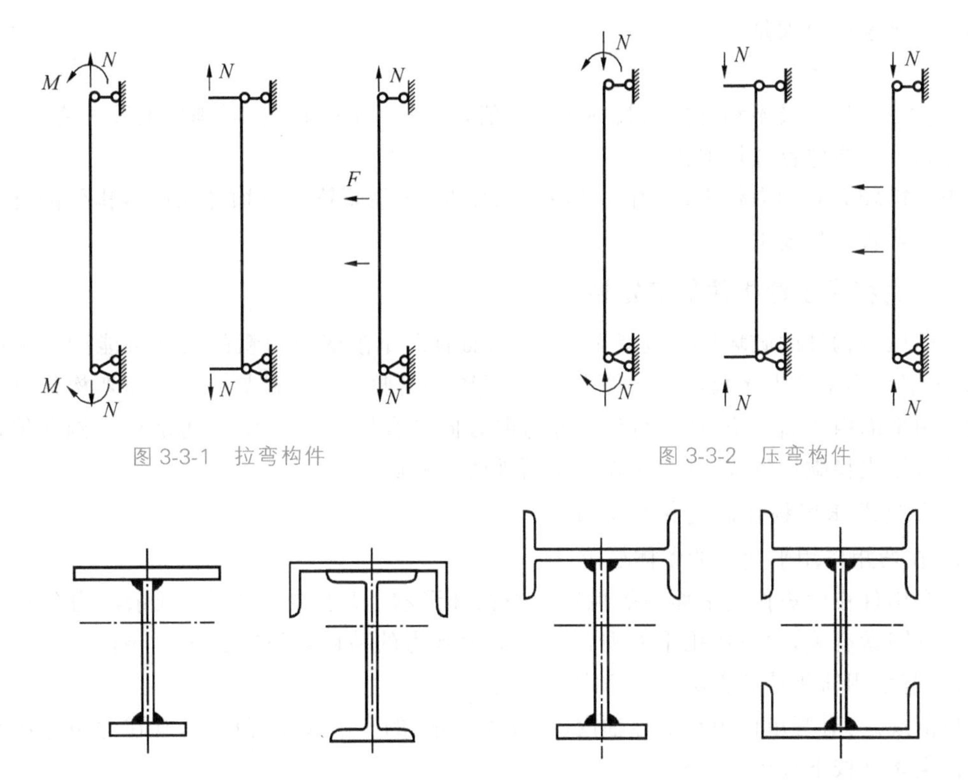

图 3-3-1　拉弯构件

图 3-3-2　压弯构件

图 3-3-3　加强翼缘的工字形单轴对称截面

与轴心受力构件一样，在进行拉弯和压弯构件设计时，应同时满足承载能力极限状态和正常使用极限状态的要求。拉弯构件需要计算其强度、刚度；对压弯构件需要验算强度、整体稳定、局部稳定和刚度。

二、拉弯和压弯构件的强度和刚度

1. 强度

偏心受力构件截面上的应力是由轴向力引起的拉(压)应力与弯矩引起的弯曲应力的叠加。

单向拉弯、压弯构件(除圆管截面)的强度条件应考虑轴向力和弯矩的共同作用，可按下式计算：

$$\frac{N}{A_{\mathrm{n}}} \pm \frac{M_x}{\gamma_x W_{\mathrm{n}x}} \leqslant f$$

对于双向拉弯或压弯构件(除圆管截面)，可采用与上式类似的下式计算：

$$\frac{N}{A_{\mathrm{n}}} \pm \frac{M_x}{\gamma_x W_{\mathrm{n}x}} \pm \frac{M_y}{\gamma_y W_{\mathrm{n}y}} \leqslant f$$

式中：A_{n}——构件净截面面积；

γ_x、γ_y——截面塑性发展系数；

$W_{\mathrm{n}x}$、$W_{\mathrm{n}y}$——构件对 x 轴的净截面抵抗矩。

M_x、M_y——分别为同一截面处对 x 轴和 y 轴的弯矩设计值。

【二维码 3.10：拉弯和压弯构件的强度和刚度的例题讲解】

2. 刚度

同轴心受压构件一样，拉弯、压弯构件的刚度是以它的长细比来控制的。对刚度的要求是：

$$\lambda_{max} \leqslant [\lambda]$$

式中：λ_{max}——构件最不利方向的长细比最大值，一般为两主轴方向长细比的较大值；

$[\lambda]$——构件容许长细比。

当弯矩较大而轴力较小，或有其他特殊需要时，还须验算拉弯构件或压弯构件的挠度或变形条件是否满足要求。

三、实腹式压弯构件的稳定性

单向压弯构件的破坏形式较复杂，对于截面有严重削弱或短粗的构件可能产生强度破坏，对于钢结构中的大多数压弯构件来说，最危险的是整体失稳破坏。单向压弯构件可能在弯矩作用平面内弯曲失稳，如果构件在非弯曲方向没有足够的支承，也可能产生侧向位移和扭转的弯扭失稳破坏形式，即弯矩作用平面外的失稳破坏。

1. 实腹式压弯构件的整体稳定性

1）在弯矩作用平面内的整体稳定

压弯构件在弯矩作用平面内的稳定性与截面形状、尺寸、初始缺陷、残余应力分布及失稳方向等因素有关，弯矩作用平面内稳定极限承载力的精确计算较困难。与轴心受压构件相似，规范采用简化计算方法——稳定系数法。

规范规定：对弯矩作用在对称轴内（假设为绕轴）的实腹式压弯构件，其在弯矩作用平面内的稳定条件按下式进行验算：

$$\frac{N}{\varphi_x A}+\frac{\beta_{mx}M_x}{\gamma_{1x}W_{1x}\left(1-0.8\dfrac{N}{N'_{Ex}}\right)}\leqslant f$$

式中：N——所计算构件段范围内的轴心压力；

φ_x——在弯矩作用平面内，不计弯矩作用时，轴心受压构件的稳定系数；

A——构件毛截面面积；

M_x——所计算构件段范围内的最大弯矩；

N'_{Ex}——参数，按下式计算：

$$N'_{Ex}=\frac{\pi^2 EA}{1.1\lambda_x^2}$$

λ_x——对 x 轴的长细比；

W_{1x}——弯矩作用平面内截面的最大受压纤维的毛截面模量；

γ_{1x}——与相应的 W_{1x} 截面塑性发展系数；

β_{mx}——平面内等效弯矩系数。

对于框架柱和两端支承的构件，平面内等效弯矩系数按以下规定进行计算：

(1) 无横向荷载作用时，$\beta_{mx}=0.6+0.4M_2/M_1$，$M_1$、$M_2$ 为端弯矩，使构件产生同向曲率（无反弯点）时取正号，产生反向曲率（有反弯点）时取异号，M_1 的绝对值大于等于 M_2 的绝对值。

(2) 无端弯矩但有横向荷载时，若跨中作用单个集中荷载，$\beta_{mx}=1-0.36N/N_{cr}$，若全跨作用均布荷载，$\beta_{mx}=1-0.18N/N_{cr}$，$N_{cr}=\pi EI/(\mu l)^2$，其中 μ 是构件的计算长度系数。

(3) 有端弯矩和横向荷载同时作用时，稳定性计算公式中 $\beta_{mx}M_x=\beta_{mqx}M_{q'x}+\beta_{mlx}M_1$，$\beta_{mlx}$ 是按条款(1)计算的等效弯矩系数，β_{mqx} 是按条款(2)计算的等效弯矩系数。

对于有侧移框架柱和悬臂构件的等效弯矩系数的计算这里不再详述。

对于单轴对称截面，如T形、槽形截面的压弯构件，其两翼面积相差较大，当弯矩作用在对称平面内且使较大翼缘受压时，有可能在较小翼缘一侧因受拉区塑性发展过大而导致构件破坏，对这类构件，除按上式验算其稳定性外，还应按下式进行补充计算。

$$\left|\frac{N}{A}-\frac{\beta_{mx}M_x}{\gamma_{2x}W_{2x}\left(1-1.25\dfrac{N}{N'_{Ex}}\right)}\right|\leqslant f$$

式中：W_{2x}——弯矩作用平面内对较小翼缘的毛截面模量；

γ_{2x}——与相应的W_{2x}截面塑性发展系数。

2）在弯矩作用平面外的整体稳定

当弯矩作用于压弯构件的最大刚度平面内时，如果构件抗扭刚度和垂直于弯矩作用平面的抗弯刚度不大而侧向又没有足够的支承以阻止构件的侧移和扭转，构件就有可能发生弯矩作用平面外的失稳破坏。

规范规定：弯矩作用平面外的稳定性验算按下式计算。

$$\frac{N}{\varphi_y A}+\eta\frac{\beta_{tx}M_x}{\varphi_b W_{1x}}\leqslant f$$

式中：φ_y——弯矩作用平面外的轴心受压构件稳定系数；

M_x——所计算构件段范围内的最大弯矩；

η——调整系数，箱形截面$\eta=0.7$，其他截面$\eta=1.0$；

β_{tx}——弯矩作用平面外等效弯矩系数；

φ_b——均匀弯曲的受弯构件整体稳定系数，对于闭口截面取$\varphi_b=1.0$，其余情况参见钢结构规范的相关条文。

在弯矩作用平面外有支承的构件，平面外等效弯矩系数按以下规定进行计算：

（1）无横向荷载作用时，$\beta_{mx}=0.6+0.4M_2/M_1$，$M_1$、$M_2$为端弯矩。

（2）无端弯矩但有横向荷载时，$\beta_{tx}=1.0$。

（3）有端弯矩和横向荷载同时作用时，使构件产生同向曲率时，$\beta_{tx}=1.0$；使构件产生反向曲率时，$\beta_{tx}=0.85$。弯矩作用平面外为悬臂的构件，$\beta_{tx}=1.0$。

2. 实腹式压弯构件的局部稳定性

实腹式压弯构件的板件同轴心受压构件、受弯构件板件的受力情况相似，翼缘与腹板的局部稳定条件采用限制板件的宽厚比来保证。

1）H形截面

翼缘的宽厚比满足

$$\frac{b}{t}\leqslant 15\sqrt{\frac{235}{f_y}}$$

腹板的高厚比满足

$$\frac{h_0}{t_w}\leqslant(45+25\alpha_0^{1.66})\sqrt{\frac{235}{f_y}}$$

式中：α_0——应力梯度，$\alpha_0=\dfrac{\sigma_{max}-\sigma_{min}}{\sigma_{max}}$；

σ_{max}——腹板计算高度边缘的最大应力；

σ_{min}——腹板计算高度另一边缘相应的应力，压应力取正值，拉应力取负值。

2）箱形截面

壁板(腹板)间翼缘的宽厚比满足

$$\frac{b_0}{t} \leqslant 45\sqrt{\frac{235}{f_y}}$$

3）圆钢管截面

径(外径)厚比满足

$$\frac{D}{t} \leqslant 100\,\frac{235}{f_y}$$

当压弯构件腹板的高厚比不满足要求时，可以调整腹板的厚度或者高度，对于工字形和箱形截面压弯构件的腹板可以采用纵向加劲肋加强腹板，也可在计算时采用有效截面法，这里不再详述。

四、格构式压弯构件的稳定性

格构式压弯构件常用于厂房的框架柱和高大的独立支柱。对于格构式截面的材料集中在远离形心的分肢，使截面惯性矩增大，从而可以节约材料，提高截面的稳定性。可根据弯矩作用的大小和方向，选用双轴对称和单轴对称的截面，如图 3-3-4 所示。

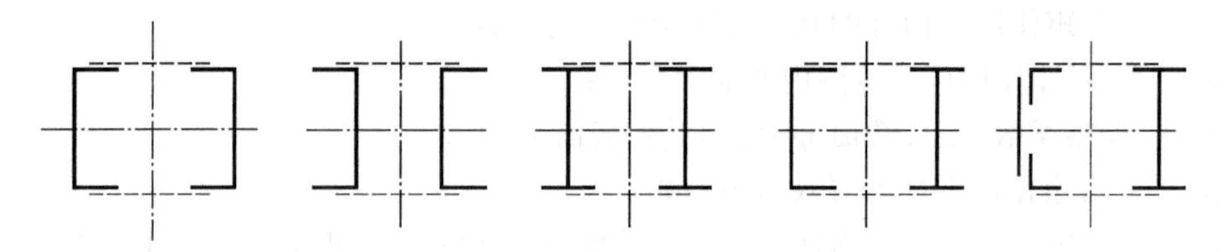

图 3-3-4 格构式压弯构件截面

1. 格构式压弯构件的整体稳定性

1）弯矩作用平面内的稳定性

(1) 弯矩绕实轴作用。

对于弯矩绕实轴作用的格构式压弯构件，在弯矩作用平面内的稳定计算与实腹式压弯构件相同。但式中 x 轴是指格构式截面的实轴。

(2) 弯矩绕虚轴作用。

对于弯矩绕虚轴作用的格构式压弯构件，在弯矩作用平面内的稳定计算公式为：

$$\frac{N}{\varphi_x A} + \frac{\beta_{mx} \cdot M_x}{W_{1x}\left(1 - \frac{N}{N'_{Ex}}\right)} \leqslant f$$

$$W_{1x} = I_x / y_0$$

式中：φ_x、N'_{Ex}——分别为弯矩作用平面内轴心受压构件稳定系数和参数，由换算长细比 λ_{0x} 确定。

I_x——对 x 轴的毛截面惯性矩；

y_0——由 x 轴到压力较大分肢轴线的距离，或者到压力分肢腹板边缘的距离，取两者中较大者。

2）弯矩作用平面外的稳定性

(1) 弯矩绕实轴作用。

对于弯矩绕实轴作用的格构式截面，在弯矩作用平面外的稳定计算仍可采用与实腹式压弯构件相同的公式，但式中的 φ_y 应按虚轴换算长细比 λ_{0x} 查表确定，λ_{0x} 的计算同格构式轴心受压构件，并应取 $\varphi_b=1.0$，因为一般情况下截面在弯矩作用平面内的刚度较大。

(2) 弯矩绕虚轴作用。

对于弯矩绕虚轴作用的格构式压弯构件，要保证构件在弯矩作用平面外的稳定，主要是要求两个分肢在弯矩作用平面外都要保持稳定，也就是说组成压弯构件的两个肢件在弯矩作用平面外可以通过分肢稳定计算来加以保证，所以不必再计算整个构件在弯矩作用平面外的稳定性。

2. 格构式压弯构件单肢的稳定性

格构式压弯构件的每个分肢在弯矩作用平面内和弯矩作用平面外都应保持稳定。对于弯矩绕虚轴作用的双肢缀条式压弯构件，可把分肢视为桁架的弦杆来计算每个分肢的轴心压力，并按轴心受压构件计算每个分肢的稳定性，计算简图如图 3-3-5 所示。每个分肢的轴心压力可按下式确定。

分肢 1：

$$N_1=\frac{M_x}{a}+\frac{N_{y_2}}{a}$$

分肢 2：

$$N_2=N-N_1$$

计算分肢稳定时，分肢在弯矩作用平面的计算长度取相邻缀条节点间的距离；在弯矩作用平面外的计算长度取整个侧向支撑点间的距离。

计算缀板式压弯构件的分肢稳定时，除轴心压力外，还应计入由剪力引起的局部弯矩，按实腹式压弯构件验算分肢稳定性。

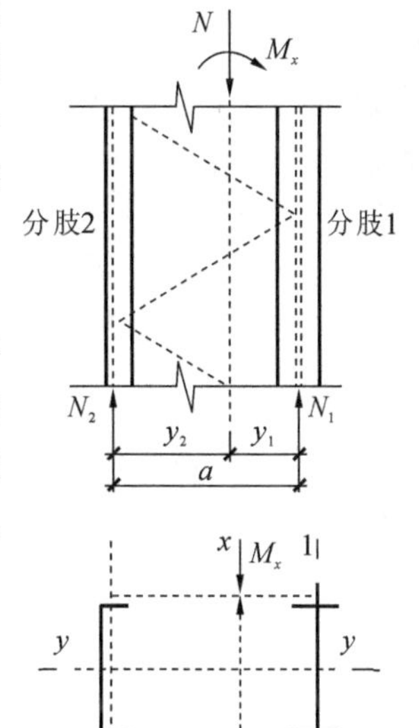

图 3-3-5　分肢计算图

小　结

(1) 拉弯和压弯构件的强度、刚度的计算公式及过程。

(2) 实腹式压弯构件的弯矩平面内及弯矩平面外的整体稳定性的计算公式及过程；以及高厚比、宽厚比的局部稳定的计算。

(3) 格构式压弯构件的弯矩平面内及弯矩平面外的绕实轴及虚轴的整体稳定性计算方法；以及格构式压弯构件单肢的稳定性计算。

巩固训练

(1) 什么是偏心构件？如何分类？并举例说明区别。

(2) 实腹式压弯构件的局部稳定性不满足要求时，可采取哪些有效措施？

(3) 查阅相关资料，简述格构式压弯构件与实腹式压弯构件的区别（提示：可从概念、截面形式、特点及使用范围等方面进行比较说明）。

项目4 钢结构施工图识图

GANGJIEGOU SHIGONGTU SHITU

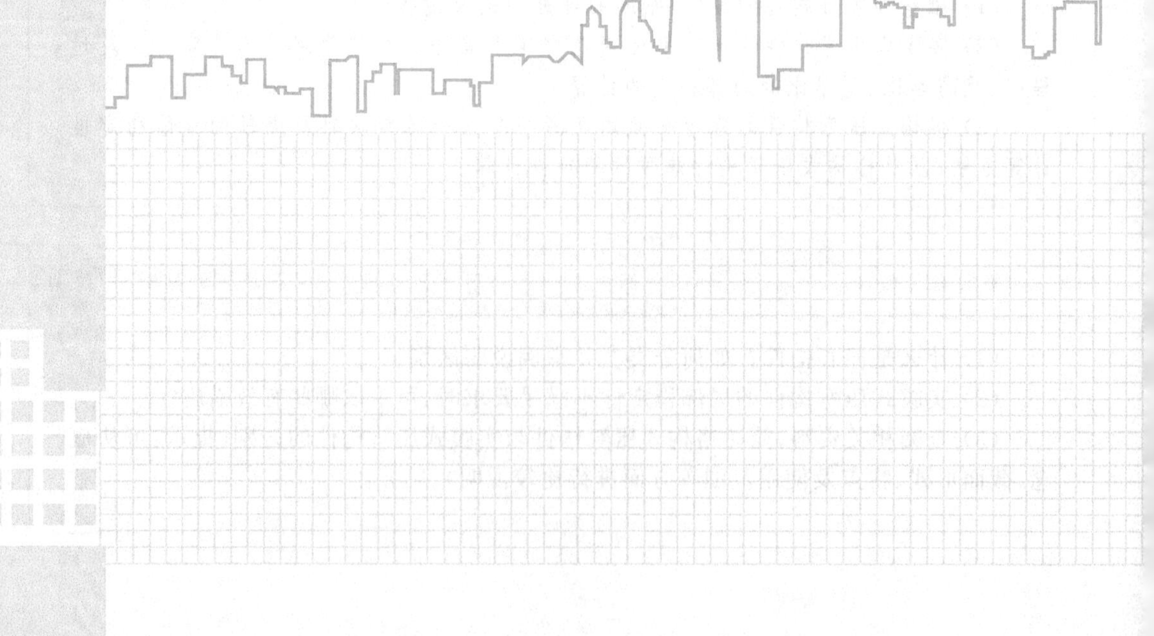

项目描述

广西龙门大桥被称为“广西第一跨海大桥”，最早设计的东引桥穿越1200米红树林生长区，施工将影响这片“海中森林”。随着生态文明建设的大力推进，“绿水青山就是金山银山”的发展理念被写入党的十九大报告，2020年开工建设前，就如何避开红树林保护区，专家和政府决策者群策群力，重新修改设计，最终整个施工作业区红树林安然无恙，没有一棵被砍伐。

【二维码4.1：广西跨海栈桥不砍一棵红树】

本项目为某化工厂8♯、10♯、12♯输送机钢结构栈桥，两端支撑于混凝土框架结构支撑梁上（混凝土框架结构识图此处不表示），8♯栈桥中段有钢筋混凝土结构采样楼（混凝土框架结构识图此处不表示），内设钢结构采样平台。本项目钢结构连接节点样式多，对施工精度、施工技术和施工组织方案均要求较高，施工单位施工时需引起足够的重视。

【二维码4.2：输送机钢结构栈桥项目】

项目执行

任务1：施工图基本知识

任务2：钢结构节点详图

任务3：钢结构工程施工设计图识图

学习目标

知识目标

（1）了解钢结构施工图的制图基本规定。

（2）理解各种符号表示的意义。

（3）掌握钢结构节点详图的表示方法。

能力目标

（1）能够查阅相关钢结构识图国家标准图集。

（2）能够识读钢结构施工设计图纸。

素质目标

（1）理解国家规范标准的法律效力，自觉遵守专业国标、行标等。

（2）具备精益求精的专业素养。

（3）以具体项目为依托，具备理论联系实践的能力。

任务 1 施工图基本知识

4.1.1 任务目标

(1) 了解钢结构施工图的制图基本规定。

(2) 理解各种符号表示的含义。

(3) 学会查阅相关国家规范标准和行业标准。

【二维码 4.3:《房屋建筑制图统一标准》】

【二维码 4.4:《建筑结构制图标准》】

4.1.2 任务实施

一、制图标准有关规定

1. 线型

绘制结构施工图,应遵守 GB/T 50001—2017《房屋建筑制图统一标准》和 GB/T 50105—2010《建筑结构制图标准》的规定。《房屋建筑制图统一标准》(GB/T50001—2017)规定图线的宽度 b,宜从下列线宽系列中选取:1.4 mm、1.0 mm、0.7 mm、0.5 mm、0.35 mm、0.25 mm、0.18 mm、0.13 mm。每个图样,应根据复杂程度与比例大小,先选定基本线宽 b,再选用相应的线宽组,在同一张图纸中,相同比例的各图样,应选用相同的线宽组,如表 4-1-1 所示。

表 4-1-1 图线

名称		线型	线宽	一般用途
实线	粗	━━━━━━	b	螺栓、主钢筋线、结构平面图中的单线结构构件线、钢木支撑及系杆线、图名下划线、剖切线
	中粗	━━━━━━	$0.7b$	结构平面图及详图中剖到或可见的墙身轮廓线,基础轮廓线,钢、木结构轮廓线、钢筋线
	中	――――――	$0.5b$	结构平面图及详图中剖到或可见的墙身轮廓线、基础轮廓线、可见的钢筋混凝土构件轮廓线、钢筋线
	细	——————	$0.25b$	标注引出线、标高符号、索引符号线、尺寸线
虚线	粗	━ ━ ━ ▪	b	不可见的钢筋线、螺栓线、结构平面中不可见的单线结构构件线及钢、木支撑线
	中粗	━ ━ ━ ━	$0.7b$	结构平面中的不可见构件、墙身轮廓线及钢、木结构构件线、不可见的钢筋线
	中	– – – – –	$0.5b$	结构平面中的不可见构件、墙身轮廓线及钢、木结构构件线、不可见的钢筋线
	细	- - - - - - - - - -	$0.25b$	基础平面图中的管沟轮廓线、不可见的钢筋混凝土构件轮廓线

续表

名称		线型	线宽	一般用途
单点长画线	粗		b	柱间支撑、垂直支撑、设备基础轴线图中的中心线
	细		$0.25b$	定位轴线、对称线、中心线、重心线
双点长画线	粗		b	预应力钢筋线
	细		$0.25b$	原有结构轮廓线
折断线			$0.25b$	断开界线
波浪线			$0.25b$	断开界线

2. 比例

钢结构施工图中常用的比例一般为 1∶50、1∶100、1∶150，详图为 1∶10、1∶20、1∶50。但也可根据图样的用途和被绘物体的复杂程度采用其他比例。

当构件的纵、横向端面尺寸相差悬殊时，同一详图中的纵、横向可采用不同的比例，轴线尺寸与构件尺寸也可不同。

3. 剖切符号

剖切符号分为剖面符号和断面符号。

1) 剖面符号

施工图中剖切符号用粗实线表示，它由剖切位置线和投射方向线组成。剖面符号 ┌a ┐a 表示从符号处剖开看到的断面及断面后方的其他东西。

2) 断面符号

断面的剖切符号用粗实线表示，且仅用剖切位置线而不用投射方向线。断面的剖切符号编号所在的一侧为该断面的剖视方向。断面符号 ‾a ‾a 表示从符号处剖开看到的断面，不表示断面后方的其他东西。

剖面图或断面图与被剖切图样不在同一张图纸内时，在剖切位置线的另一侧标注其所在图纸的编号，或在图纸上集中说明。

4. 索引符号、详图符号

图样中的某一局部或构件需另见详图时，以索引符号表示，如图 4-1-1(a)所示。索引符号由直径为 8～10 mm 的圆和水平直径组成，圆和水平直径用细实线表示。索引出的详图与被索引出的详图同在一张图纸时，在索引符号的上半圆中用阿拉伯数字注明该详图的编号，在下半圆中间画一段水平细实线，如图 4-1-1(b)所示。索引出的详图与被索引出的详图不在同一张图纸时，在符号索引的上半圆中用阿拉伯数字注明该详图的编号，在下半圆中用阿拉伯数字注明该详图所在图纸的编号，如图 4-1-1(c)所示，数字较多时，也可加文字标注。

索引符号用于索引剖视详图时，在被剖切的部位绘制剖切位置线，并用引出线引出索引符号，引出线所在的一侧即为投射方向，如图 4-1-1(d)所示。索引符号的编号同上。

零件、钢筋、杆件、设备等的编号以直径为 5～6 mm(同一图样应保持一致)的细实线圆表示，其编号应用阿拉伯数字按顺序编写(见图 4-1-2)。

详图的位置和编号，应以详图符号表示。详图符号的圆应以直径为 14 mm 粗实线绘制，详图应按下列规定编号：① 详图与被索引的图样同在一张图纸内时，应在详图符号内注

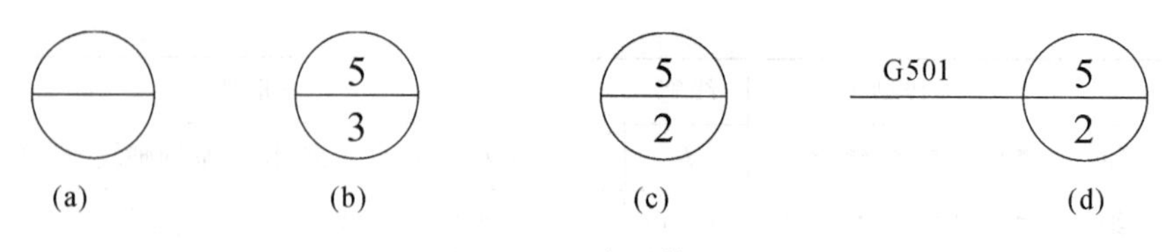

图 4-1-1 索引符号

明详图的编号(见图 4-1-3);② 详图与被索引的图样不在一张图纸内时,应在上半圆中注明详图编号,在下半圆中注明被索引的图样的编号(图 4-1-4)。

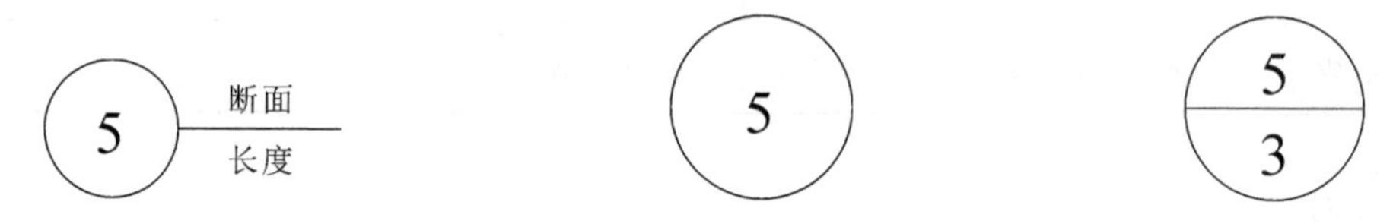

图 4-1-2 零件、钢筋等的编号

图 4-1-3 与被索引图样同在一张图纸内的详图符号

图 4-1-4 与被索引图样不在一张图纸内的详图符号

5. 引出线

引出线应以细实线绘制,宜采用水平方向的直线,与水平方向成 30°、45°、60°、90°的直线,或经上述角度再折为水平线。文字说明宜注写在水平线的上方[见图 4-1-5(a)],也可注写在水平线的端部[见图 4-1-5(b)]。索引详图的引出线,与水平直径线相连接[见图 4-1-5(c)]。

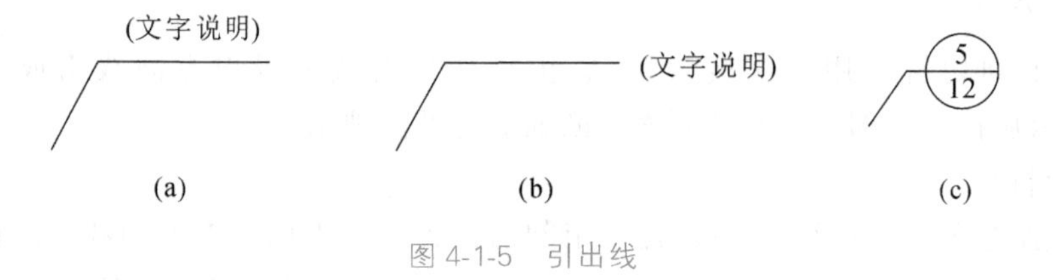

图 4-1-5 引出线

同时引出的几个相同部分的引出线,宜互相平行[见图 4-1-6(a)],也可画成集中于一点的放射线[见图 4-1-6(b)]。

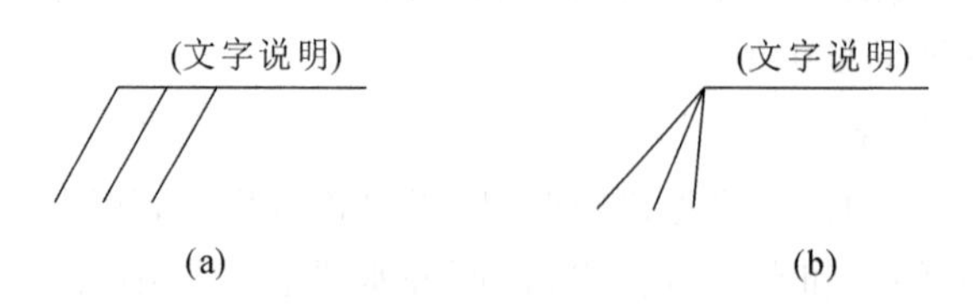

图 4-1-6 共同引出线

6. 其他符号

1) 对称符号

对称符号由对称线和两端的两对平行线组成。对称线用细单点长画线绘制;平行线用细实线绘制,其长度宜为 6~10 mm,每对的间距宜为 2~3 mm;对称线垂直平分于两对平行线,两端超出平行线宜为 2~3 mm(见图 4-1-7)。

2) 连接符号

连接符号应以折断线表示需连接的部位。两部位相距过远时,折断线两端靠图样一侧应标注大写拉丁字母表示连接编号。两个被连接的图样必须用相同的字母编写(见图 4-1-8)。

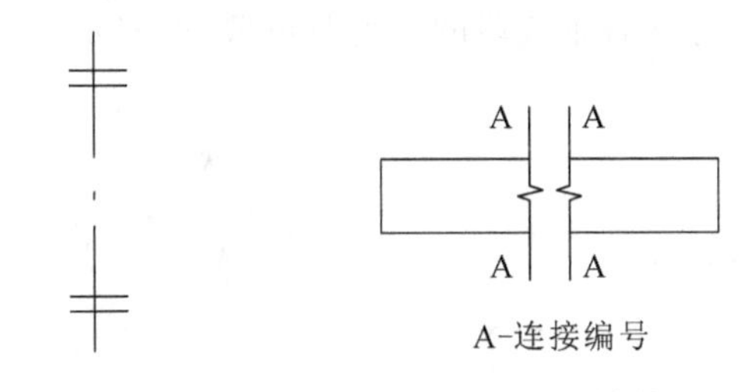

图 4-1-7 对称符号　　图 4-1-8 连接符号

7. 桁架尺寸标注

结构施工图中桁架结构的几何尺寸用单线图表示，杆件的轴线长度尺寸标注在构件的上方，如图 4-1-9 所示。当桁架结构杆件布置和受力均为对称时，可在桁架单线图的左半部分标注杆件的几何轴线尺寸，右半部分标注杆件的内力值和反力值。当桁架结构杆件布置和受力非对称时，可在桁架单线图的上方标注杆件的几何轴线尺寸，下方标注杆件的内力值和反力值。竖杆的几何轴线尺寸标注在左侧，内力值标注在右侧。

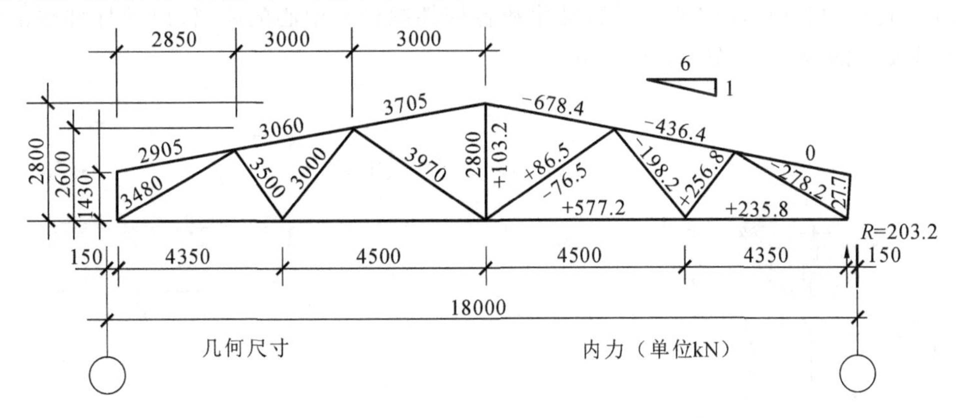

图 4-1-9 对称桁架几何尺寸和内力标注方法

8. 构件尺寸标注

施工图中，常见的构件尺寸标注有下列几种。

(1) 当两构件的两条重心线很接近时，在交汇处可将其各自向外错开，如图 4-1-10 所示。

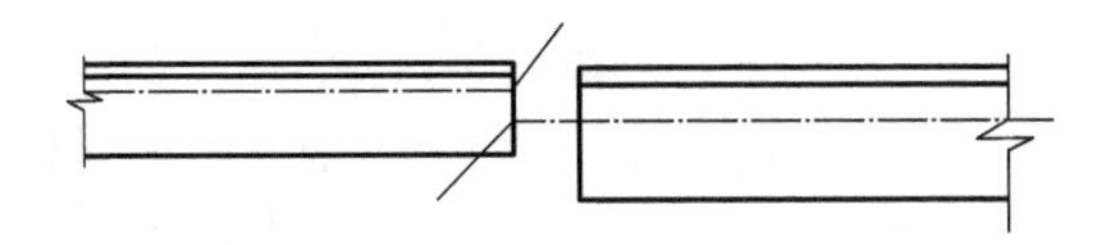

图 4-1-10 两构件重心线不重合的表示方法

(2) 当构件弯曲时，应沿其弧度的曲线标注弧的轴线长度，如图 4-1-11 所示。

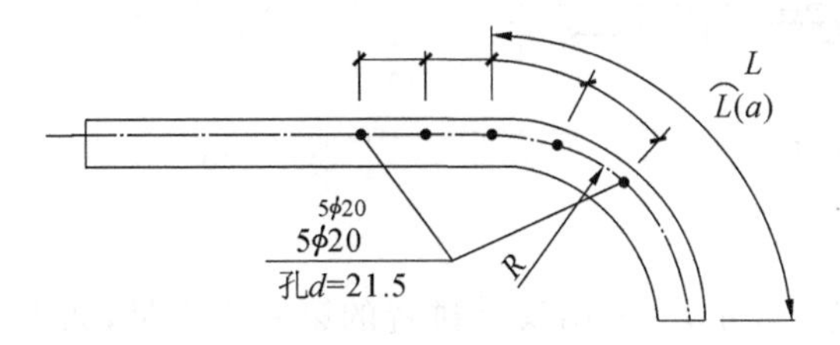

图 4-1-11 弯曲构件尺寸的标注方法

(3) 切割的板材，应标注各轴线段的长度及位置，如图 4-1-12 所示。

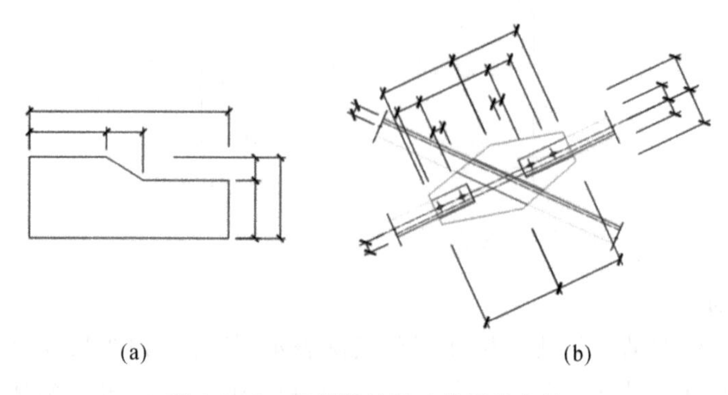

图 4-1-12 切割板材尺寸的标注方法

(4) 当角钢组成的构件角钢两边不等时，需标注角钢一肢的尺寸，如图 4-1-13 所示；当角钢两边相等时，可不标注。

(5) 节点板尺寸应注明节点板的尺寸和各杆件螺栓孔中心的距离，以及杆件端部至几何中心线交点的距离，如图 4-1-14 所示。

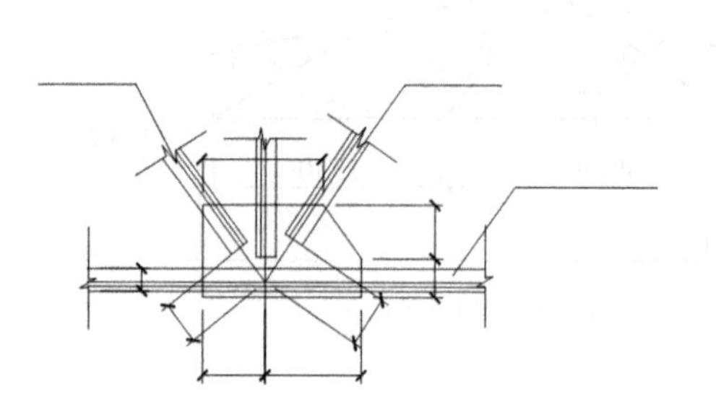

图 4-1-13 不等边角钢的标注方法

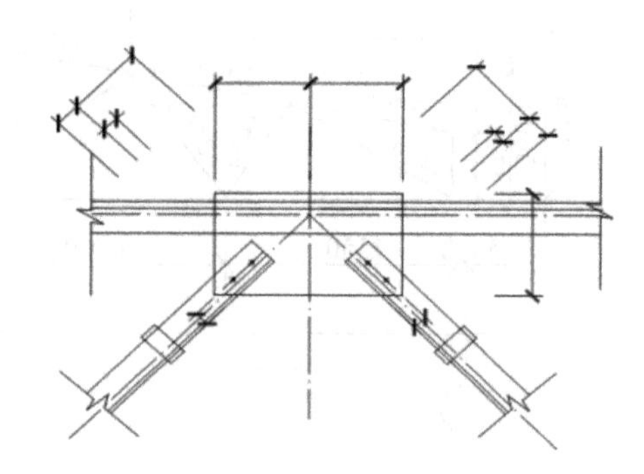

图 4-1-14 节点板尺寸的标注方法

(6) 当截面由双型钢组合时，构件应注明缀板的数量 n 及尺寸 $b \times t$，如图 4-1-15 所示，引出横线的上方标注缀板的数量、宽度和厚度，引出横线的下方标注缀板的长度。

(7) 非焊接的节点板，应注明节点板的尺寸和螺栓孔中心与几何中心线交点的距离，如图 4-1-16 所示。

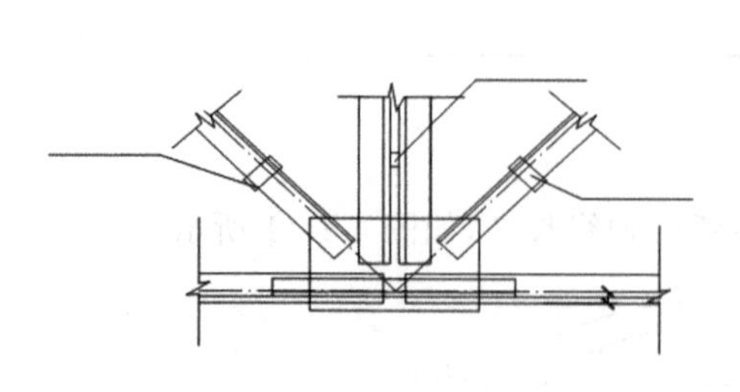

图 4-1-15 缀板的标注方法

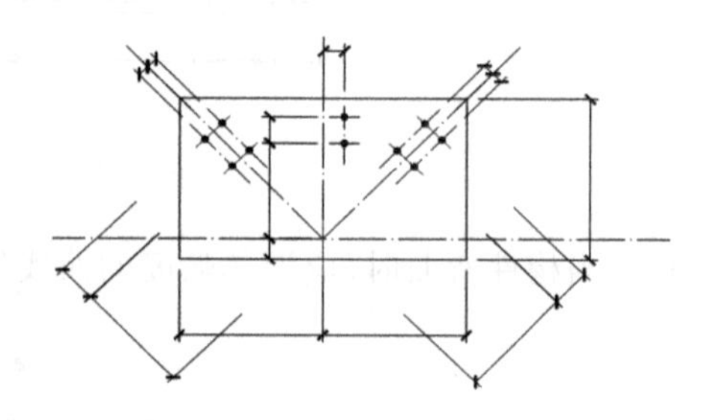

图 4-1-16 非焊接节点板尺寸的标注方法

9. 构件名称代号

构件的名称可用代号表示，一般用汉字拼音的第一个字母，如表 4-1-2 所示。当材料为钢材时，前面加“G”，代号后标注的阿拉伯数字为该构件的型号或编号，或者构件的顺序号。

构件的顺序号可采用不带角标的阿拉伯数字连续编排。如 GWJ-1 表示编号为 1 的钢屋架。

表 4-1-2 常用构件代号

序号	名称	代号	序号	名称	代号
1	板	B	28	屋架	WJ
2	屋面板	WB	29	托架	TJ
3	空心板	KB	30	天窗架	CJ
4	槽形板	CB	31	框架	KJ
5	折板	ZB	32	刚架	GJ
6	密肋板	MB	33	支架	ZJ
7	楼梯板	TB	34	柱	Z
8	盖板或沟盖板	GB	35	框架柱	KZ
9	挡雨板或檐口板	YB	36	构造柱	GZ
10	吊车安全走道板	DB	37	承台	CT
11	墙板	QB	38	设备基础	SJ
12	天沟板	TGB	39	桩	ZH
13	梁	L	40	挡土墙	DQ
14	屋面梁	WL	41	地沟	DG
15	吊车梁	DL	42	柱间支撑	ZC
16	单轨吊车梁	DDL	43	垂直支撑	CC
17	轨道连接梁	DGL	44	水平支撑	SC
18	车挡	CD	45	梯	T
19	圈梁	QL	46	雨篷	YP
20	过梁	GL	47	阳台	YT
21	连系梁	LL	48	梁垫	LD
22	基础梁	JL	49	预埋件	M
23	楼梯梁	TL	50	天窗端壁	TD
24	框架梁	KL	51	钢筋网	W
25	框支梁	KZL	52	钢筋骨架	G
26	屋面框架梁	WKL	53	基础	J
27	檩条	LT	54	暗柱	AZ

二、材料代号

1. 钢材的代号

1) 普通碳素结构钢

碳素钢是以铁为基本成分，以碳为主要合金元素的铁碳合金。碳钢除含铁、碳外，还含有少量的有益元素锰、硅及少量的有害杂质元素硫、磷。普通碳素结构钢按其质量等级不同可分为A、B、C、D四个等级。其中A级一般不做冲击试验；B级做常温冲击试验；C级做0 ℃冲击试验；D级做−20 ℃冲击试验。因此D级质量最好，C、D级可用作重要的焊接结构。

普通碳素结构钢的牌号是由代表屈服点的字母Q、屈服点的数值以及质量等级和脱氧方法四个部分按顺序组成。“F”表示沸腾钢，“b”表示为半镇静钢，“Z”表示镇静钢，“TZ”表示特殊镇静钢。通常镇静钢和特殊镇静钢不标注符号。

例如：Q235-B. F表示钢材屈服点为235 N/mm^2，钢材的质量等级为B级，沸腾钢。

沸腾钢是在熔炼钢液中加入弱脱氧剂进行脱氧；镇静钢和特殊镇静钢是在熔炼钢液中加入强脱氧剂进行脱氧，脱氧彻底充分，质量比沸腾钢好，价格也比沸腾钢高；半镇静钢的价格和质量介于沸腾钢和镇静钢之间。

现行国家标准《碳素结构钢》(GB/T 700—2006)将普通碳素结构钢分为Q195、Q215、Q235、Q275等四种牌号，其中Q235在使用、加工和焊接方面的性能较好，是钢结构中最常用的钢种之一。

2）优质碳素结构钢

优质碳素结构钢比普通碳素结构钢杂质含量少、性能优越。优质碳素结构钢的牌号是由两位阿拉伯数字和随其后加注的规定符号来表示。如08F、45、20A、70Mn、20g等，牌号中的两位阿拉伯数字，表示以万分之几计算的平均碳的质量分数。例如“45”表示这种钢的平均碳的质量分数为0.45%；阿拉伯数字之后标注的符号“F”表示沸腾钢；“b”表示半镇静钢，镇静钢不标注符号；阿拉伯数字之后标注的符号“Mn”表示钢中锰的质量分数较高，达到0.7%～1.0%，普通含锰量的钢不标注其符号；阿拉伯数字之后标注的符号“A”表示高级优质碳素结构钢，“E”表示特级优质碳素结构钢，钢中硫的质量分数小于0.03%，磷的质量分数小于0.035%；阿拉伯数字之后标注的符号表示专门用途钢，其中“g”表示锅炉用钢，“R”表示压力容器用钢，“q”表示桥梁用钢，“DR”表示低温压力容器用钢等。

3）低合金高强度结构钢

低合金高强度结构钢的牌号表示方法与普通碳素结构钢相同，由代表屈服点的字母Q、屈服点的数值、质量等级符号三个部分按顺序组成。质量等级有A、B、C、D、E五个等级，其中E级需要做−40 ℃的冲击试验。

现行国家标准《低合金高强度结构钢》(GB/T 1591—2018)中按屈服强度高低将低合金高强度结构钢分为Q355、Q390、Q420、Q460、Q500、Q550、Q620、Q690八种牌号。

4）合金结构钢

合金结构钢的牌号根据现行国家标准《合金结构钢》(GB/T 3077—2015)用阿拉伯数字和合金元素符号表示。前面两位阿拉伯数字表示钢中以万分之几计算的平均碳的质量分数，接着是化学元素符号，表述钢中所含的合金元素含量，化学元素符号后面的数字表述该合金元素的平均百分含量，百分含量小于1.5%，该元素只标注符号。

例如：60Si2MnA表示钢中平均C含量0.60%，Si含量2%，Mn含量小于1.5%。

查现行国家标准《合金结构钢》(GB/T 3077—1999)可知，表示高级优质合金结构钢磷、铬、镍、硫、钼、铜的平均质量分数分别不大于0.02%、0.30%、0.30%、0.02%、0.10%、0.25%。

5）焊接结构耐候钢

焊接结构耐候钢是在钢中加入少量的合金元素(如铜、铬、镍等)，使其在金属基本表面

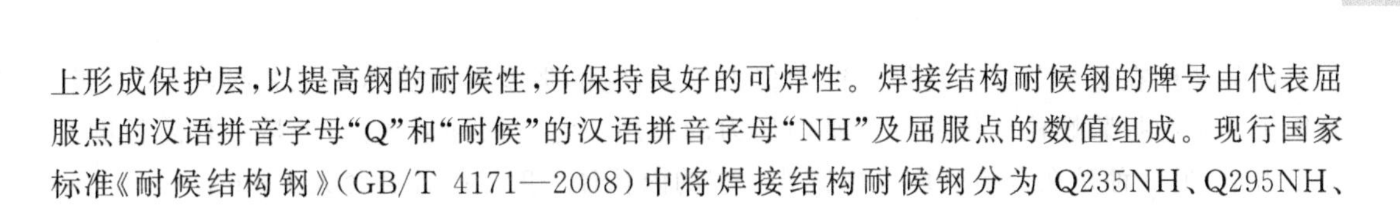

上形成保护层，以提高钢的耐候性，并保持良好的可焊性。焊接结构耐候钢的牌号由代表屈服点的汉语拼音字母“Q”和“耐候”的汉语拼音字母“NH”及屈服点的数值组成。现行国家标准《耐候结构钢》(GB/T 4171—2008)中将焊接结构耐候钢分为Q235NH、Q295NH、Q355NH、Q460NH四种牌号。

6) 高耐候结构钢

高耐候结构钢是在钢中加入少量的合金元素(如铜、磷、铬、镍等)，其耐候性较焊接结构耐候钢好。高耐候结构钢按化学成分可分为铜磷钢和铜磷铬镍钢两类，其牌号是由代表屈服点的汉语拼音字母“Q”和“高耐候”的汉语拼音字母“GNH”以及屈服点的数值组成，含铬、镍的高耐候钢在其牌号后加注“L”。

7) 不锈钢和高合金耐热钢

不锈钢和高合金耐热钢按所含主要合金元素种类不同分为高铬钢、高铬镍钢、高铬锰氮钢；按组织特征不同分为马氏体钢、铁素体钢、奥氏体钢、奥氏体-铁素体双相钢及沉淀硬化钢等。不锈钢和高合金耐热钢的牌号表示方法为首部用一位阿拉伯数字表示平均碳的质量分数(以千分之几计)，第二部分是由元素符号和紧跟在其后的数字组成，元素符号表示所含的合金元素，数字表示合金元素的平均质量分数。

2. 焊接材料

焊接材料是指焊接时所消耗的材料，包括焊条、焊丝、焊剂和气体等。焊接过程中，焊条或焊剂产生熔渣和气体，将熔化金属与外界隔离，防止空气中的氮、氧与熔融金属发生作用；同时通过冶金作用向焊缝过渡有益的合金元素，使焊接材料具有稳弧性好、脱渣性强、焊缝成形性好、飞溅小等良好的焊接操作性能。钢结构施工图中都明确规定了焊接材料的类型、品种、性能及要执行的有关标准、规范和规程，详见后面章节。

3. 球节点

建筑钢结构中，常用的网架球节点有螺栓球节点和焊接空心球节点两大类。

1) 螺栓球节点

螺栓球节点是由钢球、螺栓、封板或锥头、套筒、螺钉或销子等组成，如图4-1-17所示。螺栓球节点的连接构造原理是：先将置有螺栓的锥头或封板焊在钢管杆件的两端，在伸出锥头或封板的螺杆上套长形六角套筒(或称长形六角无纹螺母)，并以销子或紧固螺钉将螺栓与套筒连在一起，拼装时直接拧动长形六角套筒，通过销钉或紧固螺钉带动螺栓转动，使螺栓旋入球体。

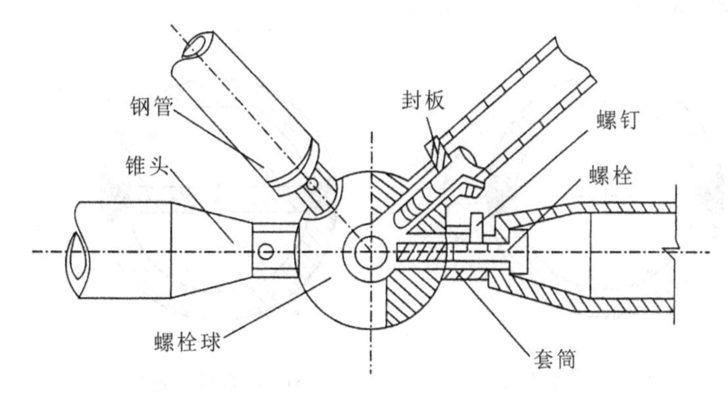

图4-1-17 螺栓球节点组成

高强螺栓在整个节点中是最关键的传力部件，它的强度等级要达到 8.8 级或 10.9 级。套筒主要是起拧紧螺栓和传递杆件轴向压力的作用。它有两种形式：一种是沿套筒长度方向设滑槽，另一种是在套筒侧面设螺钉孔。它的内孔径一般比螺栓直径大 1 mm。

套筒和螺栓是通过销子或螺钉在旋转套筒的同时带动螺栓伸入钢球内。为了减少销孔对螺栓有效截面的削弱。销子或螺钉直径不能太大，销子直径一般为螺栓直径的 1/8～1/7，螺钉的直径为螺栓直径的 1/5～1/3。销钉或紧固螺钉仅在安装过程中起作用，安装完后，它的作用就终止。

封板和锥头主要用来连接钢管和螺栓，并承受杆件传来的拉力和压力。当杆件管径大于或等于 76 mm 时，采用锥头；当杆件管径小于 76 mm 时，采用封板。封板厚度不小于钢管外径的 1/5。

螺栓球的大小取决于螺栓的直径、相邻杆件的夹角和螺栓伸入球体的长度等。它要求伸入球体的两相邻螺栓不相碰。节点的钢球一般采用 45 号钢制作。螺栓球的规格代号由 BS 和螺栓球直径组成。如 BS100：BS 表示螺栓球的代号，100 表示螺栓球的直径为 100 mm。

2）焊接空心球节点

焊接空心球节点是由两个半球对焊而成的，如图 4-1-18 所示。半球有冷压和热压两种成型方法，热压成型简单，用得最多；冷压需较大压力，模具磨损较大，目前很少采用。

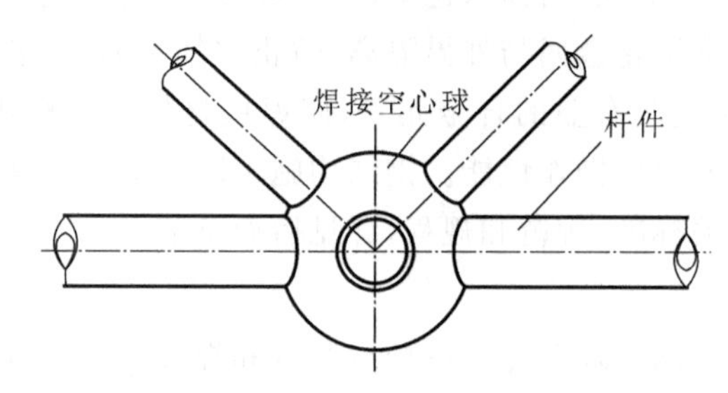

图 4-1-18 焊接空心球节点的组成

焊接空心球节点有不加肋与加肋两种。不加肋焊接空心球如图 4-1-19(a)所示，可用代号 WS2408 表示，其中 WS 表示焊接球节点，24 表示球径为 24 cm，08 表示球的壁厚为 8 mm。加肋焊接空心球如图 4-1-19(b)所示，用代号 WSR3012 表示，其中 WSR 表示加肋焊接空心球，30 表示球径为 30 cm，12 表示球壁厚为 12 mm。

【二维码 4.5：球节点样式】

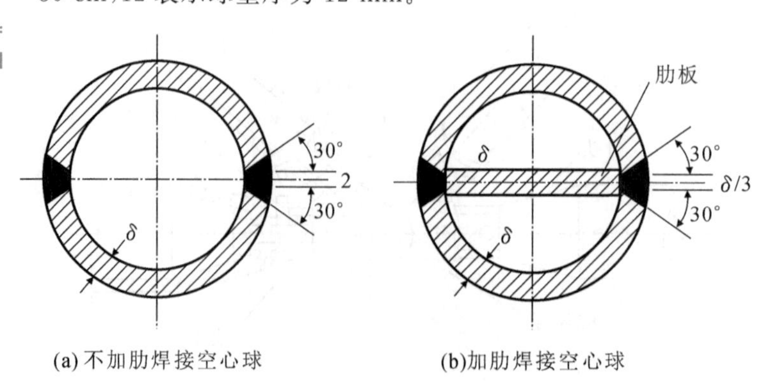

图 4-1-19 不加肋与加肋焊接空心球节点

三、型钢与螺栓的表示方法

1. 型钢的标注方法

依据《建筑结构制图标准》(GB 50105—2010)，常用型钢的标注方法应符合表 4-1-3 中的规定。

表 4-1-3 常用型钢的标注方法

序号	名称	截面	标注	说明
1	等边角钢	∟	∟$b\times l$	b 为肢宽，t 为肢厚。如：∟80×6 表示等边角钢肢宽为 80 mm，肢厚为 6 mm
2	不等边角钢	B ∟	∟$B\times b\times l$	B 为长肢宽，b 为短肢宽，t 为肢厚。如：∟80×60×50 表示不等边角钢肢宽分别为 80 mm 和 60 mm，肢厚为 5 mm
3	工字钢	I	IN QIN	轻型工字钢加注 Q 字，N 为工字钢的型号。如：I20a 表示截面高度为 200 mm 的 a 类厚板工字钢
4	槽钢	[	[N Q[N	轻型槽钢加注 Q 字，N 为槽钢的型号。如 Q[25 b 表示截面高度为 250 mm 的 b 类轻型槽钢
5	方钢	b	□b	如：□600 表示边长为 600 mm 的方钢
6	扁钢	b	$-b\times t$	如：−150×4 表示宽度为 150 mm，厚度为 4 mm 的扁钢
7	钢板	—	$-\frac{b\times t}{l}$	$\frac{宽\times厚}{板长}$ 如$\frac{100\times 6}{1500}$ 表示钢板的宽度为 100 mm，厚度为 6 mm，长度为 1500 mm
8	圆钢	⊘	ϕd	如：ϕ20 表示圆钢的直径为 20 mm
9	钢管	○	$\phi d\times t$	如：ϕ76×8 表示钢管的外径为 75 mm，壁厚为 8 mm
10	薄壁方钢管	□	B□$b\times l$	薄壁型钢加注 B 字，如：B□50×2 表示边长为 50 mm，壁厚为 2 mm 的薄壁方钢管
11	薄壁等肢角钢	∟	B∟$b\times l$	如：B∟50×2 表示薄壁等边角钢肢宽为 50 mm，壁厚为 2 mm

续表

序号	名称	截面	标注	说明
12	薄壁等肢卷边角钢		B⌊ $b \times a \times l$	如：B⌊ 60×20×2 表示薄壁等肢卷边角钢的肢宽为 60 mm，卷边宽度为 20 mm，壁厚为 2 mm
13	薄壁槽钢		B[$b \times a \times l$	如：B[50×20×2 表示薄壁槽钢截面高度为 50 mm，宽度为 20 mm，壁厚为 2 mm
14	薄壁卷边槽钢		B[$h \times b \times a \times l$	如：B[120×60×20×2 表示薄壁卷边槽钢截面高度为 120 mm，宽度为 60 mm，卷边宽度为 20 mm，壁厚为 2 mm
15	薄壁卷边Z型钢		B⌉⌊ $h \times b \times a \times l$	如：B⌉⌊ 120×60×20×2 表示薄壁卷边 Z 型钢截面高度为 120 mm，宽度为 60 mm，卷边宽度为 20 mm，壁厚为 2 mm
16	T 型钢	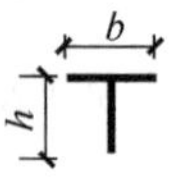	TW $h \times b$ TM $h \times b$ TN $h \times b$	热轧 T 型钢：TW 为宽翼缘，TM 为中翼缘，TN 为窄翼缘。 如：TW200×400 表示截面高度为 200 mm，宽度为 400 mm 的宽翼缘 T 型钢
17	热轧 H 型钢	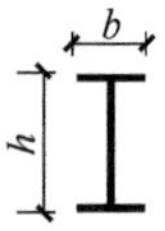	HW $h \times b$ HM $h \times b$ HN $h \times b$	热轧 H 型钢：HW 为宽翼缘，HM 为中翼缘，HN 为窄翼缘。 如：HM400×300 表示截面高度为 400 mm，宽度为 300 mm 的中翼缘 H 型钢
18	焊接 H 型钢	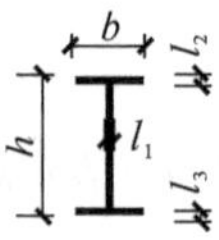	H $h \times b \times t_1 \times t_2$	焊接 H 型钢如：H200×100×3.5×4.5 表示截面高度为 200 mm，宽度为 100 mm，腹板厚度为 3.5 mm，翼缘厚度为 4.5 mm 的焊接 H 型钢
19	起重机钢轨		QU××	××为起重机轨道型号
20	轻轨及钢轨		××kg/m钢轨	××为轻轨或钢轨型号

2. 螺栓、孔、铆钉的表示方法

常用螺栓、孔、铆钉的表示方法应符合表 4-1-4 中的规定。

表 4-1-4　螺栓、孔、铆钉的表示方法

序号	名称	图例	说明
1	永久螺栓	M ϕ	1. 细＋线表示定位线 2. M 表示螺栓型号 3. ϕ 表示螺栓孔直径 4. d 表示膨胀螺栓、电焊铆钉直径 5. 采用引出线标注螺栓时，横线上标注螺栓规格，横线下标注螺栓孔直径
2	高强螺栓	M ϕ	
3	安装螺栓	M ϕ	
4	胀锚螺栓	d	
5	圆形螺栓孔	孔$\phi\times\times$	
6	长圆形螺栓孔	$\phi\times b$ ϕ b	
7	电焊铆钉	d	

3. 压型钢板的表示方法

压型钢板用 YX H-S-B 表示，其中：

YX——分别为压、型的汉语拼音首字母；

H——压型钢板波高；

S——压型钢板的波距；

B——压型钢板的有效覆盖宽度。

t——压型钢板截面形状，如图 4-1-20 所示。

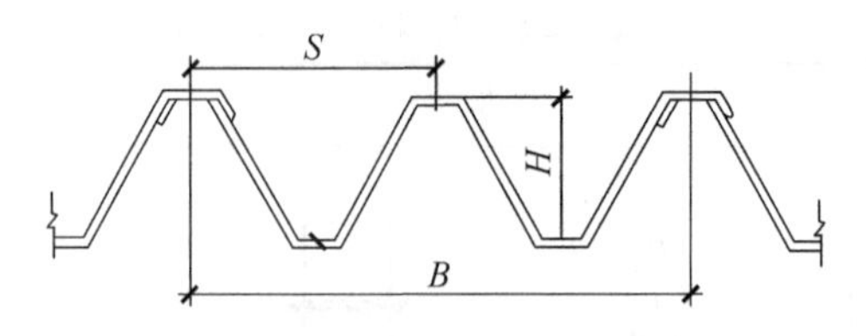

图 4-1-20 压型钢板截面形状图

例如：YX 130-300-600 表示压型钢板的波高为 130 mm，波距为 300 mm；有效的覆盖宽度为 600 mm，如图 4-1-21 所示。压型钢板的厚度通常是在说明材料性能时一并说明。

又如：YX 173-300-300，表示压型钢板的波高为 173 mm，波距为 300 mm；有效的覆盖宽度为 300 mm，如图 4-1-22 所示。

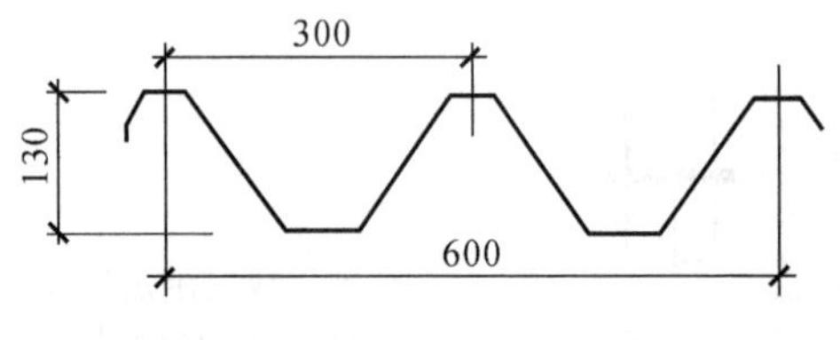

图 4-1-21 双波压型钢板截面

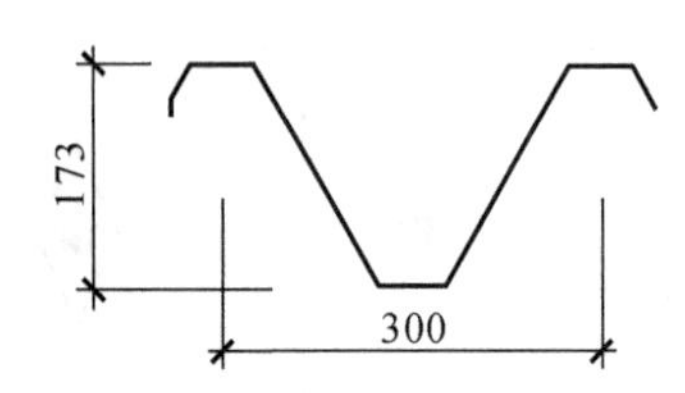

图 4-1-22 单波压型钢板截面

四、焊缝及其表示方法

1. 焊缝符号的表示

焊缝符号表示的方法及有关规定具体如下。

(1) 焊缝的引出线是由箭头和两条基准线组成，其中一条为实线，另一条为虚线。线型均为细线，如图 4-1-23 所示。

【二维码 4.6：5G 和机器人整合，加快钢结构焊接等生产效率】

【二维码 4.7：焊缝样式】

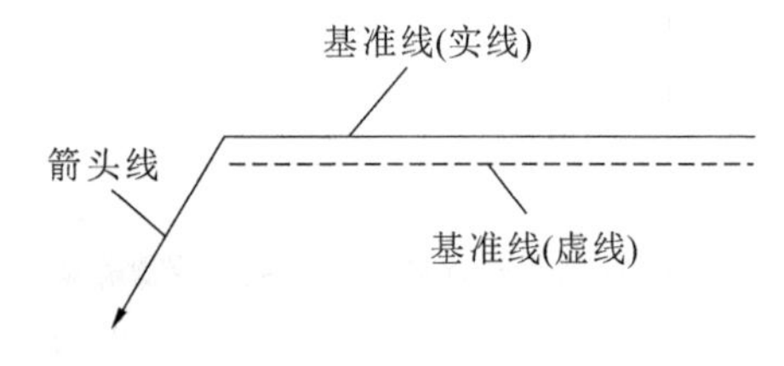

图 4-1-23 焊缝的引出线

(2) 基准线的虚线可以画在基准线实线的上侧，也可画在下侧，基准线一般应与图样的标题栏平行，仅在特殊条件下才与标题栏垂直。

(3) 若焊缝处在接头的箭头侧，则基本符号标注在基准线的实线侧；若焊缝处在接头的非箭头侧，则基本符号标注在基准线的虚线侧，如图 4-1-24 所示。

(4) 当为双面对称焊缝时，基准线可不加虚线，如图 4-1-25 所示。

(5) 箭头线相对焊缝的位置一般无特殊要求，但在标注单边形焊缝时箭头线要指向带有坡口一侧的工件，如图 4-1-26 所示。

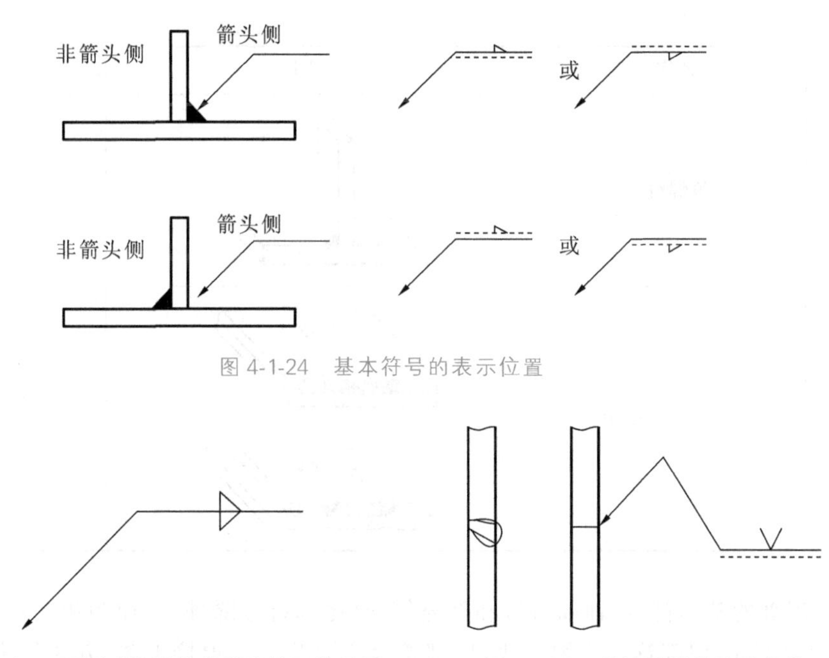

图 4-1-24 基本符号的表示位置

图 4-1-25 双面对称焊缝的引出线及符号图　　图 4-1-26 单边形焊缝的引出线

(6) 基本符号、补充符号与基准线相交或相切，与基准线重合的线段，用粗实线表示。焊缝基本符号见表 4-1-5。

表 4-1-5 焊缝基本符号

序号	名称	示意图	符号
1	卷边焊缝		
2	I 形焊缝		
3	V 形焊缝		
4	单边 V 形焊缝		
5	带钝边 V 形焊缝		
6	带钝边单边 V 形焊缝		

续表

序号	名称	示意图	符号
7	角焊缝	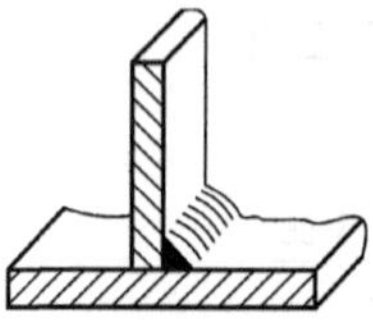	 ◺
8	塞焊缝或槽焊缝	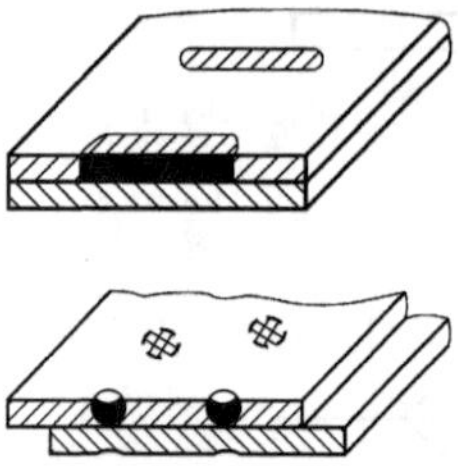	⊓

(7) 焊缝的基本符号、辅助符号和补充符号(尾部符号除外)一律为粗实线,尺寸数字原则上亦为粗实线,尾部符号为细实线,尾部符号主要是标注焊接工艺、方法等内容。焊缝辅助符号见表 4-1-6。焊缝补充符号见表 4-1-7。

表 4-1-6 焊缝辅助符号

序号	名称	示意图	符号	说明
1	平面符号		—	焊缝表面齐平 (一般通过加工)
2	凹面符号	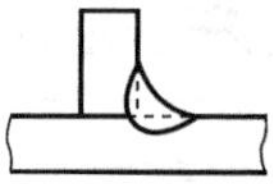	◡	焊缝表面凹陷
3	凸面符号	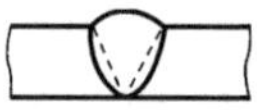	⌒	焊缝表面凸起

注:不需要确切说明焊缝表面形状时,可以不用辅助符号。

表 4-1-7 焊缝补充符号

序号	名称	示意图	符号	说明
1	带垫板	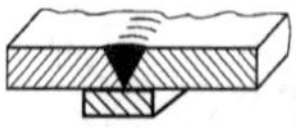	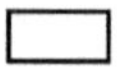 ▭	焊缝底部有垫板
2	三面围焊	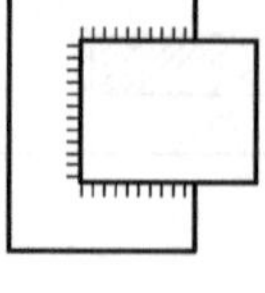	⊏	表示三面有焊缝

续表

序号	名称	示意图	符号	说明
3	周围焊			环绕工件周围焊缝
4	现场焊			表示工地现场进行焊接
5	典型焊缝（余同）			表示类似部位采用相同的焊缝

尾注：是对焊缝的要求进行备注，一般说明质量等级、适用范围、剖口工艺的具体编号等，见表 4-1-8。

表 4-1-8　尾注

一级焊缝　100%探伤	质量要求
余同　TYP.	适用范围
⑫	剖口、焊接形式的编号

(8) 在同一图形上，当焊缝形式、断面尺寸和辅助要求均相同时，可只选择一处标注焊缝的符号和尺寸，并加注“相同焊缝的符号”，相同焊缝符号为 3/4 圆弧，画在引出线的转折处，如图 4-1-27(a)所示。

在同一图形上，有数种相同焊缝时，可将焊缝分类编号，标注在尾部符号内，分类编号采用 A、B、C……在同一类焊缝中可选择一处标注代号，如图 4-1-27(b)所示。

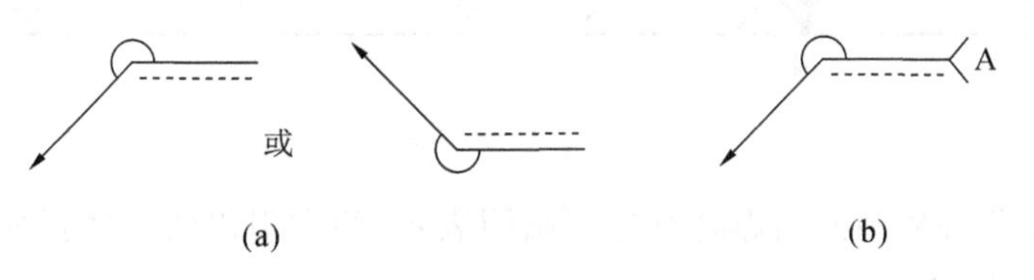

图 4-1-27　相同焊缝的引出线及符号

(9) 熔透角焊缝的符号应按图 4-1-28 所示方式标注。熔透角焊缝的符号为涂黑的圆圈，画在引出线的转折处。

(10) 图形中较长的角焊缝(如焊接实腹钢梁的翼缘焊缝)，可不用引出线标注，而直接在角焊缝旁标注焊缝尺寸值 K，如 4-1-29 所示。

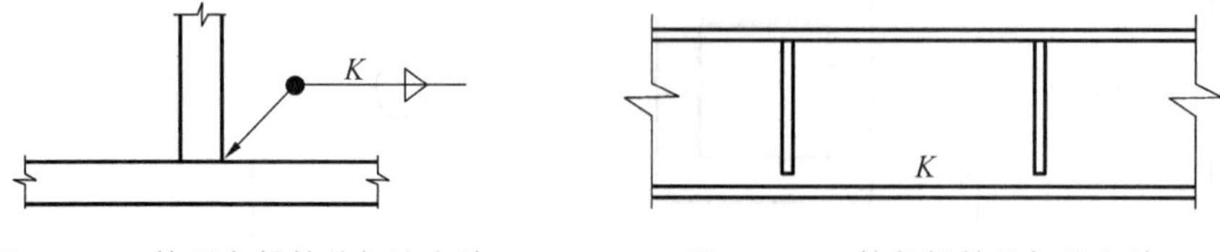

图 4-1-28 熔透角焊缝的标注方法　　图 4-1-29 较长焊缝的标注方法

(11) 在连接长度内仅局部区段有焊缝时，按图 4-1-30 所示方式标注。K 为角焊缝焊脚尺寸。

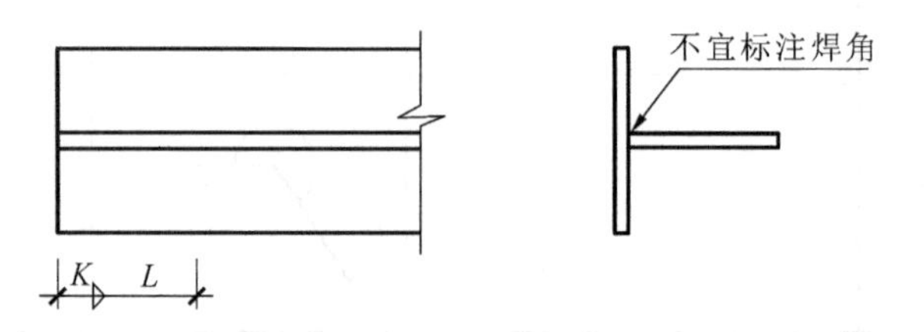

图 4-1-30 局部焊缝的标注方法

(12) 当焊缝分布不规则时，在标注焊缝符号的同时，在焊缝处加中实线表示可见焊缝，或加栅线表示不可见焊缝，标注方法如图 4-1-31 所示。

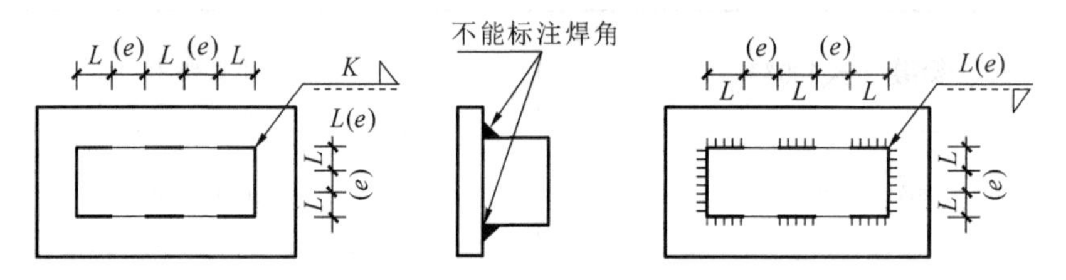

图 4-1-31 不规则焊缝的标注方法

(13) 相互焊接的两个焊件，当为单面带双边不对称坡口焊缝时，引出线箭头指向较大坡口的焊件，如图 4-1-32 所示。

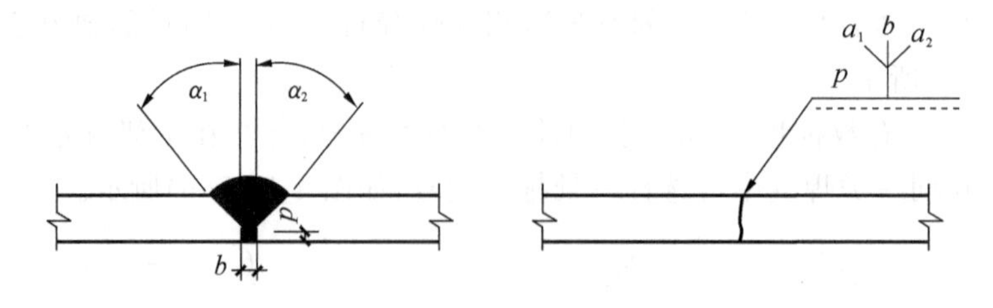

图 4-1-32 单面不对称坡口焊缝的标注方法

(14) 环绕工作件周围的围焊缝符号用圆圈表示，画在引出线的转折处，并标注其焊角尺寸 K，如图 4-1-33 所示。

(15) 三个或三个以上的焊件相互焊接时，其焊缝不能作为双面焊缝标注，焊缝符号和尺寸应分别标注，如图 4-1-34 所示。

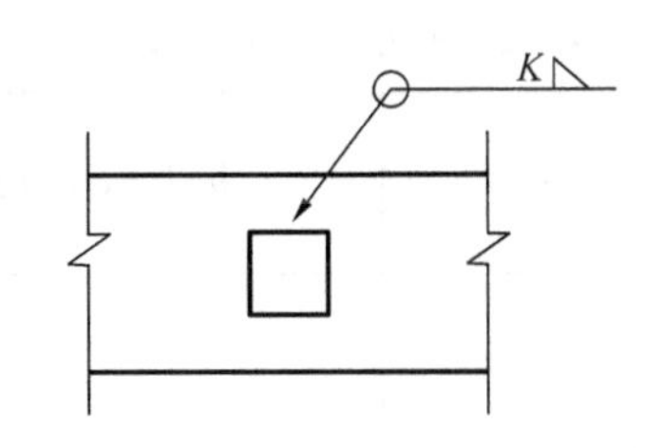

图 4-1-33 围焊缝符号的标注方法

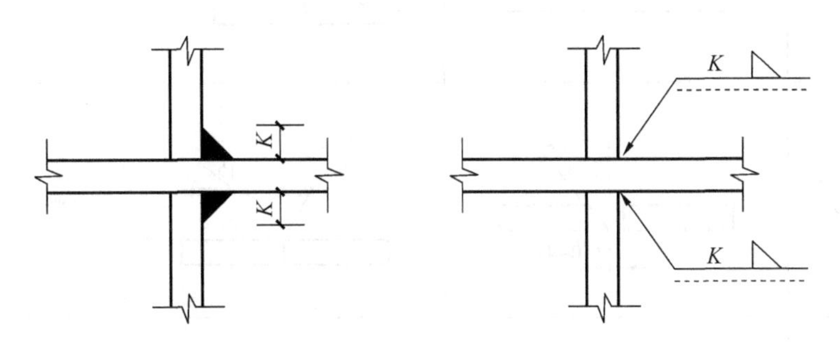

图 4-1-34 三个以上焊件的焊缝标注方法

(16) 在施工现场进行焊接的焊件其焊缝需标注“现场焊缝”符号。现场焊缝符号为涂黑的三角形旗号，绘在引出线的转折处，如图 4-1-35 所示。

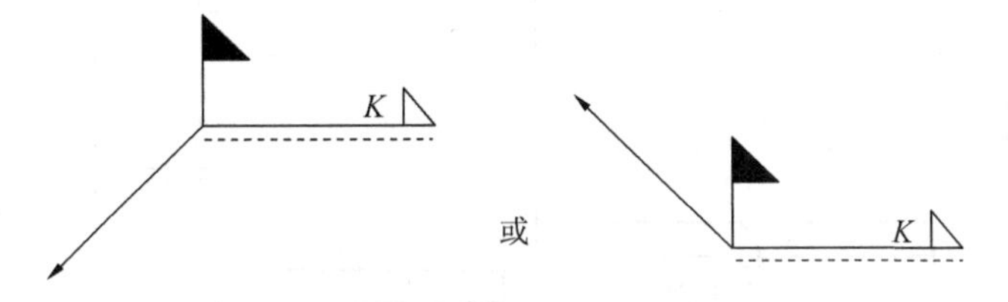

图 4-1-35 现场焊缝的表示方法

(17) 相互焊接的两个焊件中，当只有一个焊件带坡口时(如单面 V 形)，引出线箭头应指向带坡口的焊件，如图 4-1-36 所示。

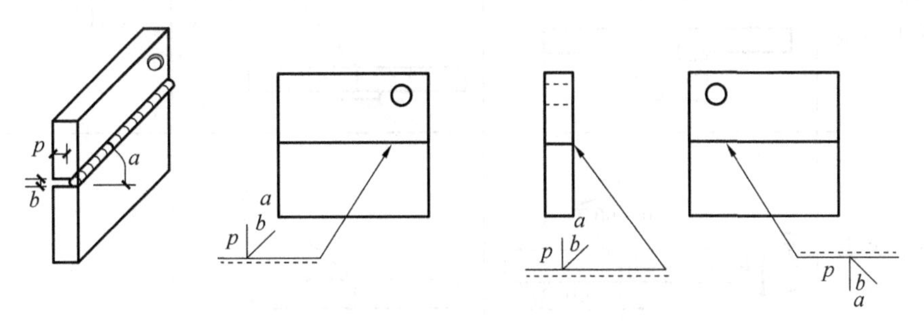

图 4-1-36 一个焊件带坡口的焊缝标注方法

2. 常用焊缝的标注方法

常用焊缝的标注方法见表 4-1-9。

表 4-1-9 常用焊缝的标注方法

序号	焊缝名称	形式	标准标注方法	习惯标注方法（或说明）
1	I型焊缝	b	b	b 焊件间隙（施工图中可不标注）
2	单边 V 形焊缝	35°~50° b(0~4)	β b	β施工图中可不标注
3	带钝边单边V形焊缝	b 35°~50° b(0~3)	P β b	P 的高度称钝边，施工图中可不标注
4	带垫板V形焊缝	α 45°~55° b(0~3)	α b	α 施工图中可不标注
5	带垫板V形焊缝	β β b(6~15) (5°~15°) 10 10	2β b	焊件较厚时
6	Y 形焊缝	α 40°~60° P(1-4) b(0~3)	P α b	
7	带垫板Y形焊缝	α 40°~60° P(1-4) b(0~3)	P α b	

续表

序号	焊缝名称	形式	标准标注方法	习惯标注方法（或说明）
8	双单边 V形焊缝	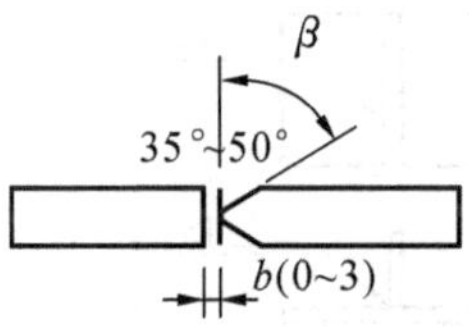 β 35°~50° b(0~3)	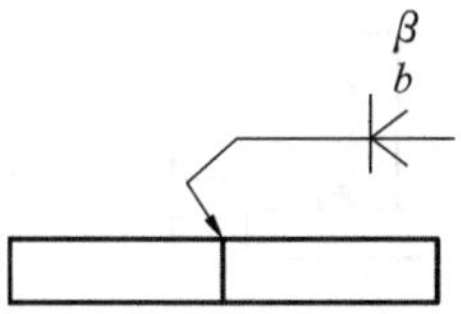 β b	
9	双V形焊缝	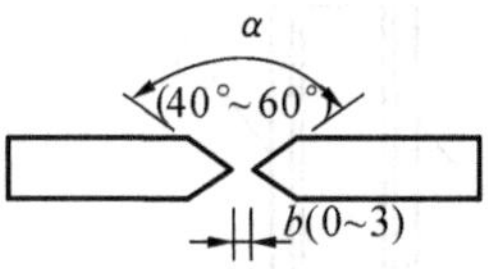 α (40°~60°) b(0~3)	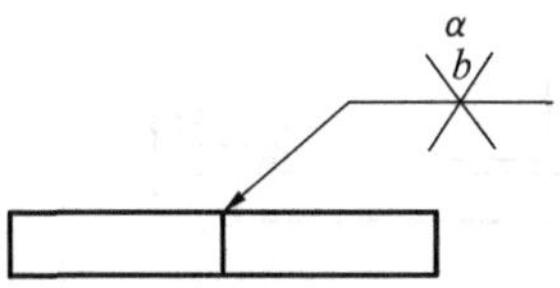 α b	
10	T形接头双面焊缝	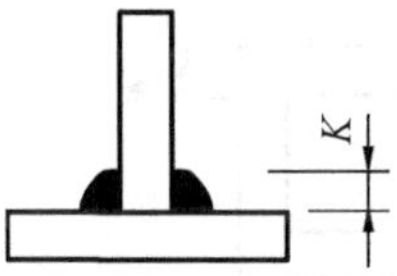 K	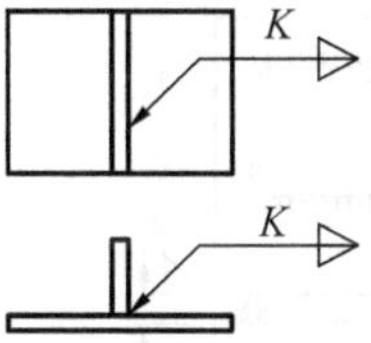 K K	
11	T形接头带钝边双单边V形焊缝（不焊透）	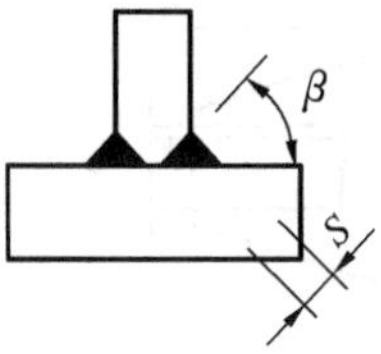 β S	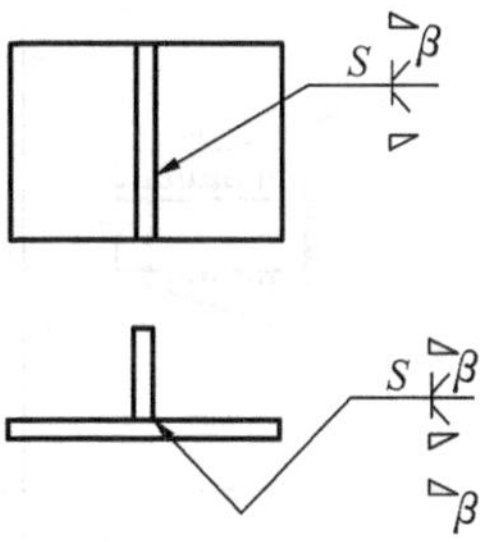 S β S β β	
12	T形接头带钝边双单边V形焊缝（焊透）	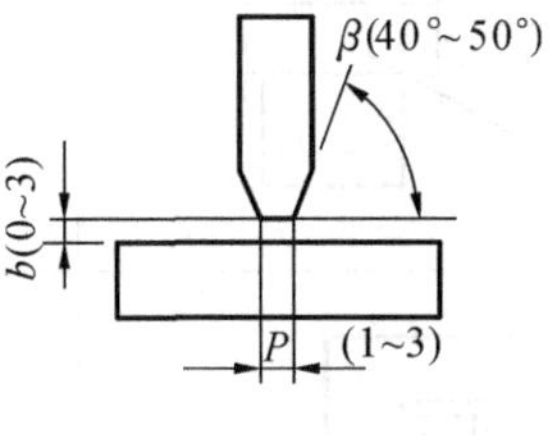 β(40°~50°) b(0~3) P (1~3)	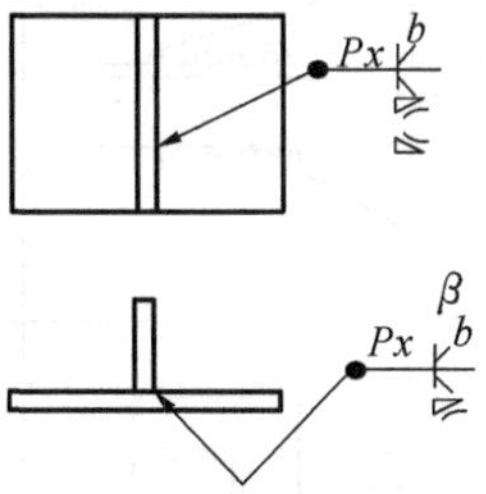 Px b β Px b	
13	双面角焊缝	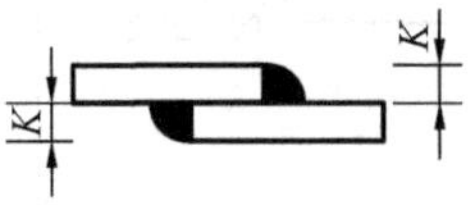 K K	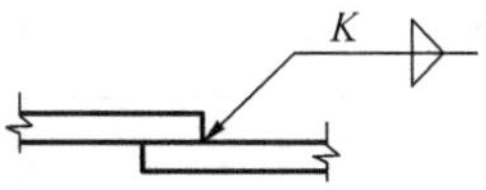 K	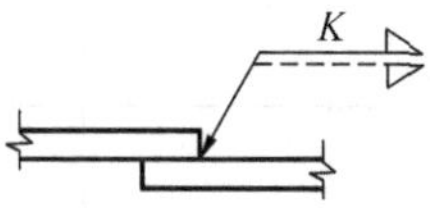 K
14	双面角焊缝	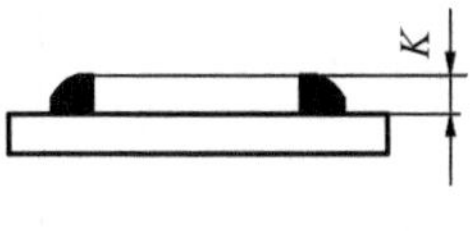 K	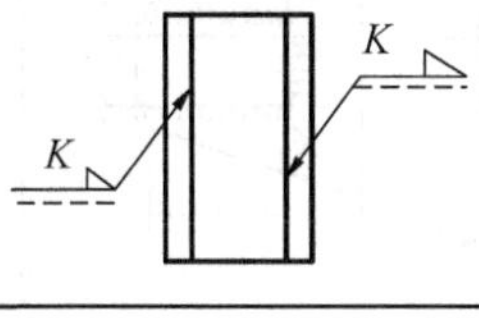 K K	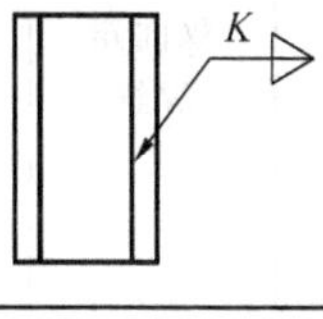 K

续表

序号	焊缝名称	形式	标准标注方法	习惯标注方法（或说明）
15	T形接头角焊缝			
16	双面角焊缝			
17	周围角焊缝			
18	三面围角焊缝			
19	L形围角焊缝			
20	双面L形围角焊缝			
21	双面角焊缝			

续表

序号	焊缝名称	形式	标准标注方法	习惯标注方法（或说明）
22	双面角焊缝	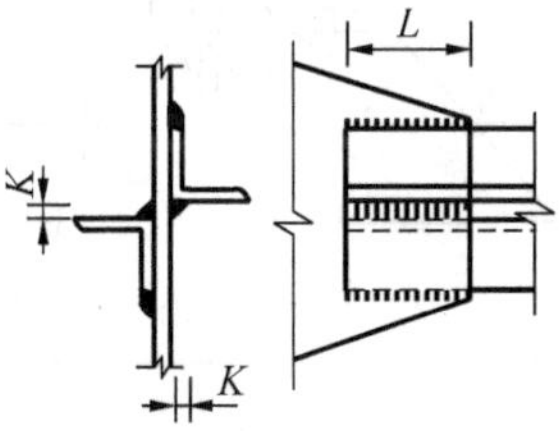 L K K		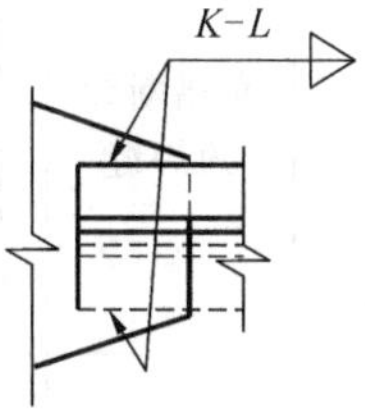 K-L
23	槽焊缝	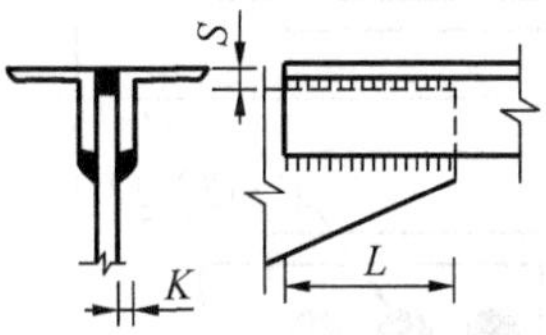 S K L	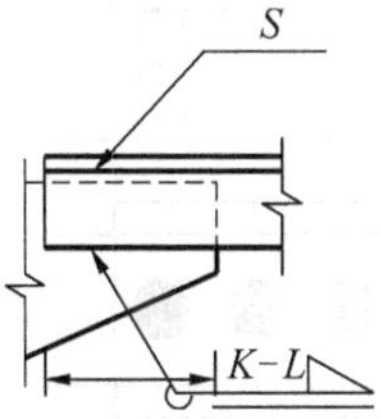 S K-L	
24	喇叭形焊缝	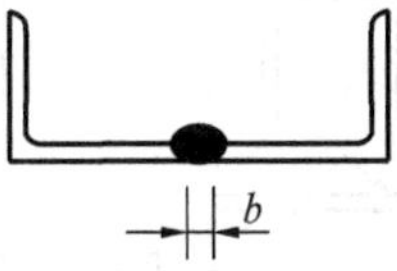 b	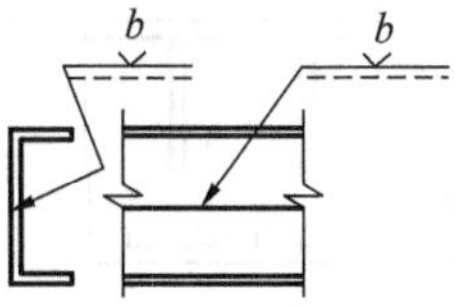 b b	
25	双面喇叭形焊缝	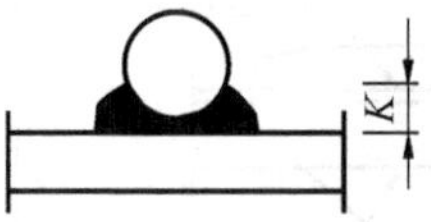 K	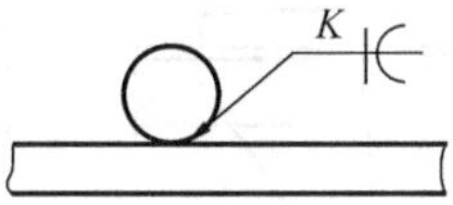 K	
26	不对称Y形焊缝	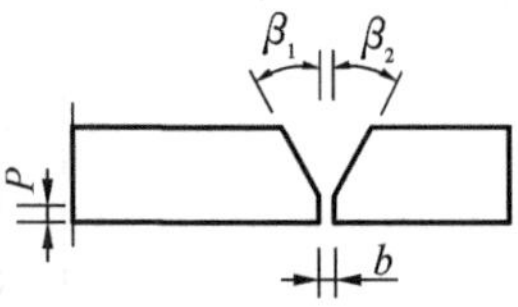 β_1 β_2 P b	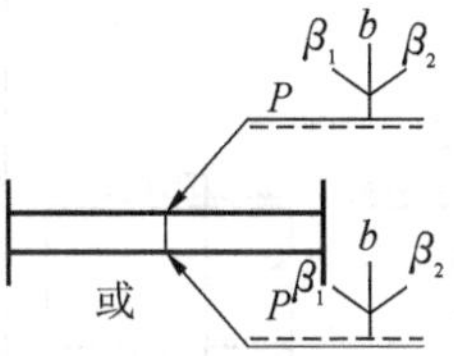 β_1 b β_2 P 或 P β_1 b β_2	
27	断续角焊缝	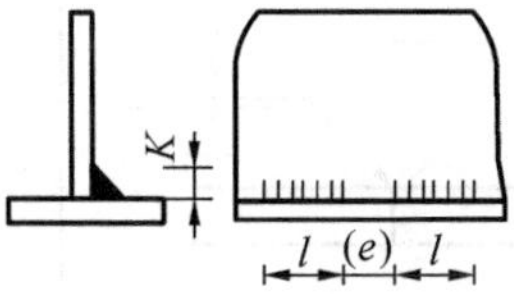 K l (e) l	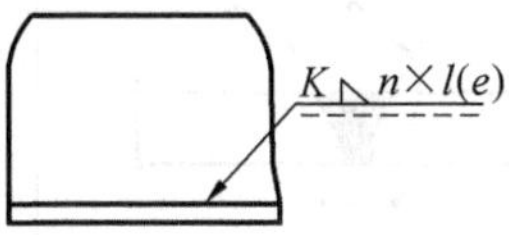 K $n\times l(e)$	

续表

序号	焊缝名称	形式	标准标注方法	习惯标注方法（或说明）
28	交错断续角焊缝	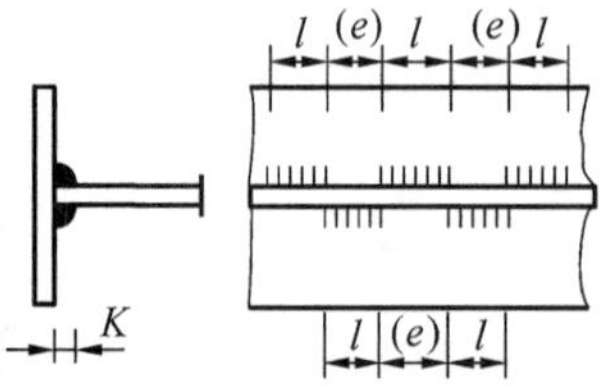	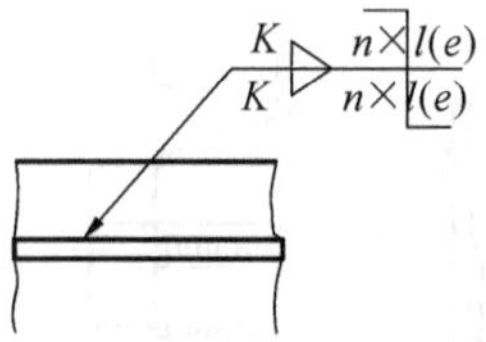	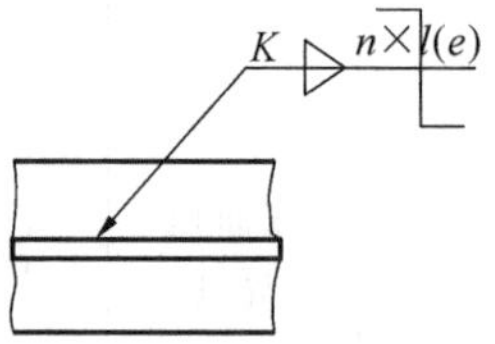
29	塞焊缝	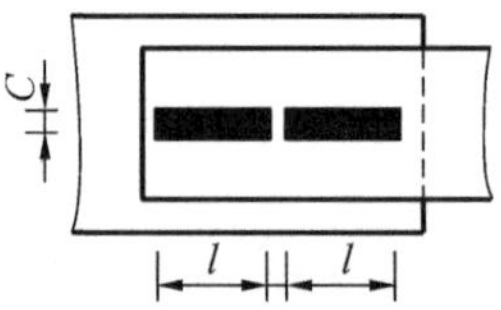	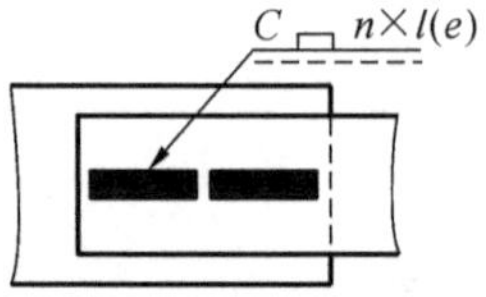	
30	塞焊缝	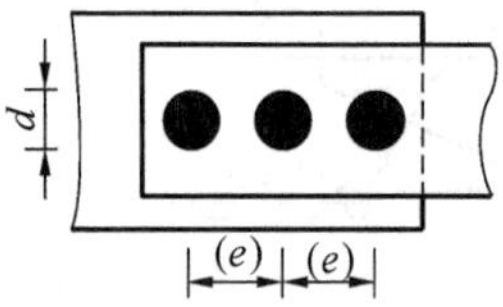	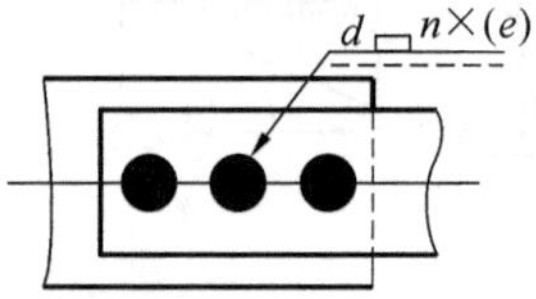	
31	较长双面角焊缝	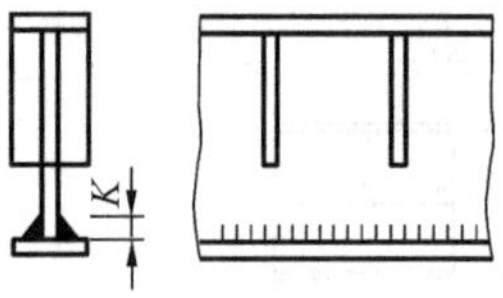	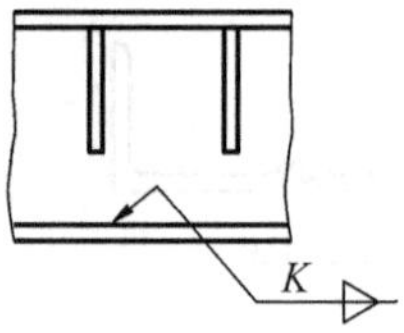	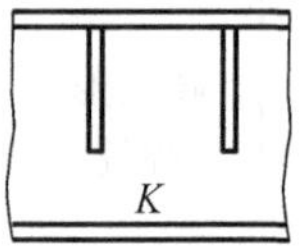
32	单面角焊缝	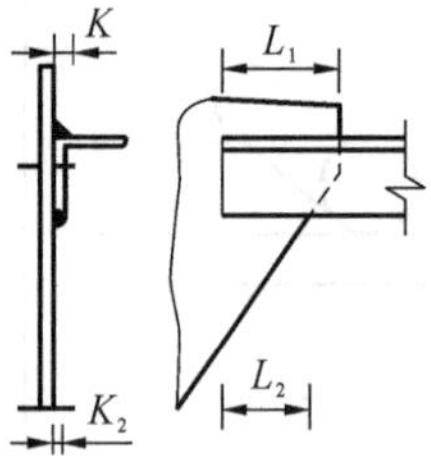	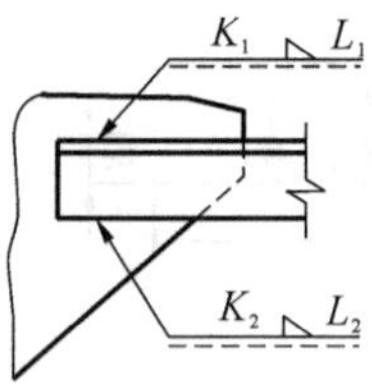	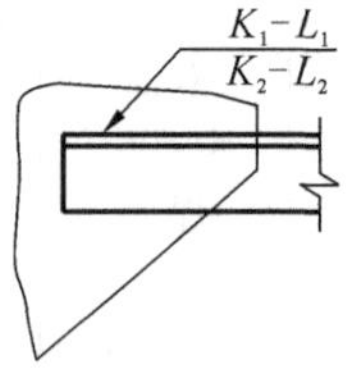
33	双面角焊缝	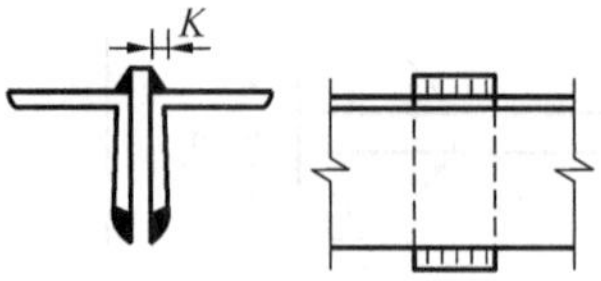		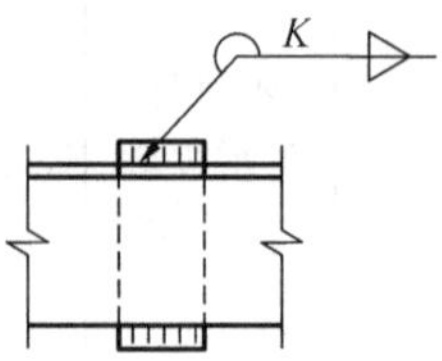
34	平面封底V形焊缝	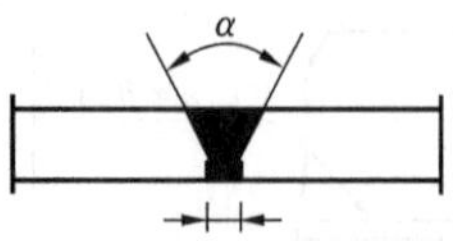	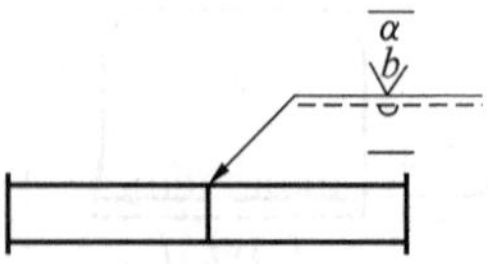	

在实际应用中基准线中的虚线经常被省略。

4.1.3　任务练习

请对照规范识读案例中各图例。

任务2　钢结构节点详图

4.2.1　任务目标

(1) 理解各种节点详图的构造形式。
(2) 能够拆分节点详图。
(3) 培养精益求精的专业素养。

4.2.2　任务实施

【二维码4.8:钢结构节点详图样例】

钢结构是由若干构件连接而成,又是由若干型钢或零件连接而成。钢结构的连接有焊缝连接、铆钉连接、普通螺栓连接和高强度螺栓连接,连接部位统称为节点。连接设计是否合理,直接影响到结构的使用安全、施工工艺和工程造价,所以钢结构节点设计同构件或结构本身的设计一样重要。钢结构节点设计的原则是安全可靠、构造简单、施工方便和经济合理。

在识读节点施工详图时,先看图下方的连接详图名称,然后再看节点立面图、平面图和侧面图,此三图表示出节点部位的轮廓,对一些构造相对简单的节点,根据简单明了的原则,可以只有立面图。特别要注意连接件(螺栓、铆钉和焊缝)和辅助件(拼接板、节点板、垫块等)的型号、尺寸和位置的标注,螺栓(或铆钉)在节点详图上要了解其个数、类型、大小和排列;焊缝要了解其类型、尺寸和位置;拼接板要了解其尺寸和放置位置。节点详图的读解显得相当重要,而且也较难理解,这一部分能看懂后,可以说对钢结构施工图的识读也就基本上掌握了,因为钢结构的结构布置和构件表示与混凝土结构的相似。

一、柱拼接连接详图

柱的拼接有多种形式,以连接方法分为螺栓和焊缝拼接,以构件截面分为等截面拼接和变截面拼接,以构件位置分为中心和偏心拼接。图4-2-1为柱拼接连接详图。

在此详图中,可知此钢柱为等截面拼接,HW452×417表示立柱构件为热轧宽翼缘H型钢,高为452 mm,宽为417 mm,截面特性可查《热轧H型钢和部分T型钢》(GB/T 11263—2010)中的型钢表;采用螺栓连接,18M20表示腹板上排列18个直径为20 mm的螺栓,24M20表示每块翼板上排列24个直径为20 mm的螺栓,由螺栓的图例,可知为高强度螺栓,从立面图可知腹板上螺栓的排列,从立面图和平面图可知翼缘上螺栓的排列,栓距为

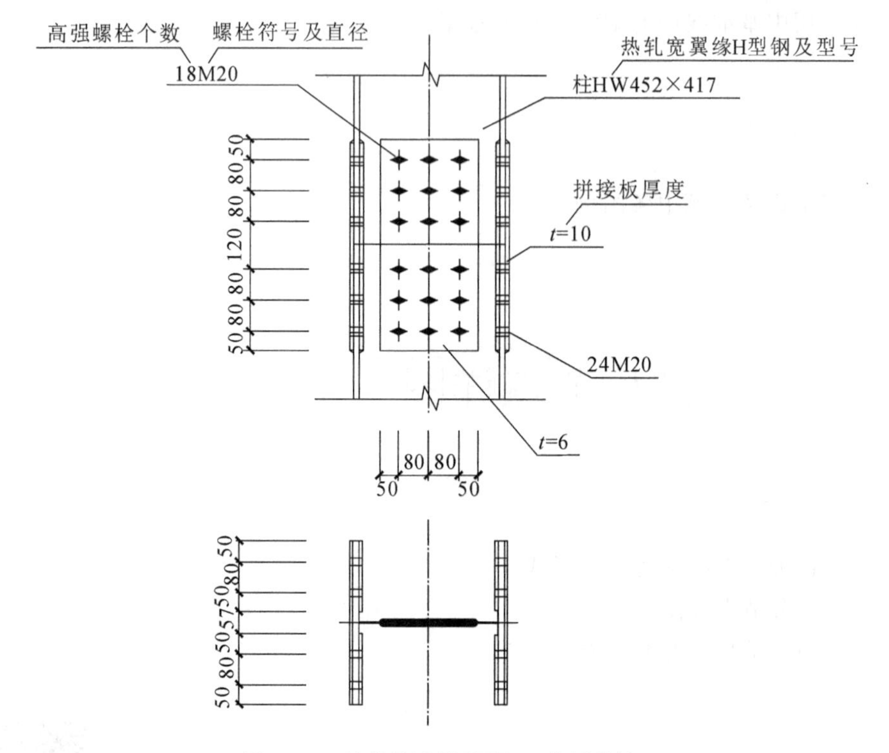

图 4-2-1 柱拼接连接详图(双盖板拼接)

80 mm,边距为 50 mm;拼接板均采用双盖板连接,腹板上盖板长为 540 mm,宽为 260 mm,厚为 6 mm,翼缘上外盖板长为 540 mm,宽与柱翼宽相同,为 417 mm,厚为 10 mm,内盖板宽为 180 mm。作为钢柱构件,在节点连接处要能传递弯矩、扭矩、剪力和轴力,柱的连接必须为刚性连接。

图 4-2-2 为变截面柱偏心拼接连接详图。在此详图中,可知此柱上段为 HW400×300 热轧宽翼缘 H 型钢,截面高、宽分别为 400 mm 和 300 mm,下段为 HW450×300 热轧宽翼缘 H 型钢,截面高、宽分别为 400 mm 和 300 mm,柱的左翼缘对齐,右翼缘错开,过渡段长 200 mm,使腹板高度达 1∶4 的斜度变化,过渡段翼缘宽度与上、下段相同,此构造可减轻截面突变造成的应力集中,过渡段翼缘厚为 26 mm,腹板厚为 14 mm;采用对接焊缝连接,从焊缝标注可知为带坡口的对接焊缝,焊缝标注无数字时,表示焊缝按构造要求开口。

二、梁拼接连接详图

梁的拼接形式与柱类同。

图 4-2-3 为梁拼接连接详图。在此详图中,可知此钢梁为等截面拼接,HN500×200 表示梁为热轧窄翼缘 H 型钢,截面高、宽分别为 500 mm 和 200 mm,采用螺栓和焊缝混合连接,其中梁翼缘为对接焊缝连接,小三角旗表示焊缝为现场施焊,从焊缝标注可知为带坡口有垫块的对接焊缝,焊缝标注无数字时,表示焊缝按构造要求开口,从螺栓图例可知为高强度螺栓,个数有 10 个,直径为 20 mm,栓距为 80 mm,边距为 50 mm;腹板上拼接板为双盖板,长为 420 mm,宽为 250 mm,厚为 6 mm,此连接可使梁在节点处能传递弯矩,为刚性连接。

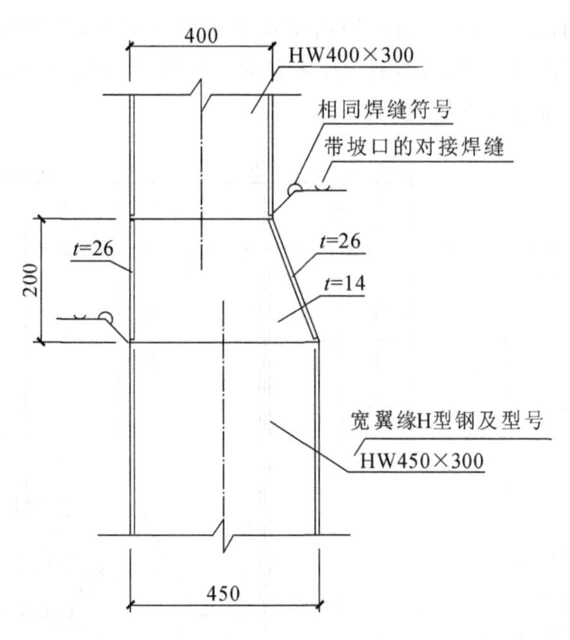

图 4-2-2 变截面柱偏心拼接连接详图

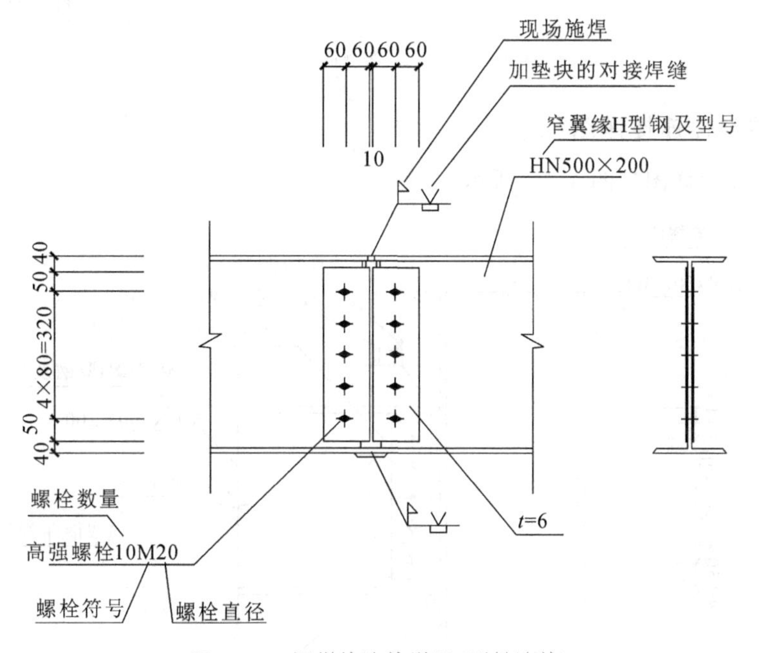

图 4-2-3 梁拼接连接详图(刚性连接)

三、主次梁侧向连接详图

图 4-2-4 为主次梁侧向连接详图。在此详图中，主梁为 HN600×300，表示为热轧窄翼缘 H 型钢，截面高、宽分别为 600 mm 和 300 mm，截面特性可查《热轧 H 型钢和部分 T 型钢》(GB/T 11263—2010)中的型钢表，次梁为 I36a，表示为热轧普通工字钢，截面特性可查《热轧型钢》(GB/T 706—2016)中的型钢表，截面类型为 a 类，截面高为 360 mm；次梁腹板与主梁设置的加劲肋采用螺栓连接，从螺栓图例可知为普通螺栓连接，每侧有 3 个，直径

20 mm，栓距为 80 mm，边距为 60 mm，加劲肋宽于主梁的翼缘，对次梁而言，相当于设置了隅撑；加劲肋与主梁翼、腹板采用焊缝连接，从焊缝标注可知焊缝为三面围焊的双面角焊缝；此连接不能传递弯矩，即为铰支连接。

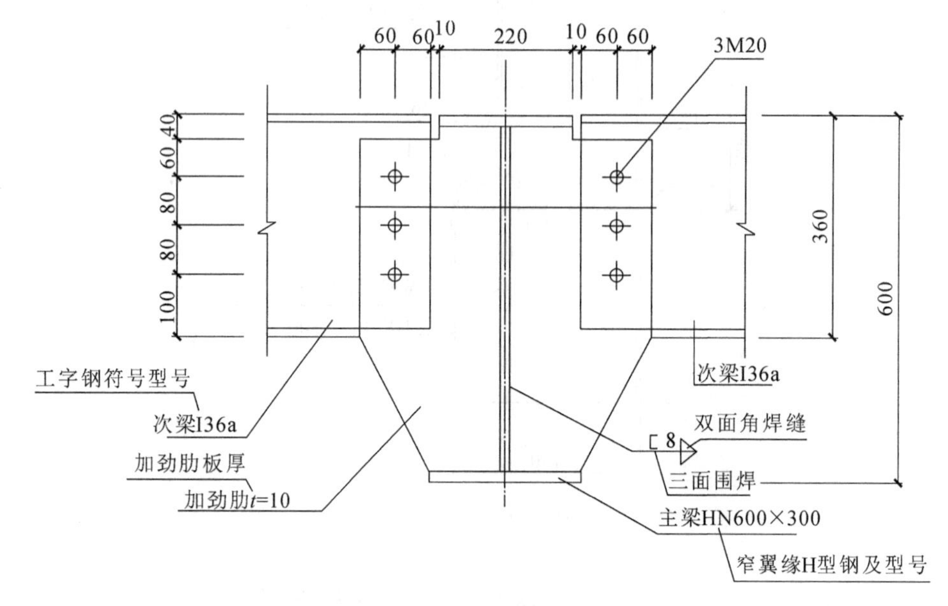

图 4-2-4　主次梁侧向连接详图

四、梁柱刚性连接详图

梁柱刚性连接详图如图 4-2-5 所示。

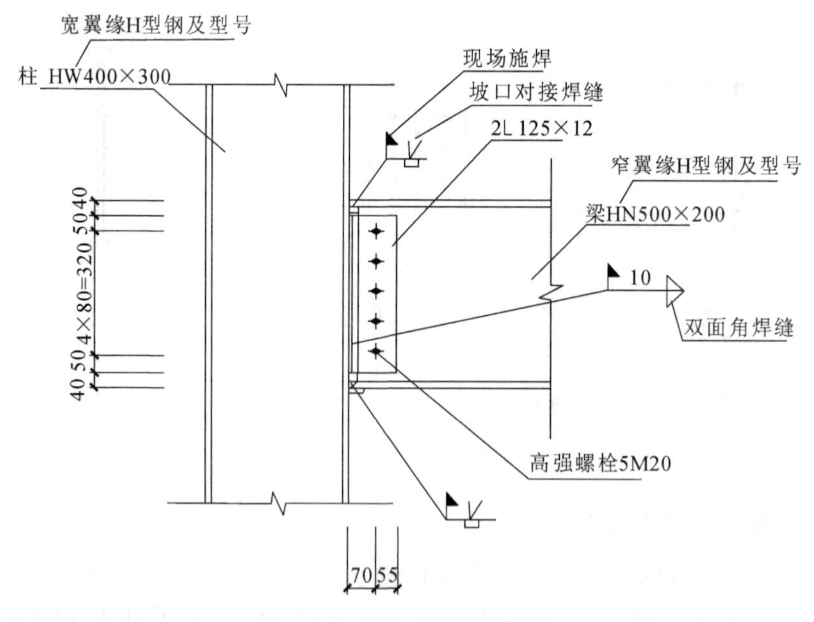

图 4-2-5　梁柱刚性连接详图

五、屋架支座详图

梁屋架支座有梯形支座和三角形支座之分。

1.梯形屋架支座节点详图

图 4-2-6 为一梯形屋架支座节点详图。在此详图中，将屋架上、下弦杆和斜腹杆与边柱用螺栓连接，边柱为 HW400×300，表示柱为热轧宽翼缘 H 型钢，截面高、翼缘宽分别为 400 mm和 300 mm。在与屋架上、下弦节点处，柱腹板成对设置构造加劲肋，长与柱腹板相等，宽为 100 mm，厚为 12 mm。

在上节点，上弦杆由两不等边角钢 2L 110×70×8 组成，通过长为 220 mm、宽为 240 mm和厚为 14 mm 的节点板与柱连接，上弦杆与节点板用两条侧面角焊缝连接，焊脚为 8 mm，焊缝长度为 150 mm，节点板与长为 220 mm、宽为 180 mm 和厚为 20 mm 的端板用双面角焊缝连接，焊脚 8 mm，焊缝长度为满焊，端板与柱翼缘用 4 个直径 20 mm 的普通螺栓连接。

在下节点，腹杆由两不等边角钢 2 L 90×56×8 组成，与长为 3.60 mm、宽为 240 mm 和厚为 14 mm 的节点板用两条侧面角焊缝连接，焊脚为 8 mm，焊缝长度 180 mm；下弦杆采用两等边角钢 2 L 100×8 组成，与节点板用侧角焊缝连接，焊脚为 8 mm，焊缝长度为160 mm；节点板与长为 360 mm、宽为 240 mm 和厚为 20 mm 的端板用双面角焊缝连接，焊脚为 8 mm，焊缝长度为满焊，端板与柱翼缘用 8 个直径 20 mm 的普通螺栓连接。柱底板长为 500 mm、宽为 400 mm、厚为 20 mm，通过 4 个直径 30 mm 的锚栓与基础连接；下节点端板刨平顶紧置于支托上，支托长为 220 mm、宽为 80 mm、厚为 30 mm，用焊脚 10 mm 的角焊缝三面围焊。

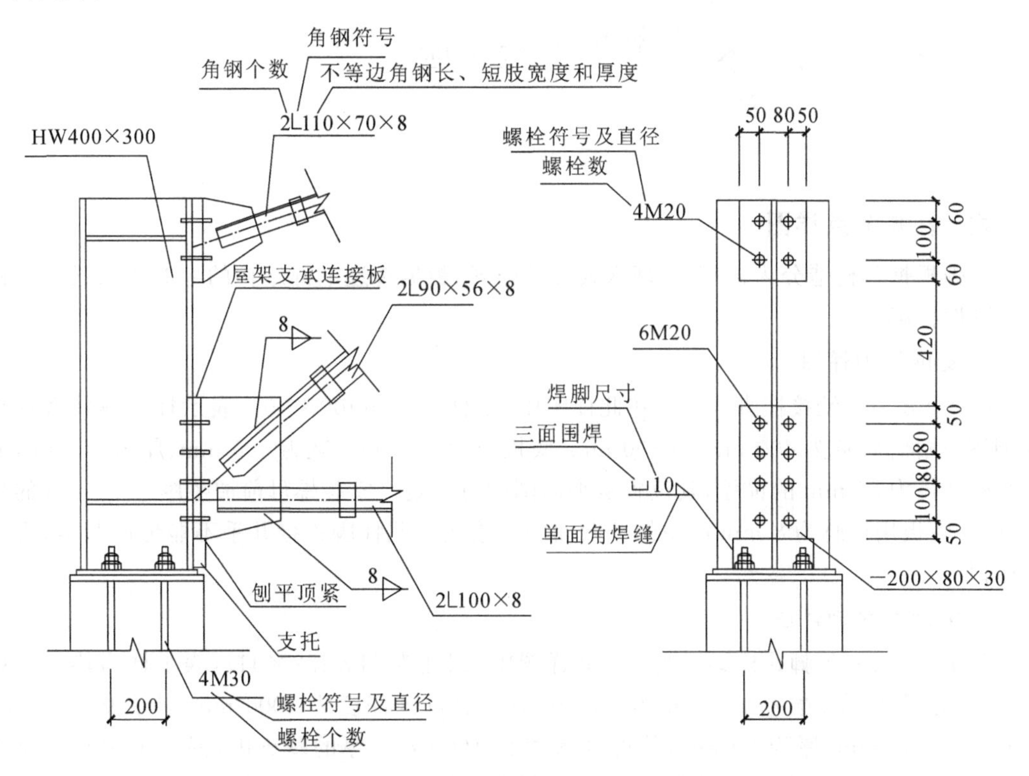

图 4-2-6　梯形屋架支座节点详图

2.三角形屋架支座节点详图

图 4-2-7 为一三角形屋架支座节点详图。在此详图中，上弦杆由两不等边角钢 2 L 125

×80×10 组成，下弦杆由两不等边角钢 2L110×70×10 组成，均与厚为 12 mm 的节点板用两条角焊缝连接，上弦杆肢背与节点板用塞焊连接，肢尖与节点板用角焊缝连接，焊脚为 10 mm，焊缝长度为满焊，下弦杆用两条角焊缝与节点板连接，焊脚为 10 mm，焊缝长度为 180 mm，节点板两侧设置加劲肋，底板长为 250 mm、宽为 250 mm、厚为 160 mm，锚栓安装后再加垫片用焊脚 8 mm 的角焊缝四面围焊。

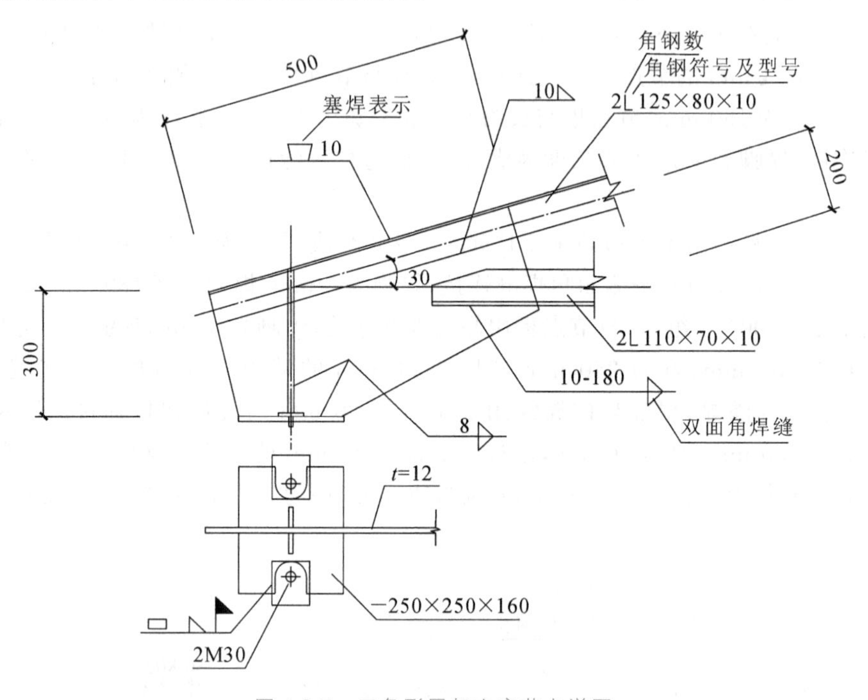

图 4-2-7 三角形屋架支座节点详图

六、柱脚节点详图

柱脚根据其构造分为包脚式、埋入式和外露式，根据传递上部结构的弯矩要求又分为铰支和刚性柱脚。

1. 铰接柱脚详图

图 4-2-8 为一铰接柱脚详图。在此详图中，钢柱为 HW400×300，表示柱为热轧宽翼缘 H 型钢，截面高、宽为 400 mm 和 300 mm，底板长为 500 mm、宽为 400 mm、厚为 26 mm，采用 2 根直径为 30 mm 的锚栓，其位置从平面图中可确定。安装螺母前加垫厚为 10 mm 的垫片，柱与底板用焊脚为 8 mm 的角焊缝四面围焊连接。此柱脚连接几乎不能传递弯矩，为铰接柱脚。

2. 包脚式柱脚详图

图 4-2-9 为一包脚式柱脚详图。在此详图中，钢柱为 HW452×417，表示柱为热轧宽翼缘 H 型钢，截面高、宽为 452 mm 和 417 mm；柱底进入深度为 1000 mm，柱底板长为 500 mm、宽为 450 mm、厚为 30 mm，锚栓埋入深为 1000 mm 厚的基础内，混凝土柱台截面为 917 mm×900 mm，设置四根直径 25 mm 的纵向主筋（二级）和四根直径 14 mm（二级）的纵向构造筋，箍筋（一级）间距为 100 mm，直径为 8 mm，在柱台顶部加密区间距为 50 mm，混凝土基础箍筋（二级）间距为 100 mm，直径为 8 mm。

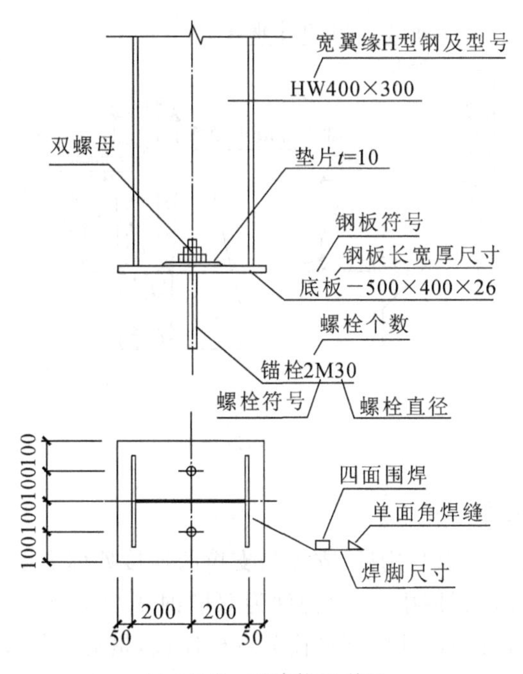

图 4-2-8 铰接柱脚详图

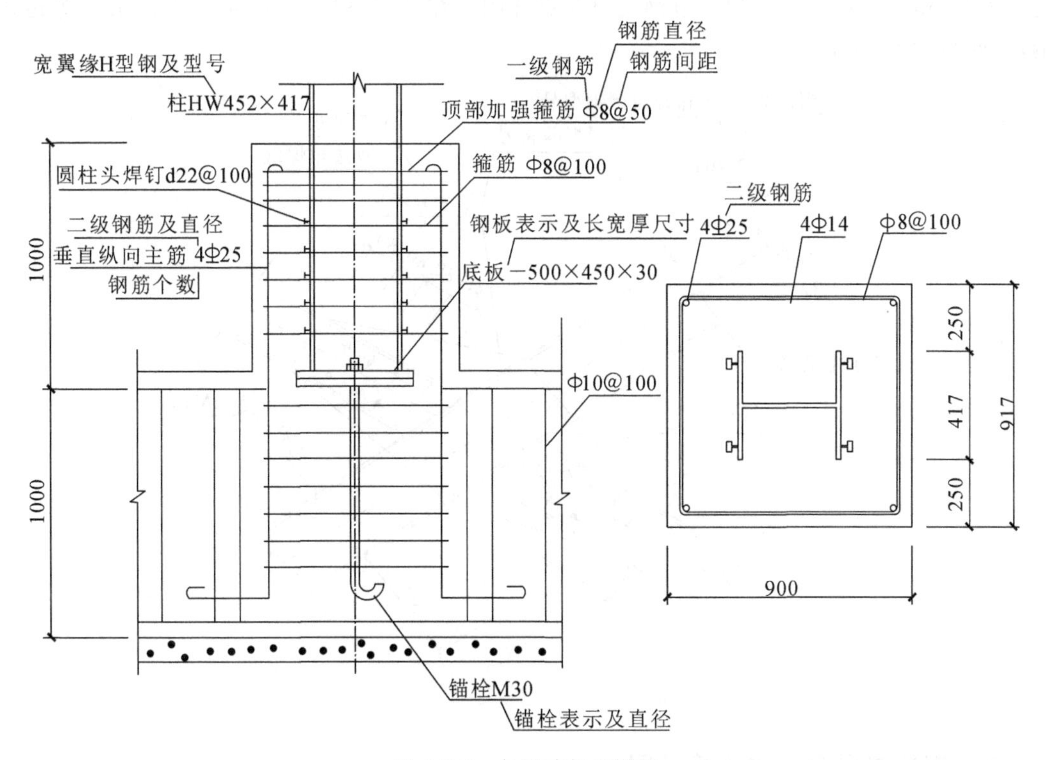

图 4-2-9 包脚式柱脚详图

3. 埋入式柱脚详图

埋入式柱脚详图如图 4-2-10 所示。

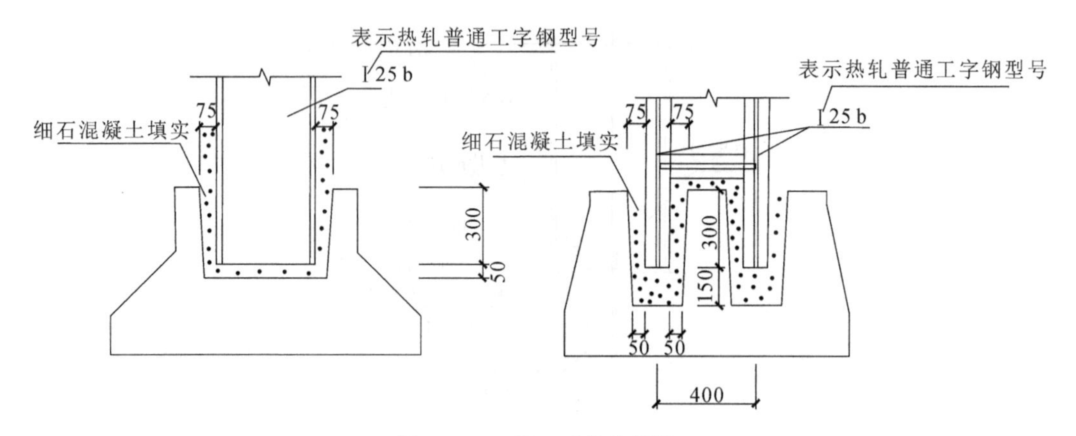

图 4-2-10 埋入式柱脚详图

七、支撑式柱脚详图

支撑多采用型钢制作，支撑与构件、支撑与支撑的连接处称支撑连接节点。图 4-2-11 为一槽钢支撑节点详图。在此详图中，支撑构件为双槽钢 2[20a，截面高为 200 mm，槽钢连接于厚 12 mm 的节点板上，可知构件槽钢夹住节点板连接，贯通槽钢用双面角焊缝连接，焊脚为 6 mm，焊缝长度为满焊；分断槽钢用普通螺栓连接，每边螺栓有 6 个，直径为 14 mm，螺栓间距为 80 mm。图 4-2-12 为一角钢支撑节点详图。在此详图中，支撑构件为两根不等边角钢，截面高为 80 mm。

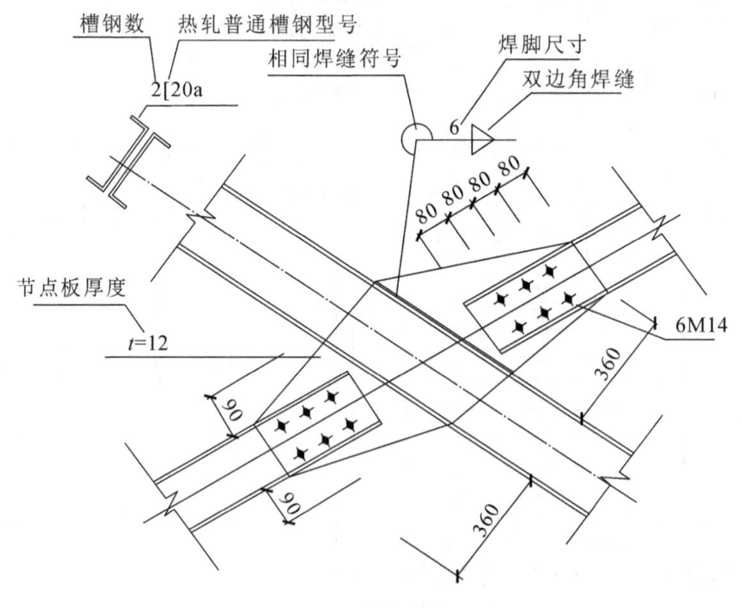

图 4-2-11 槽钢支撑节点详图

八、钢梁与混凝土的连接详图

钢构件常与其混凝土构件相连，以组成整体结构或组合构件。如钢柱与混凝土基础连接，钢梁与混凝土墙、柱连接，钢梁与混凝土板连接等。图 4-2-13 为一钢梁与混凝土墙的连接详图。在此详图中，钢梁为 HW400×300，表示梁为热轧宽翼缘 H 型钢，截面高、宽为

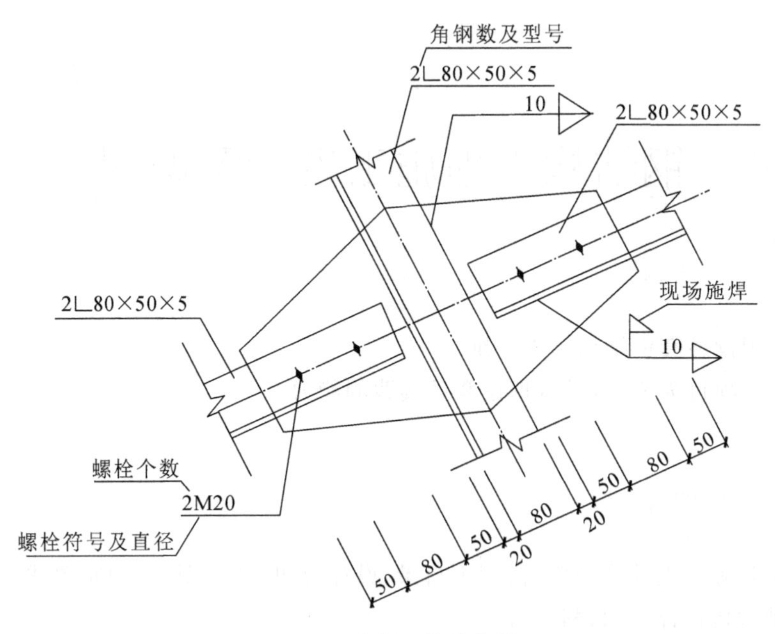

图 4-2-12　角钢支撑节点详图

400 mm和 300 mm；钢梁插入墙内深度为 850 mm，在梁两翼缘上设置单排直径为 19 mm，间距为 150 mm 的圆柱头焊钉。

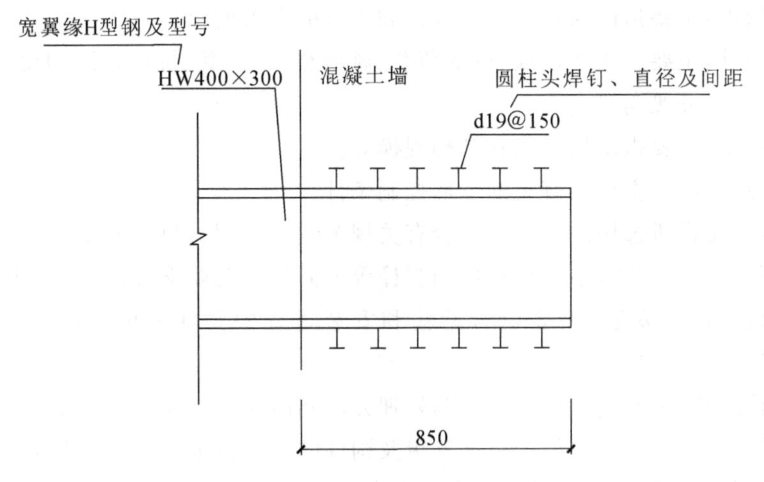

图 4-2-13　钢梁与混凝土墙连接详图

4.2.3　任务练习

识读案例中各节点详图，并尝试拆分各节点。

任务3 钢结构工程施工设计图识图

4.3.1 任务目标

(1) 能够识读整套钢结构施工图纸。

(2) 以具体项目为依托,具备理论联系实践的能力。

4.3.2 任务实施

钢结构工程施工设计图通常有:图纸目录、设计说明、基础图、结构布置图、构件图、节点详图以及其他次构件详图、材料表等。

(1) 图纸目录通常注有:设计单位名称、工程名称、工程编号、项目、出图日期、图纸名称、图别、图号、图幅以及校对、制表人等。

(2) 钢结构的设计说明通常包含:

① 设计依据:主要指国家现行有关规范和甲方的有关要求。

② 设计条件:主要指永久荷载、可变荷载、风荷载、雪荷载、抗震设防烈度及工程主体结构使用年限和结构重要等级等。

③ 工程概况:主要指结构质式和结构规模等。

④ 设计控制参数:主要指有关的变形控制条件。

⑤ 材料:主要指所选用的材料要符合有关规范及所选用材料的强度等级等。

⑥ 钢构件制作和加工:主要指焊接和螺栓等方面的有关要求及其验收的标准。

⑦ 钢结构运输和安装:主要包含运输和安装过程中要注意的事项和应满足的有关要求。

⑧ 钢结构涂装:主要包含构件的防锈处理方法和防锈等级及漆膜厚度等。

⑨ 钢结构防火:主要包含结构防火等级及构件的耐火极限等方面的要求。

⑩ 钢结构的维护及其他需说明的事项内容。

(3) 基础图包括基础平面布置图和基础详图。基础平面布置图主要表示基础的平面位置(即基础与轴线的关系),以及基础梁、基础其他构件与基础之间的关系;标注基础、钢筋混凝土柱、基础梁等有关构件的编号,表明地基持力层、地耐力、基础混凝土和钢材强度等级等有关方面的要求。基础详图主要表示基础的细部尺寸,如基底平面尺寸、基础高度、底板配筋、基底标高和基础所在的轴线号等;基础梁详图主要表示梁的断面尺寸、配筋和标高。

(4) 柱脚平面布置图主要表示柱脚的轴线位置与柱脚详图的编号。柱脚详图表示柱脚的细部尺寸、锚栓位置及柱脚二次灌浆的位置和要求等。

(5) 结构平面布置图表示结构构件在平面的相互关系和编号,如刚架、框架或主次梁、楼板的编号以及它们与轴线的关系。

(6) 墙面结构布置图可以是墙面檩条布置图、柱间支撑布置图。墙面檩条布置图表示墙面檩条的位置、间距及檩条的型号；柱间支撑布置图表示柱间支撑的位置和支撑杆件的型号；墙面檩条布置图同时也表示隅撑、拉条、撑杆的布置位置和所选用的钢材型号，以及墙面其他构件的相互关系，如门窗位置、轴线编号、墙面标高等。

(7) 屋盖支撑布置图表示屋盖支撑系统的布置情况。屋面的水平横向支撑通常由交叉圆杆组成，设置在与柱间支撑相同的柱间；屋面的两端和屋脊处设有刚性系杆，刚性系杆通常是圆钢管或角钢，其他为柔性系杆，可用圆钢。

(8) 屋面檩条布置图表示屋面檩条的位置、间距和型号以及拉条、撑杆、隅撑的布置位置和所选用的型号。

(9) 构件图可以是框架图、刚架图，也可以是单根构件图。如刚架图主要表示刚架的细部尺寸、梁和柱变截面位置，刚架与屋面檩条、墙面檩条的关系；刚架轴线尺寸、编号及刚架纵向高度、标高；刚架梁、柱编号、尺寸以及刚架节点详图索引编号等。

(10) 节点详图用来表示某些复杂节点的细部构造。如刚架端部和屋脊的节点，它表示连接节点的螺栓个数、螺栓直径、螺栓等级、螺栓位置、螺栓孔直径；节点板尺寸、加劲肋位置、加劲肋尺寸以及连接焊缝尺寸等细部构造情况。

(11) 次构件详图表示隅撑、拉条、撑杆、系杆及其他连接构件的细部构造情况。

(12) 材料表包括构件的编号、零件号、截面代号、截面尺寸、构件长度、构件数量及重量等。

小 结

(1) 钢结构施工图中的制图标准及规定。

(2) 钢结构施工图中材料的代号、焊材的代号、型钢螺栓的表示方法。

(3) 钢结构施工图中有关焊缝的表示方法。

(4) 常见钢结构中的节点详图。

(5) 柱拼接连接详图、梁拼接连接详图、主次梁侧向连接详图。

(6) 梁柱连接详图、屋架支座连接详图。

(7) 柱脚节点连接详图、支撑节点连接详图。

(8) 钢结构工程施工图的内容。

(9) 阅读钢结构工程施工图的要点。

巩固训练

一、思考题

(1) 实际钢结构施工图中的有关标准和规定是什么？

(2) 不同钢材的代号怎么表示?

(3) 型钢、螺栓如何表示?

(4) 焊缝的表示由哪几部分组成?

(5) 不同的焊缝如何表示?

(6) 柱拼接详图的主要内容是什么?

(7) 梁拼接详图的主要内容是什么?

(8) 主次梁侧向连接的主要内容是什么?

(9) 梁柱连接详图的主要内容是什么?

(10) 屋架支座连接详图的主要内容是什么?

(11) 柱脚节点、支撑节点详图的主要内容是什么?

(12) 钢结构施工图的内容有哪些?

(13) 如何阅读钢结构施工图?

二、识图题

按识读内容依次识读输送机钢结构栈桥项目图纸。

项目5

钢结构制作及连接

GANGJIEGOU ZHIZUO JI LIANJIE

学习目标

通过本项目的学习，熟悉钢结构加工前的准备；熟悉钢部件、构件加工制作的工艺流程和方法；掌握钢结构连接方法；熟悉钢结构预拼接方法；熟悉钢构件成品检验、管理和包装。

任务1 概述

钢结构是指以钢铁为基材，经机械加工组装而成的结构。钢结构具有强度高、结构轻、施工周期短和精度高等特点，在建筑、桥梁等土木工程中被广泛采用。如图 5-1-1、图 5-1-2 所示为钢结构在建筑中的应用。

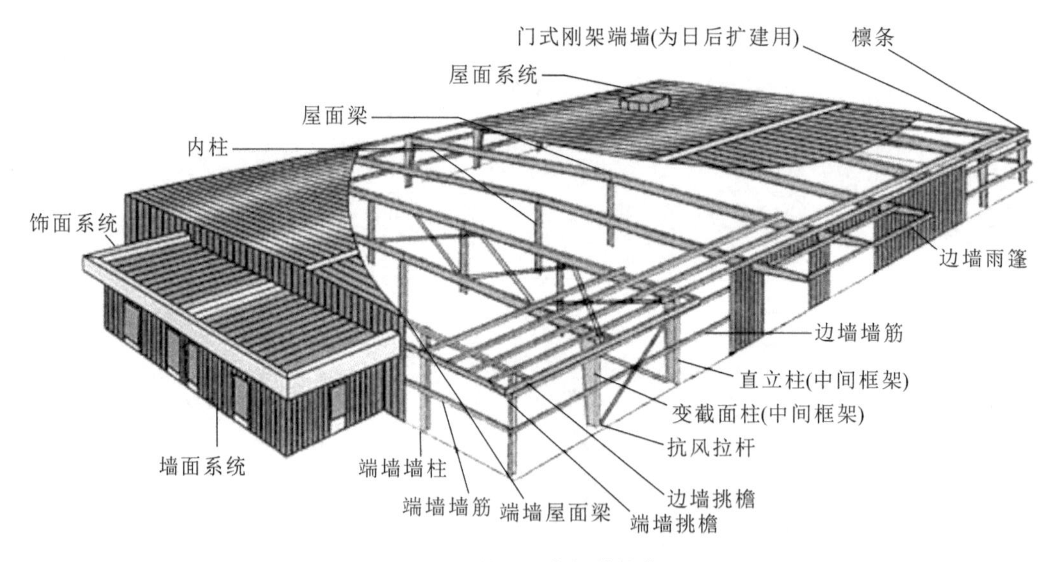

图 5-1-1 单层厂房钢结构体系

图 5-1-2 大跨度钢结构“鸟巢”

钢结构工程施工过程一般分为三个阶段：构件制作→连接→安装，如图 5-1-3 所示。

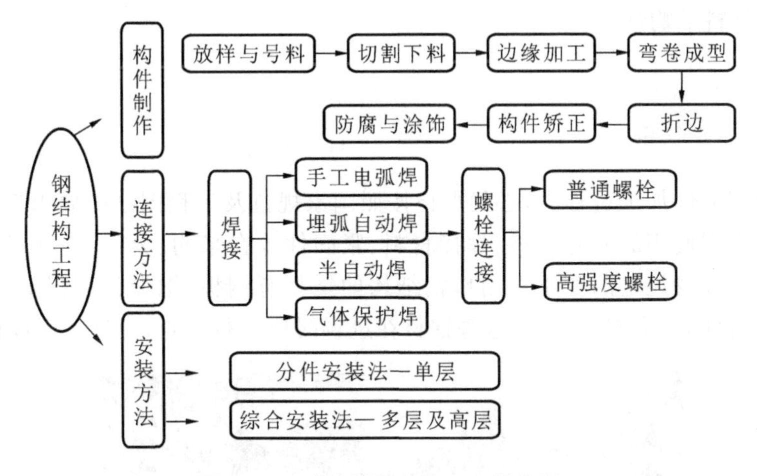

图 5-1-3 建筑钢结构施工一般流程

任务 2 钢结构加工前的生产准备

钢结构加工厂具有较为恒定的工作环境，有可以满足生产要求的工业厂房，有刚度大、平整度高的加工平台，有精度较高的工装夹具及各种高性能的设备。其作业条件远比现场优越，易于保证加工质量，提高工作效率，因此，钢结构的零件和部件应尽可能在工厂制作。

钢结构零部件的制作过程是钢结构产品质量形成的重要有机组成部分，为了确保钢结构工程的制作质量，操作和质量控制人员应严格遵守制作工艺和标准。

钢结构制作的准备工作包括技术准备、材料准备、加工机具准备等。

5.2.1 技术准备

(1) 图纸会审。进行图纸会审，与甲方、设计人员、监理充分沟通，了解设计意图。

(2) 施工详图设计。根据设计文件进行详图设计，以便于加工制作和安装。

(3) 审核施工图。根据工厂、工地现场的实际起重能力和运输条件，核对施工详图中钢结构的分段是否满足要求，工厂和工地的工艺条件是否能满足设计要求。

(4) 加工方案设计及编制加工工艺。钢结构制作前，应根据设计文件、施工详图的要求以及制作单位的实际情况，编制制作加工工艺，用于指导和控制加工制作的全过程。制作加工工艺应包括：施工中依据的标准，制作单位的质量保证体系，成品的质量保证和为保证成品达到规定要求而制定的措施，生产场地的布置，采用的加工、焊接设备和工艺装备，焊工和检查人员的资质证明，各类检查项目表格和生产进度计划表等。制作加工工艺应作为技术文件，需经业主单位代表或监理工程师批准方可生效。

(5) 组织必要的工艺实验，尤其对新工艺、新材料，要做好工艺试验，作为指导生产的依据。

（6）编制材料采购计划。

5.2.2 材料准备

在钢结构零部件加工过程中，必须严格按照国家规范及工程图纸的要求选择材料，严把材料质量关。工程使用的所有钢材、焊接材料、紧固件等在采购、运输、仓储、使用等诸环节必须满足有关标准及规定的要求。用作钢结构的钢材有钢板、钢带、型钢（工字钢、槽钢、角钢）、钢管和钢铸件等，见图 5-2-1。这些钢材在进场时要进行检查，合格后可以使用。

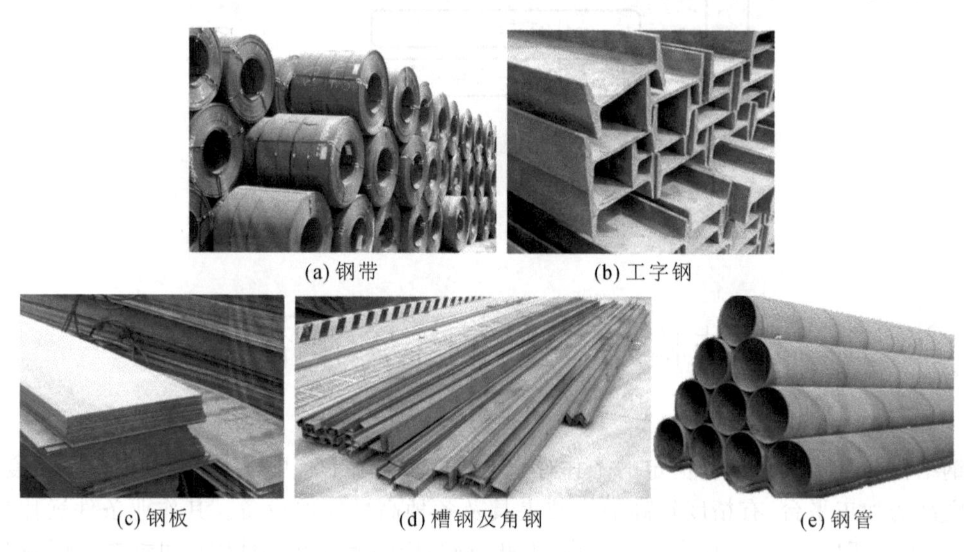
(a) 钢带　(b) 工字钢　(c) 钢板　(d) 槽钢及角钢　(e) 钢管

图 5-2-1　常用钢结构钢材

5.2.3 加工机具准备

项目所需机械设备可从企业自有机械设备调配，或租赁，或购买。机械设备操作人员应持证上岗，实行岗位责任制，严格按照操作规范作业。钢结构零部件加工工艺所使用的主要施工机具有：

（1）运输设备。包括：桥式起重机、门式起重机、汽车起重机、叉车、运输汽车。

（2）加工设备。包括：型钢带锯机、数控切割机、多头直条切割机、型钢切割机、半自动切割机、仿形切割机、圆孔切割机、数控三维钻床、摇臂钻床、磁力切割机、车床、钻铣床、坐标镗床、相贯线切割机、刨床、立式压力机、剪板机、卷板机、翼缘矫正机、端面铣床、滚剪倒角机、磁力电钻。

（3）焊接设备。包括：直流焊机、交流焊机、CO_2 焊机、埋弧焊机、焊接滚轮架、焊条烘干箱、焊剂烘干箱。

（4）涂装设备。包括：电动空压机、柴油发电机、喷砂机、喷漆机。

（5）检测设备。包括：超声波探伤仪、数字温度仪、漆膜测厚仪、数字钳形电流表、温湿度仪、焊缝检验尺、磁粉探伤仪、游标卡尺、钢卷尺等。

任务3 钢构件制作

常见的建筑钢结构构件有柱、梁、板、桁架等，见图 5-3-1、图 5-3-2。

图 5-3-1 普通钢构件

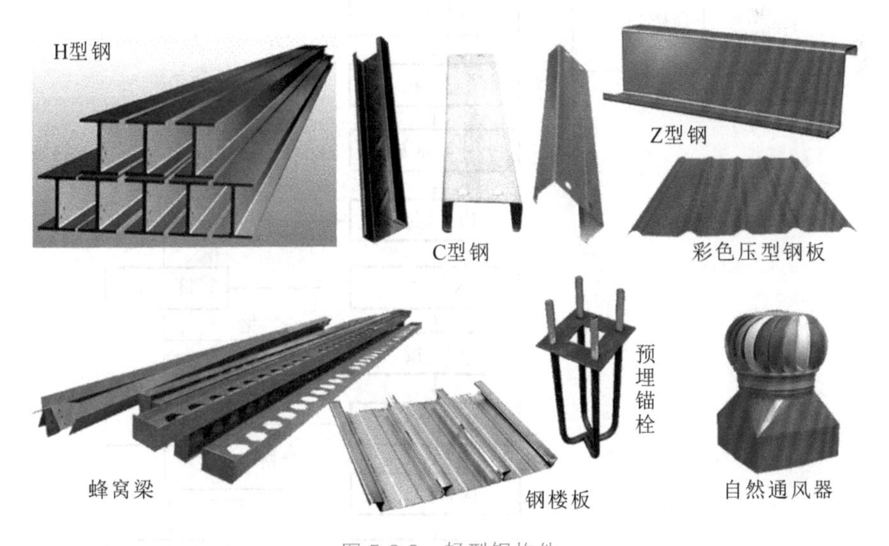

图 5-3-2 轻型钢构件

5.3.1 作业条件

当所有准备工作就绪，具备以下作业条件后，方可进行构件加工制作：

(1) 施工详图已经会审，并经设计人员、甲方、监理等签字认可。

(2) 主要原材料及成品已经进场，并经验收合格。

(3) 施工组织设计、施工方案、作业指导书等各种技术准备工作就绪。

(4) 各施工工艺评定试验及工艺性能试验已完成,加工工艺经审核批准。

(5) 加工机械设备已安装到位,并验收合格。

(6) 各工程生产人员都进行了岗前培训,取得了相应的上岗资格证,并进行了施工技术交底。

5.3.2 钢构件制作的工艺流程

钢结构构件制作一般在工厂进行,包括放样、号料、切割下料、边缘加工、弯卷成型、折边、矫正和防腐与涂饰等工艺过程,如图 5-3-3 所示。

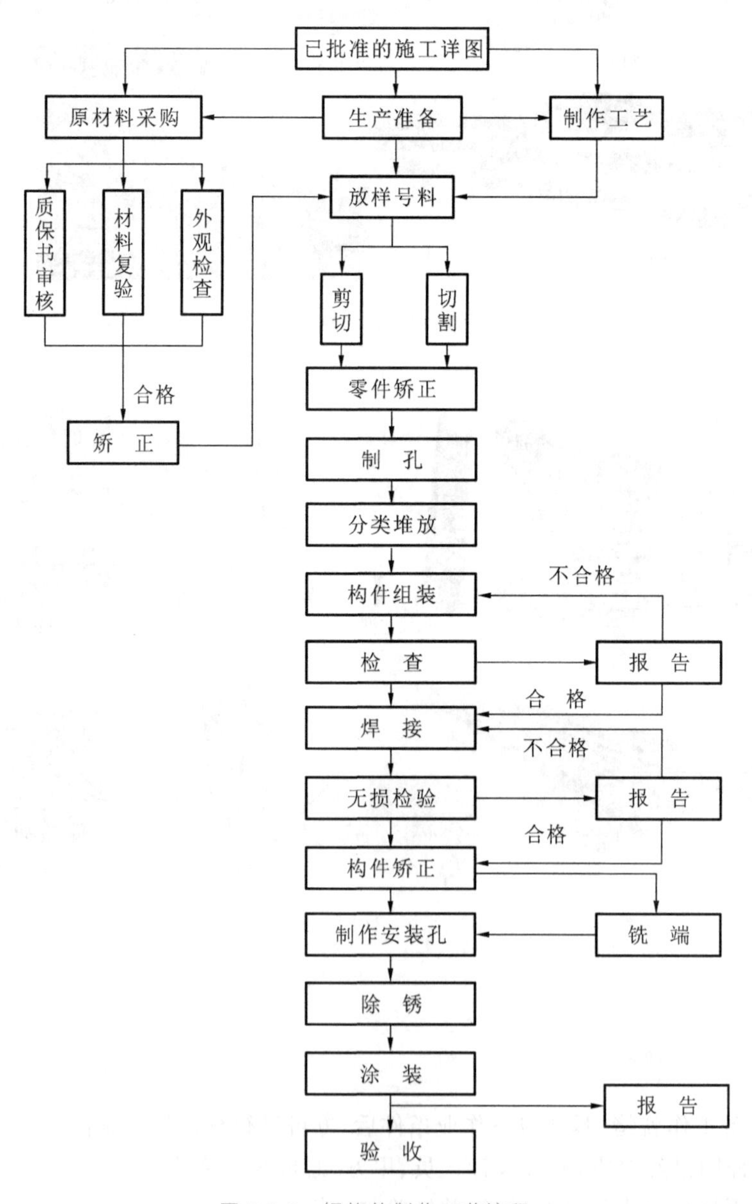

图 5-3-3 钢构件制作工艺流程

一、放样与号料

放样、号料这道工序，目前大部分厂家已被数控切割和数控钻孔所取代，只有中小型厂家仍保留此道工序。

放样是根据施工详图用 1∶1 的比例在样板台上画出实样，求出实长，根据实长制作成样板或样杆，以作为下料、弯制、刨铣和制孔等加工制作的标记。样板所用材料要求轻质、价廉，且不易产生变形，最常用的有铁皮、纸板和油毡，有时也用薄木板或胶合板。样板及样杆上应用油漆写明：加工号、构件编号、规格、数量以及螺栓孔位置、直径和各种工作线、弯曲线等加工符号。

号料是以样板为依据，在原材料上划出实样，并打上各种加工记号，见图 5-3-4。号料前应核对钢材规格，并清除表面脏物，进行矫正，使表面质量符合规定要求。号料后应在零件上画出切、铣、刨、弯、钻等加工位置，打冲孔并注明生产号、零件号、数量、加工方法等。

图 5-3-4　人工号料

放样、号料所用工具为：钢尺、划针、划规、粉线、石笔等。所用钢尺必须经计量部门的检验合格后方可使用。

二、切割（下料）

经过号料以后的钢材，必须按其形状和尺寸进行切割（下料），常用的切割方法有机械剪切、气割和等离子切割三种方法。

1. 机械剪切

机械剪切是通过冲剪、切削、摩擦等机械切割来实现的。

（1）冲剪切割：当钢板厚度不大于 12 mm 时，采用剪板机、联合冲剪机（见图 5-3-5）切割钢材，速度快、效率高，但切口略粗糙。

（2）切削切割：采用弓锯床、带锯机等切削钢材，精度较好。

（3）摩擦切割：采用摩擦锯床（见图 5-3-6）、砂轮切割机等切割钢材，速度快，但切口不够光洁且噪声大。

2. 气割

气割是利用氧气与可燃气体混合产生的预热火焰加热金属表面达到燃烧温度并使金属发生剧烈的氧化，放出大量的热促使下层金属也自行燃烧，同时通以高压氧气射流，将氧化物吹除而形成一条狭小而整齐的割缝。

图 5-3-5 液压联合冲剪机

图 5-3-6 摩擦锯床

气割有手动气割、半自动气割和自动气割。手动气割割缝宽度为 4 mm，自动气割割缝宽度为 3 mm。气割设备灵活、费用低廉、精度高，能切割各种厚度的钢材，尤其是带曲线的零件或厚钢板，是目前使用最广泛的切割方法。气割下料见图 5-3-7、图 5-3-8。

图 5-3-7 CNC 电脑气割生产线

图 5-3-8 气割下料

3. 等离子切割

等离子切割是利用高温高速的等离子焰流将切口处金属及其氧化物熔化并吹掉来完成切割，能切割任何金属，特别是熔点较高的不锈钢及有色金属铝、铜等。等离子切割机见图 5-3-9、图 5-3-10。

图 5-3-9 等离子切割机

图 5-3-10 数控等离子切割机

三、边缘加工

边缘加工方法有：铲边、刨边、铣边和碳弧刨边四种方法。① 铲边，是通过对铲头的锤击作用而铲除金属的边缘多余部分。② 刨边：刨边时工件被压紧，刨刀沿所加工边缘作往复运动刨削，可刨直边或斜边。③ 铣边：铣边与刨边类似，只是刨边机走刀箱的刀架和刨刀用盘形铣刀代替，即铣刀在沿边缘作直线运动的同时还作旋转运动，加工工效较高。④ 碳弧刨边，是用碳棒与电焊机直流反接，在引弧后使金属熔化，同时用压缩空气将其吹走，然后用砂轮磨光。边缘加工设备见图 5-3-11、图 5-3-12、图 5-3-13。

图 5-3-11 钢板铣边机

图 5-3-12 端面铣

四、弯曲成型

1. 钢板卷曲

钢板卷曲(见图 5-3-14)是通过旋转辊轴对板料进行连续三点弯曲所形成的。钢板卷曲包括预弯、对中和卷曲三个过程。

(1) 预弯：钢板在卷板机上卷曲时，两端边缘总有卷不到的部分，即剩余直边，通过预弯消除剩余直边。

(2) 对中：为防止钢板在卷板机上卷曲时发生歪扭，应将钢板对中，使钢板的纵向中心线与滚筒轴线保持严格的平行。

(3) 卷曲：对中后，利用调节辊筒的位置使钢板发生初步的弯曲，然后来回滚动而卷曲。

图 5-3-13 滚剪倒角(坡口)机

图 5-3-14 钢板卷曲

2. 型材弯曲

(1) 型钢弯曲：型钢弯曲时断面会发生畸变，弯曲半径越小，则畸变越大。应控制型钢的最小弯曲半径。型钢弯曲机见图 5-3-15。

构件的曲率半径较大，宜采用冷弯；构件的曲率半径较小，宜采用热弯。

(2) 钢管弯曲：在自由状态下弯曲时截面会变形，外侧管壁会减薄，内侧管壁会增厚。全自动钢管弯曲机见图 5-3-16。

图 5-3-15 型钢弯曲机

图 5-3-16 全自动钢管弯管机

弯制方法：管中加入填充物(砂)或穿入芯棒进行弯曲；或用滚轮和滑槽在管外进行弯曲。

弯曲半径：不小于管径的 3.5 倍(热弯)到 4 倍(冷弯)。

3. 折边

把构件的边缘压弯成倾角或一定形状的操作过程称为折边。折边可提高构件的强度和刚度。弯曲折边利用折边机进行，液压板料折弯机见图 5-3-17。

五、制孔

孔加工在钢结构制造中占有一定比例，尤其是高强螺栓的广泛采用，不仅使制孔的数量有所增加，而且对加工精度提出了更高的要求。钢结构常用的制孔方法有冲孔和钻孔两种。

1. 冲孔

冲孔用冲床加工，仅适用于较薄钢板或型钢，且孔径不宜小于钢板厚度。冲孔速度快，效率高，但孔壁不规整，且产生冷作硬化，故仅用于次要连接。

2. 钻孔

钻孔用钻床加工，适用于任何规格的钢板、型钢的孔加工。钻孔的原理是切削，故孔壁损伤小，孔壁精度高，是目前普遍采用的成孔方法。图 5-3-18 是数控三维钻孔机。

图 5-3-17 液压板料折弯机

图 5-3-18 数控三维钻孔机

六、构件的矫正

钢材在存放、运输、吊运和加工成型过程中会变形，必须对不符合技术标准的钢材、构件进行矫正。钢结构的矫正，是通过外力或加热作用迫使钢材反变形，使钢材或构件达到技术标准要求的平直或几何形状。

矫正的方法：火焰矫正（亦称热矫正）、机械矫正和手工矫正（亦称冷矫正）。

1. 火焰矫正

火焰矫正是利用火焰对钢材进行局部加热，被加热处理的金属由于膨胀受阻而产生压缩塑性变形，使较长的金属纤维冷却后缩短而完成的，见图 5-3-19。

影响矫正效果的因素：火焰加热位置、加热的形式、加热的温度。火焰矫正加热的温度：对于低碳钢和普通低合金钢为 600～8000 ℃

2. 机械矫正

机械矫正是通过专用矫正机使钢材在外力作用下产生过量的塑性变形，以达到平直的目的。常用的矫正机械有拉伸机、压力机、多辊机。

拉伸机矫正：用于薄板扭曲、型钢扭曲、钢管、带钢、线材等的矫正，见图 5-3-20、图 5-3-21、图 5-3-22。

图 5-3-19　火焰矫正

图 5-3-20　板材矫正机

图 5-3-21　H 型钢翼缘矫正机

图 5-3-22　钢管矫正机

压力机矫正：用于板材、钢管和型钢的矫正，见图 5-3-23。

多辊机矫正：用于型材、板材等的矫正，见图 5-3-24。

3. 手工矫正

手工矫正采用锤击的方法进行，操作简单灵活。由于其矫正力小、劳动强度大、效率低而用于矫正尺寸较小的钢材，或在矫正设备不便于使用时采用，见图 5-3-25。

图 5-3-23 液压矫正机

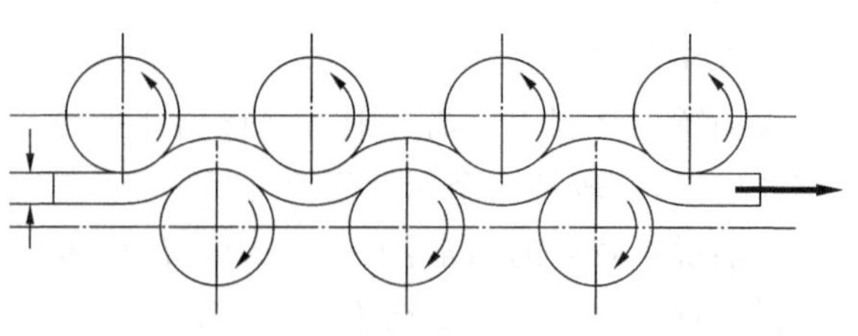

图 5-3-24 多辊机矫正板材

图 5-3-25 锤击法-钢板焊接应力变形校正

七、除锈、防腐与涂饰

钢结构的防腐与涂饰包括普通涂料涂装和防火涂料涂装。涂装前，钢材表面应除锈。

1. 钢材的除锈

钢材除锈方法有：喷砂（见图 5-3-26）、抛丸、酸洗以及钢丝刷人工除锈、现场砂轮打磨等。抛丸除锈是最理想的除锈方式，见图 5-3-27。

图 5-3-26 喷砂除锈

图 5-3-27 抛丸机除锈

2. 防腐与涂饰

施涂的方法有刷涂法（油性基料的涂料）和喷涂法，见图 5-3-28（快干性和挥发性强的涂料）。涂料的涂装遍数、涂层厚度应符合设计要求，钢材表面不应误涂、漏涂，涂层应均匀，无明显皱皮、流坠、针眼、气泡及脱皮和返锈等。防火涂料的涂层厚度应符合耐火极限的设计要求。

图 5-3-28 喷涂法涂装

任务4 构件连接与组装

钢构件的连接方法有紧固件（螺栓、射钉、自攻钉、拉铆钉）连接、焊接及铆接三种，见图5-4-1、图5-4-2、图5-4-3。

图 5-4-1 螺栓连接

图 5-4-2 焊接

图 5-4-3 铆接

5.4.1 钢结构构件焊接

钢结构构件常用焊接方法、特点及适用范围见表5-4-1。

表 5-4-1 钢结构构件常用焊接方法、特点及适用范围

焊接方法		特点	适用范围
手工焊	交流焊机	设备简易，操作灵活，可进行各种位置的焊接	普通钢结构
	直流焊机	焊接电流稳定，适用于各种焊条	要求较高的钢结构
埋弧自动焊		生产效率高，焊接质量好，表面成型光滑美观，操作容易，焊接时无弧光，有害气体少	长度较长的对接或贴角焊缝

续表

焊接方法	特点	适用范围
埋弧半自动焊	与埋弧自动焊基本相同，但操作较灵活	长度较短、弯曲焊缝
CO_2 气体保护焊	生产效率高，焊接质量好，成本低，易于自动化，可进行全位置焊接	用于薄钢板

一、手工电弧焊

手工电弧焊又称焊条电弧焊，是最普遍的熔化焊焊接方法，它是利用电弧产生的高温、高热量进行焊接的。

1. 电焊机

电焊机主要有交流弧焊机、直流弧焊机，见图 5-4-4、图 5-4-5。

2. 焊条

焊条供手工电弧焊用，由焊芯和药皮组成，见图 5-4-6。焊条的表示方法（如 E4303、E5015）："E"代表焊条，前两位"43""50"表示焊缝金属的抗拉强度等级（430 N/ mm^2、500 N/ mm^2），第三位数字代表焊接的位置，最后一位数表示适用电源种类及药皮类型。

图 5-4-4　交流弧焊机

图 5-4-5　直流弧焊机

图 5-4-6　焊条

3. 焊接接头与坡口

焊接前根据焊接部位的形状、尺寸、受力的不同，选择合适的接头类型。

常见的接头形式有对接、搭接和角接等，见图 5-4-7。

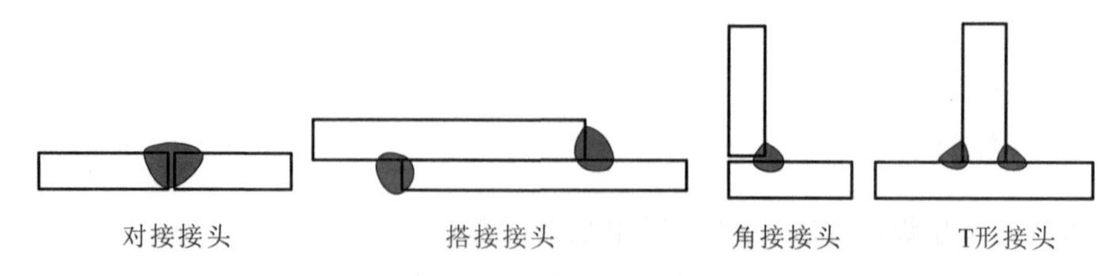

图 5-4-7　常见的接头形式

为确保焊件能焊透，对接接头必须开一定形状的坡口，见图 5-4-8。

4. 焊接工艺参数的选择

手工电弧焊的焊接工艺参数有：焊条直径、焊接电流、电弧电压、焊接层数、电源种类及极性等。

焊条直径：根据焊件厚度、接头形式、焊缝位置和焊接层次来选择。

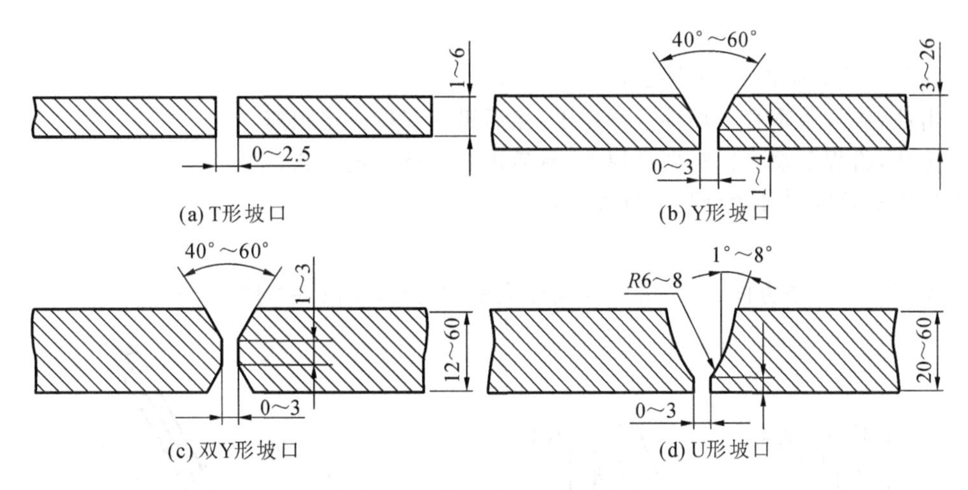

图 5-4-8 对接接头的坡口形式

焊接电流:根据焊条的类型、直径、焊件的厚度、接头形式、焊缝空间位置等因素来考虑。其中焊条直径和焊缝空间位置最为关键。

电弧电压:根据电源特性,由焊接电流决定相应的电弧电压。此外电弧电压还与电弧长有关。

焊接层数:视焊件的厚度而定。除薄板外,一般都采用多层焊。

每层焊缝的厚度过大,对焊缝金属的塑性有不利影响,施工中每层焊缝的厚度不应大于 5 mm。多层焊缝的焊接顺序见图 5-4-9。

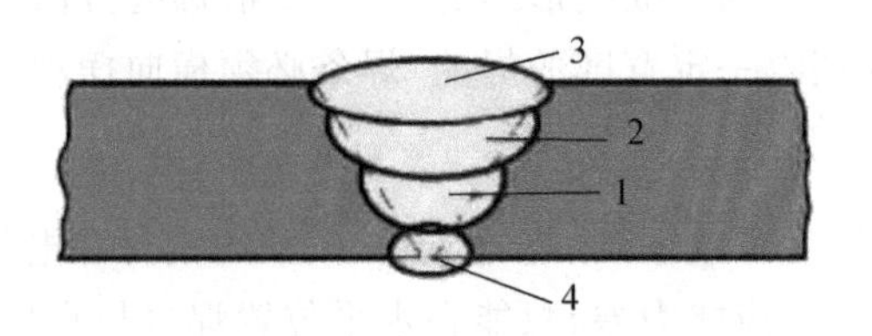

图 5-4-9 多层焊缝的焊接顺序

5. 焊缝的空间位置

焊缝的空间位置有平焊、立焊、横焊和仰焊四种,见图 5-4-10。平焊易操作,劳动条件好,生产率高,焊缝质量易保证。立焊、横焊和仰焊时施焊困难,应尽量避免。

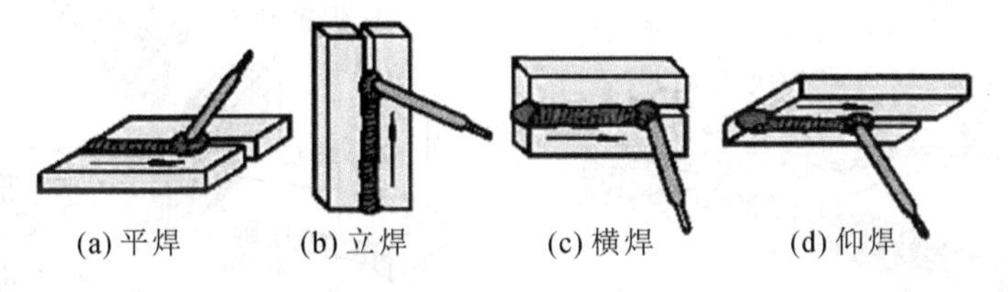

图 5-4-10 焊缝的空间位置

6. 焊接准备

焊接准备包括坡口制备、焊口清理、焊条烘干、预热、预变形及高强度钢切割表面探伤等。

7. 引弧

引弧的方法有碰击法、划擦法，见图 5-4-11。

碰击法：将焊条垂直于焊件进行碰击，然后迅速保持一定距离。

划擦法：将焊条端头轻轻划过焊件，然后迅速保持一定距离。

严禁在焊缝区以外的母材上打火引弧。

8. 运条方法

焊条有三个运条方向，三个方向的动作应密切配合，见图 5-4-12。

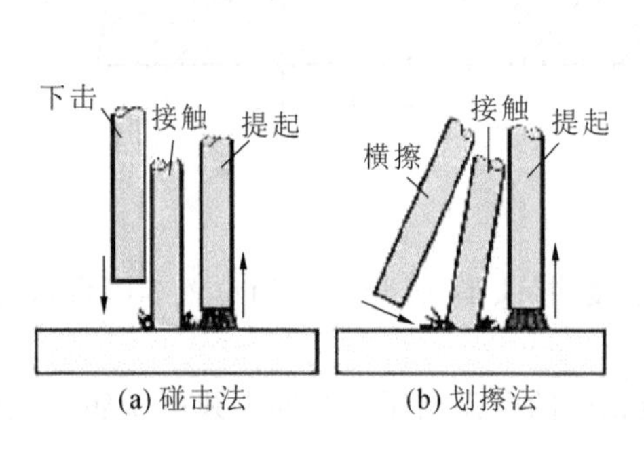

图 5-4-11 引弧方法

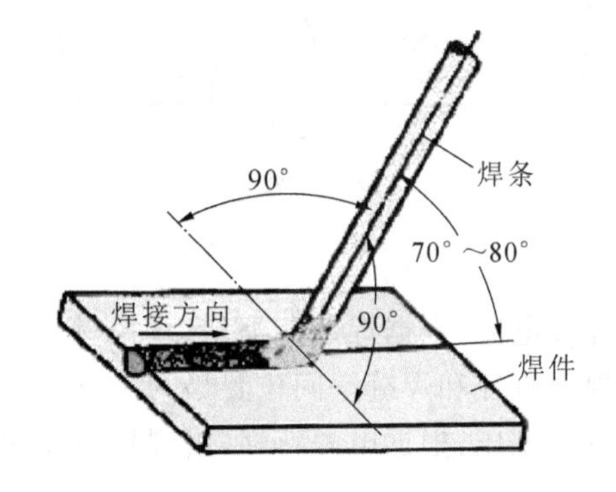

图 5-4-12 平焊焊条角度和运条基本动作

(1) 沿其中心线向下送进——焊条被电弧熔化变短，为保持弧长，须使焊条沿其中心线向下送进，以防止断弧；

(2) 沿焊缝方向移动——为形成线形焊缝，焊条要沿焊缝方向移动，移动速度应适当；

(3) 横向摆动——为获得一定宽度的焊缝，焊条必须横向摆动。

二、埋弧自动焊

埋弧自动焊的优点是：生产效率高、焊缝质量好、节约钢材和电能、改善了劳动条件。

埋弧自动焊的缺点是：适应能力差，只能在水平位置焊接长直焊缝或大直径的环焊缝。

埋弧自动焊缝，如图 5-4-13～图 5-4-16 所示。

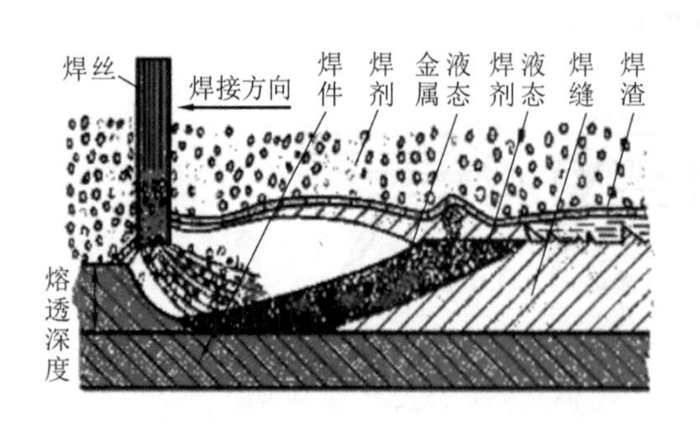

图 5-4-13 埋弧焊时焊缝的形成

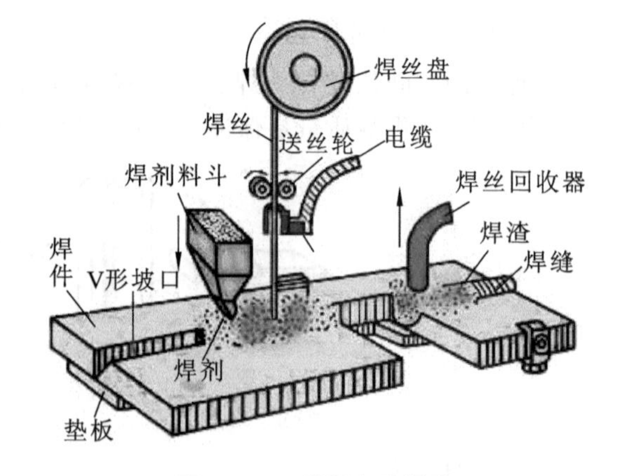

图 5-4-14 埋弧自动焊机

三、CO_2 气体保护焊

二氧化碳气体保护焊施焊时焊缝被保护，故焊缝金属纯度高、性能好；焊接加热集中，焊

图 5-4-15 埋弧自动焊机

图 5-4-16 电脑自动埋弧焊生产线

件变形小;电弧稳定性好,在小电流时电弧也能稳定燃烧,是一种高效率,低成本的焊接方法。缺点是:焊缝熔深浅,只适合于焊接小于 6 mm 厚的薄板。二氧化碳气体保护设备及焊缝形成见图 5-4-17～图 5-4-19。

图 5-4-17 CO_2 气体保护焊丝

图 5-4-18 逆变 CO_2 气体保护焊机

图 5-4-19 CO_2 气体保护焊

5.4.2 紧固件连接

紧固件连接包括普通螺栓、高强度螺栓、射钉、拉铆钉的紧固连接。连接螺栓分为 8 级,即 3.6、4.6、4.8、5.6、5.8、6.8、8.8、10.9(如 5.6 表示抗拉强度为 500 MPa,屈强比为 0.6),其中后两级为高强度螺栓,其余为普通螺栓。图 5-4-20 为地脚螺栓连接,图 5-4-21 为梁柱节点处的螺栓连接。

图 5-4-20 钢柱与基础的地脚螺栓连接

图 5-4-21 梁柱节点处的螺栓连接

一、普通螺栓连接

1. 普通螺栓的种类和用途

普通螺栓按外形分为六角螺栓、双头螺栓和地脚螺栓，如图 5-4-22 所示。

(a) 六角螺栓

(b) 双头螺栓

图 5-4-22 螺栓

(1) 六角螺栓：按产品等级分为 A、B、C 三种。

A 级螺栓——精制螺栓；B 级螺栓——半精制螺栓；C 级螺栓——粗制螺栓。A、B 级螺栓适用于连接部位需传递较大剪力的重要结构的安装，C 级螺栓适用于钢结构安装中的临时固定。

(2) 双头螺栓：又称螺柱，多用于连接厚板或不方便使用六角螺栓连接的地方，如砼屋架、屋面梁悬挂单轨梁吊挂件等。

(3) 地脚螺栓：地脚螺栓分为一般地脚螺栓、异型地脚螺栓和柱脚地脚螺栓，见图 5-4-23。

(a) 一般地脚螺栓

(b) 异型地脚螺栓

(c) 柱脚地脚螺栓

图 5-4-23 普通螺栓

2. 普通螺栓的施工

普通螺栓可采用普通扳手紧固，螺栓紧固应使被连接件接触面、螺栓头和螺母与构件表面密贴。普通螺栓紧固应从中间开始，对称向两边进行，大型接头宜采用复拧。

普通螺栓作为永久性连接螺栓时，紧固连接应符合下列规定：

(1) 螺栓头和螺母侧应分别放置平垫圈，螺栓头侧放置的垫圈不应多于 2 个，螺母侧放置的垫圈不应多于 1 个；

(2) 承受动力荷载或重要部位的螺栓连接，设计有防松动要求时，应采取有防松动装置的螺母或弹簧垫圈，弹簧垫圈应放置在螺母侧；

(3) 对工字钢、槽钢等有斜面的螺栓连接，宜采用斜垫圈；

(4) 同一个连接接头螺栓数量不应少于 2 个；

(5) 螺栓紧固后外露丝扣不应少于 2 扣，紧固质量检验可采用锤敲检验。

二、高强螺栓连接

1. 高强螺栓的种类和用途

高强螺栓连接是目前钢结构连接的主要手段。

高强螺栓从外形上可分为扭剪型高强螺栓和大六角头高强螺栓。扭剪型高强螺栓一个连接副为一个螺栓、一个螺母和一个垫圈，如图 5-4-24 所示。大六角头高强螺栓一个连接副为一个螺栓、一个螺母和二个垫圈，如图 5-4-25 所示。

图 5-4-24　扭剪型高强螺栓

图 5-4-25　大六角头高强螺栓

2. 高强螺栓施工的机具

1）手动扭矩扳手

高强螺栓以手动紧固时，要使用有示明扭矩值的扳手施拧，以达到高强螺栓连接副规定的扭矩和剪力值。常用的手动扭矩扳手有指针式、音响式和扭剪型三种，见图 5-4-26。

指针式扭矩扳手除内装扭矩产生及控制机构外，还装有一只外露扭矩表，能随时指示出施加的扭矩值。它也可作扭矩值的校准工具，通过扭矩表直接指示并读出所施加的扭矩值。

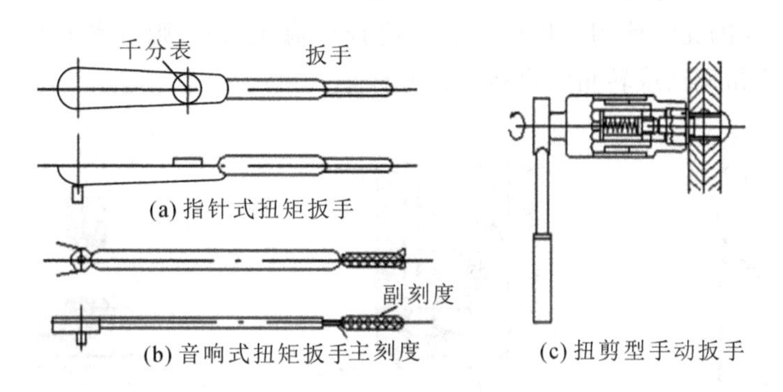

图 5-4-26　手动扭矩扳手

2）电动扳手

定扭矩、定转角电动扳手，见图 5-4-27、图 5-4-28，适用于大六角头高强螺栓的紧固，可自动控制扭矩和转角，适用于钢结构桥梁、厂房建设安装大六角头高强螺栓施工的初拧、终拧和扭剪型高强螺栓的初拧。扭剪型电动扳手适用于扭剪型高强螺栓的终拧紧固。

3. 高强螺栓的施工要点

1）紧固前检查

螺栓紧固前，应对螺孔、被连接件的移位、不平度、不垂直度、磨光顶紧的贴合情况，以及板叠合处摩擦面的处理、连接间隙、孔眼的同心度、临时螺栓的布放等进行检查。

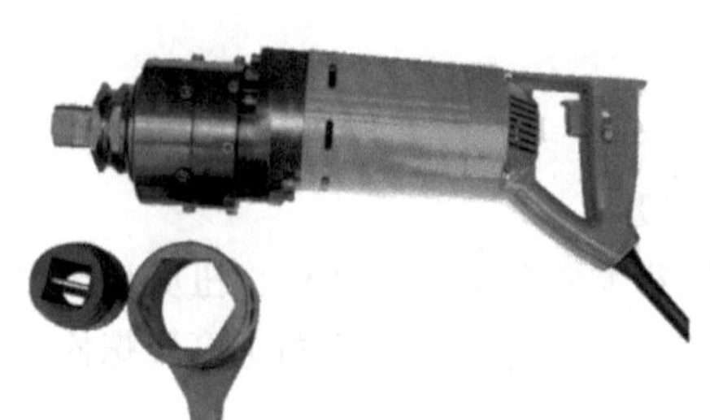

图 5-4-27　定扭矩电动扳手

图 5-4-28　电动扭剪扳手

2）紧固施工

紧固顺序应从节点中心向边缘依次进行。紧固时，要分初拧和终拧两次紧固；对于大型节点，可分为初拧、复拧和终拧。初拧、复拧轴力宜为 60%～80%标准轴力，终拧轴力为标准轴力。当天安装的螺栓，要在当天终拧完毕，防止螺纹被沾污和生锈，引起扭矩系数值发生变化。

3）紧固完毕检查

高强大六角头螺栓检查：包括是否有漏拧和施工扭矩值。

施工扭矩值的检查在终拧完成 1 h 后 24 h 之前完成。

抽查量：每个作业班组和每天终拧完毕数量的 5%，其不合格的数量应小于被抽查数量的 10%，且少于 2 个，方为合格。否则，应双倍抽检。如仍不合格，则应对当天终拧完毕的螺栓全部进行复验。

扭剪型高强螺栓检查时，只要观察其尾部被拧掉，如图 5-4-29 所示，即可判断螺栓终拧合格。对于某些原因无法使用专用电动扳手终拧掉梅花头时，则可参照高强大六角头螺栓的检查方法，采用扭矩法或转角法进行终拧并标记。

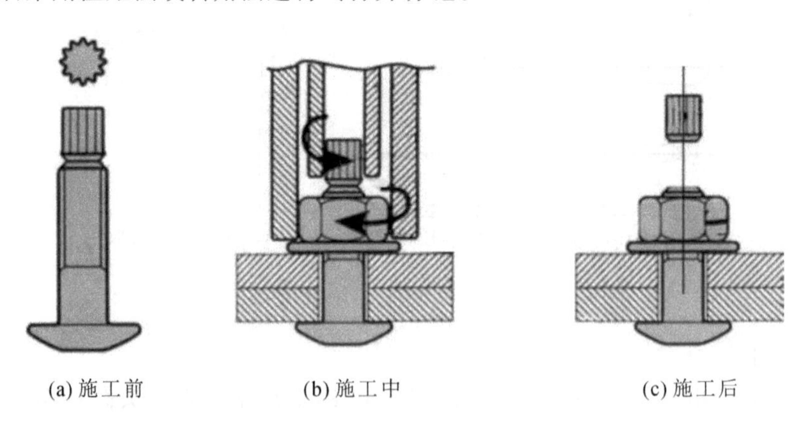

(a) 施工前　　(b) 施工中　　(c) 施工后

图 5-4-29　扭剪型高强螺栓安装原理

三、自攻螺栓、钢拉铆钉、射钉连接

在冷弯薄壁型钢结构中，经常采用自攻螺钉、钢拉铆钉、射钉等（如图 5-4-30 所示）机械式紧固连接方式，主要用于压型钢板之间和压型钢板与冷弯型钢等支撑构件之间的连接。

自攻螺钉有两种类型，一类为一般的自攻螺钉，需先行在被连接板件和构件上钻一定大小的孔后，再用电动扳手或扭力扳手将其拧入连接板的孔中；另一类为自钻自攻，螺钉无须预先钻孔，可直接用电动扳手自行钻孔后攻入被连接板件。

拉铆钉有铝材和钢材制作的两类，为防止电化学反应，轻钢结构均采用钢制拉铆钉。射钉由带有锥杆和带有固定帽的杆身与下部活动帽组成。靠射钉枪的动力将射钉穿过被连接板件，打入母材基体中，射钉只用于薄板与支撑构件(如檩条、墙梁等)的连接。

连接薄钢板用的自攻螺栓、钢拉铆钉、射钉等其规格尺寸与连接钢板要匹配，紧固密贴，其间距、边距应符合设计要求。

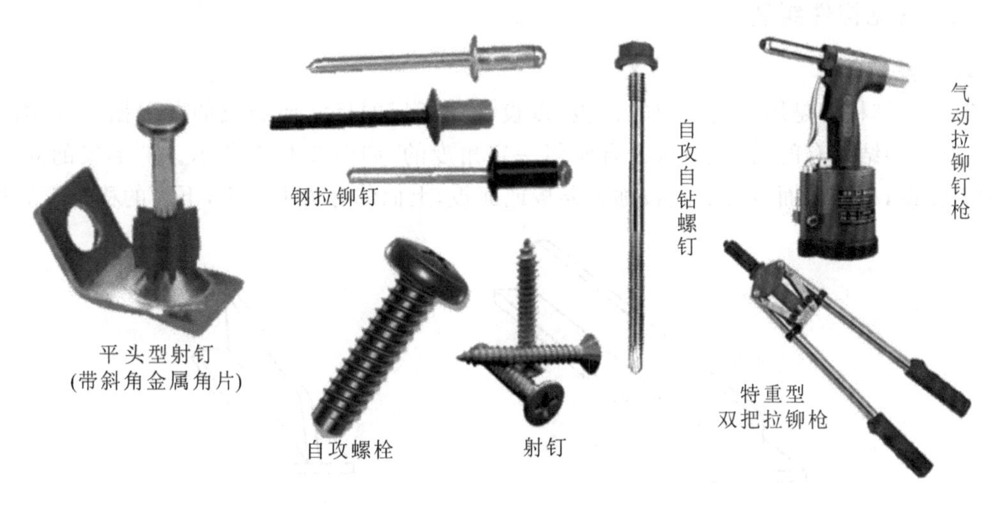

图 5-4-30　薄钢板连接用钉和紧固工具

5.4.3　构件的组装

组装是指将钢零件和钢部件按设计图和施工详图组装成构件的过程。总体上，应首先将板材、型材等钢零件拼装为钢部件，再将钢部件组装成为钢构件。

钢零件：组成钢部件或构件的最小单元，如节点板、翼缘板等。

钢部件：由若干钢零件组成的单元，如焊接 H 型钢、牛腿等。

一、构件组装方法

钢构件的组装方法较多，但较常采用地样组装法和胎模组装法。选择构件组装方法时，必须根据构件的结构特性和技术要求、结构制造厂的加工能力及设备等情况，综合考虑。

(1) 地样法组装，也叫划线法组装，是钢构件组装中最简便的装配方法。它是根据图纸划出各组装零件具体装配定位的基准线，然后再进行各零件相互之间的装配。这种组装方法只适用于少批量零部件的组装。

(2) 胎模组装法，是用胎模把各零部件固定在其装配的位置上，然后焊接定位，使其一次性成形。这是目前制作大批量构件组装中普遍采用的组装方法之一，装配质量高、工效快。如焊接工字形截面(H 形)构件等的组装。

(3) 仿形复制装配法，先用地样法组装成单面(片)的结构，并点焊定位，然后翻身作为复制胎模，再装配另一单面的结构，往返 2 次组装。多用于双角钢等横断面互为对称的桁架结构。具体操作是，按 1∶1 比例在装配平台上放出构件实样，并按位置放上节点板和填板，然后在其上放置弦杆和腹杆的一个角钢，用点焊定位后翻身，即可作为临时胎模。以后其他屋架均可先在其上组装半片屋架,然后翻身再组装另外半片成为整个屋架。

(4) 立装,是根据构件的特点,及其零件的稳定位置,选择自上而下或自下而上地装配。用于放置平稳、高度不大的结构或大直径圆筒。

(5) 卧装,是将构件平卧进行装配,用于断面不大但长度较长的细长构件。

钢构件组装完成经施工质量验收合格后,应对钢材表面进行除锈,并涂装防腐涂料。

二、常见构件组装

1. T 形梁组装

T 形梁结构多是用厚度相同的钢板,以设计图纸标的尺寸而制成的。根据工程实际需要,T 形梁的结构有的相互垂直,也有倾斜一定角度的,如图 5-4-31 所示。T 形梁的立板通常称为腹板,与平台面接触的底板称为翼板或面板,上面的称为上翼板,下面的称为下翼板。

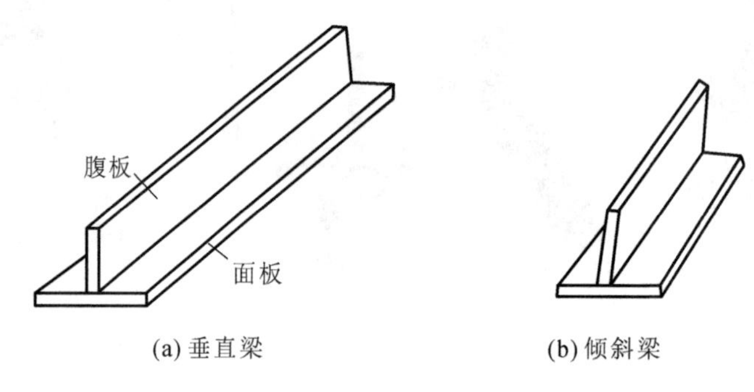

图 5-4-31 T 形梁的组装

(1) 在组装时,先定出翼板中心线,再按腹板厚度划线定位,该位置就是腹板和翼板结构接触的连接点(基准线)。

(2) 如是垂直的 T 形梁,可用直角尺找正,并在腹板两侧按 200～300 mm 距离交错点焊;如果属于倾斜一定角度的 T 形梁,就用同样角度样板进行定位,按设计规定进行点焊。

(3) T 形梁两侧经点焊完成后,为了防止焊接变形,可在腹板两侧临时用增强板将腹板和翼板点焊固定,以增加刚性减小变形。

(4) 在焊接时,采用对称分段退步焊接方法焊接角焊缝,可以有效防止焊接变形。

2. 工字钢梁、槽钢梁组装

工字钢梁、槽钢梁均是由钢板组合而成,组合连接形式基本相同,仅是型钢的种类和组合成形的形状不同,如图 5-4-32 所示。

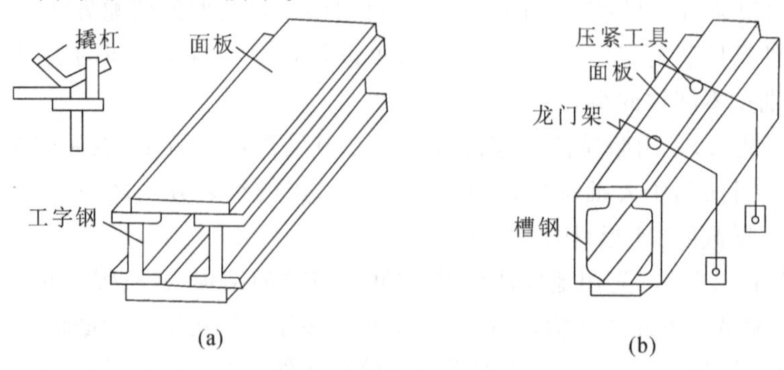

图 5-4-32 工字钢梁、槽钢梁组合组装

（1）在组装时，首先按图纸标注的尺寸、位置在面板和型钢连接位置处进行划线定位。

（2）在组装时，如果面板宽度较窄，为使面板与型钢垂直和稳固，防止型钢向两侧倾斜，可用与面板同厚度的垫板临时垫在底面板（下翼板）两侧来增加面板与型钢的接触面。

（3）用直角尺或水平尺检验侧面与平面垂直，几何尺寸正确后，方可按一定距离进行点焊。

（4）组装上面板以下底面板为基准。为保证上下面板与型钢严密结合，如果接触面间隙大，可用撬杠或卡具压严靠紧，然后进行点焊和焊接。

3. 箱形梁组装

箱形梁的结构可由钢板组成，也可由型钢与钢板混合组成，但多数箱形梁的结构是采用钢板结构成形的。箱形梁是由上下面板、中间隔板及左右侧板组成，如图 5-4-33 所示。

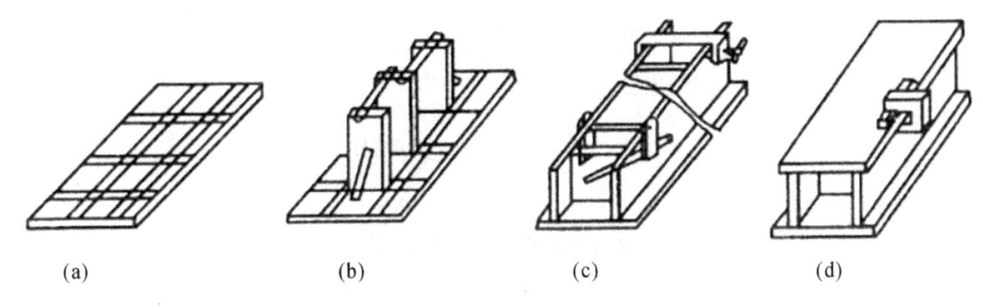

图 5-4-33　箱形梁组装

箱形梁的组装过程是先在底面板划线定位，按位置组装中间定向隔板。为防止移动和倾斜，应将两端和中间隔板与面板用型钢条临时点固。然后以各隔板的上平面和两侧面为基准，同时组装箱形梁左右立板。两侧立板的长度，要以底面板的长度为准靠齐并点焊。如两侧板与隔板侧面接触间隙过大时，可用活动型卡具夹紧，再进行点焊。最后组装梁的上面板，如果上面板与隔板上平面接触间隙大、误差多时，可用手砂轮将隔板上端找平，并用卡具压紧进行点焊和焊接。

4. 钢柱组装

1）平装

先在柱的适当位置用枕木搭设 3～4 个支点，如图 5-4-34(a)所示。各支承点高度应拉通线，使柱轴线中心线成一水平线，先吊下节柱找平，再吊上节柱，使两端头对准，然后找中心线，并将安装螺栓或夹具上紧，最后进行接头焊接，采取对称施焊，焊完一面再翻身焊另一面。

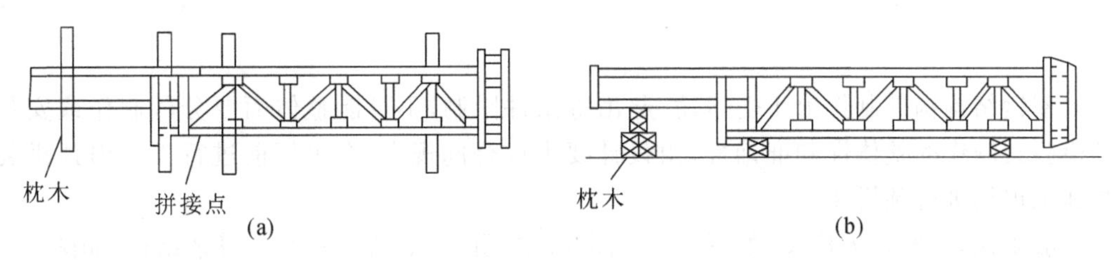

图 5-4-34　钢柱的组装

2）立拼

在下节柱适当位置设 2～3 个支点，上节柱设 1～2 个支点，如图 5-4-34(b)所示。各支点用水平仪测平垫平。组装时先吊下节，使牛腿向下，并找平中心，再吊上节，使两节的接头端相对准，然后找正中心线，并将安装螺栓拧紧，最后进行接头焊接。

3）柱底板与柱身组装

(1) 将柱身按设计尺寸先行拼装焊接，使柱向达到横平竖直，符合设计和验收标准的要求。

(2) 然后将事先准备好的柱底板按设计规定尺寸，分清内外方向画结构线并焊挡铁定位，以防在拼装时移位。

(3) 柱底板与柱身拼装之前，必须将柱身与底板接触的端面用刨床或砂轮加工平。同时将柱身分几点垫平，如图 5-4-35 所示。使柱身垂直柱底板，使其安装后受力均衡，避免产生偏心压力。

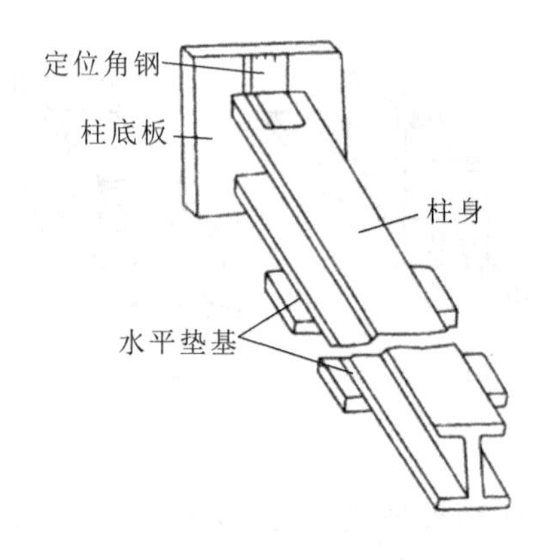

图 5-4-35 钢柱组装示意图

(4) 拼装时，将柱底板用角钢头或平面型钢按位置点固，作为定位倒吊持在柱身平面，并用直角尺检查垂直度及间隙大小，待合格后进行四周全面点固。为防止焊接变形，应采用对角或对称方法进行焊接。

(5) 如果柱底板左右有梯形板时，可先将底板与柱端接触焊缝焊完后，再组装梯形板，并同时焊接，这样可避免梯形板妨碍底板缝的焊接。

任务 5 钢结构预拼接

大型钢结构构件制作由于受运输、起吊等条件限制，不可能整体而要分段制作或安装，为了检验其制作的整体性和准确性，由设计要求或合同规定，在出厂前进行工厂内预拼装，或在施工现场进行预拼装。

一般来说，主要受力桁架(如图 5-5-1、图 5-5-2、图 5-5-3 所示)、空间复杂结构(如图 5-5-4 所示)，允许偏差接近接极限且具有代表性的组合构件单元都需要进行预拼装。

图 5-5-1 平面桁架的工厂预拼装

图 5-5-2 钢管桁架的工厂预拼装

图 5-5-3 钢桁架现场预拼装

图 5-5-4 使用 BIM 技术虚拟预拼装空间钢结构

构件在预拼装时，不仅要防止构件在拼装过程中产生的应力变形，而且也要考虑构件在运输过程中可能受到的损害，必要时应采取一定的防范措施，尽量把损害降到最低。

5.5.1 预拼装要求

(1) 构件预拼装比例应符合施工合同和设计要求，一般按实际平面情况预装 10%～20%。

(2) 拼装构件一般应设拼装工作台，如在现场拼装，则应放在较坚硬的场地上用水平仪抄平。拼装时构件全长应拉通线，并在构件有代表性的点上用水平尺找平，符合设计尺寸后点焊牢固。刚性较差的构件，翻身前要进行加固，构件翻身后也应进行找平，否则构件焊接后无法矫正。

(3) 构件在制作、拼装、吊装中所用的钢尺应统一，且必须经计量检验，并相互核对，测量时间宜在早晨日出前、下午日落后最佳。

(4) 单构件支承点不论柱、梁、支撑，应不少于 2 个。

(5) 钢构件预拼装地面应坚实，胎架强度、刚度必须经设计计算而定，各支承点的水平精度可用已计量检验的各种仪器逐点测定调整。

(6) 在胎架上预拼装过程中，不得对构件动用火焰、锤击等，各杆件的重心线应交汇于节点中心，并应完全处于自由状态。

5.5.2 预拼装分类

预拼装分构件单体预拼装(多节柱、分段梁或桁架、分段管结构等)、构件平面整体预拼装、构件立体预拼装、计算机辅助模拟预拼装。

构件单体预拼装，是指同属一个构件而分成若干段后，两段或多段的预拼装。

构件平面整体预拼装是指建筑物在某一柱列中的两个柱或数个柱所包括的柱、梁、支撑等的平面预拼装。

构件立体预拼装是指建筑物中非平面的特殊部分如球形结构、大型筒体结构、板结构等，需进行立体预拼装。

计算机辅助模拟(如 BIM 等技术)预拼装是指对制造已完成的构件进行三维测量，用测量数据在计算机中构造构件模型，检查拼装进度，得到构件加工所需要的信息。

由于计算机辅助模拟拼装法具有速度快、精度高、节能环保等优点，近年来得到广泛的使用。

5.5.3 钢屋架预拼装

钢屋架拼装过程如下：

(1) 按设计尺寸，以 $l/1000$ 预留焊接收缩量，在拼装平台上放出拼装底样，如图 5-5-5 和图 5-5-6 所示。因为屋架在设计图纸的上下弦处不标注起拱量，所以才放底样，按跨度比例画出起拱。

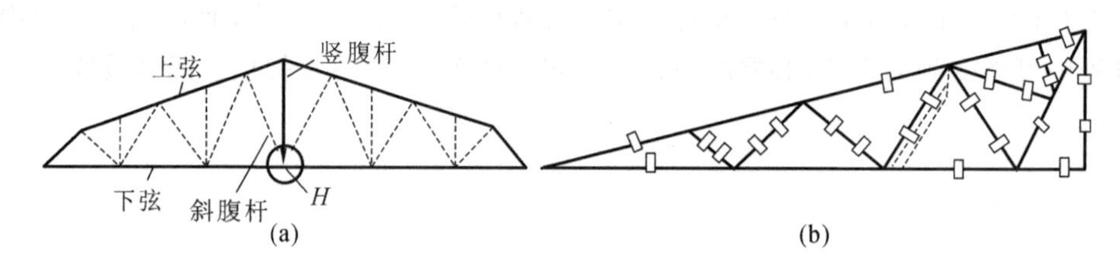

图 5-5-5 屋架拼装示意图

(2) 在底样上一定要按图画好角钢面宽度、立面厚度，作为拼装时的依据。如果在拼装时，角钢的位置和方向能记牢，其立面的厚度可省略不画，只画出角钢面的宽度即可。

(3) 放好底样后，将底样上各位置上的连接板用电焊点牢，并用挡铁定位，作为第一次单片屋架拼装基准的底模，如图 5-5-7 所示，接着，就可将大小连接板按位置放在底模上。

(4) 将屋架的上下弦及所有的腹杆、限位板放到连接板上面，进行找正对齐，用卡具夹紧点焊。待全部点焊牢固，可用起重机作 180°翻个，这样就可用该扇单片屋架为基准仿效组合拼装。

(5) 拼装时，应给下一步运输和安装工序创造有利条件。除按设计规定的技术说明外，还应结合屋架的跨度，做整体或按节点分段进行拼装。

(6) 屋架拼装一定要注意平台的水平度，如果平台不平，可在拼装前用仪器或拉粉线调整垫平，否则拼装成的屋架，在上下弦及中间位置会产生侧身弯曲。

(7) 对特殊动力厂房屋架，为适应使用功能的要求，一般不采用焊接而用铆接。

钢构件预拼装完成后，应对其进行必要的检查。预拼装检查合格后，对上下定位中心线、标高基准线、交线中心点等应标注清楚、准确。对管结构、工地焊接连接处，除应有上述标记外，还应焊接一定数量的卡具、角钢或钢板定位器等，以便按预拼装结果进行安装。

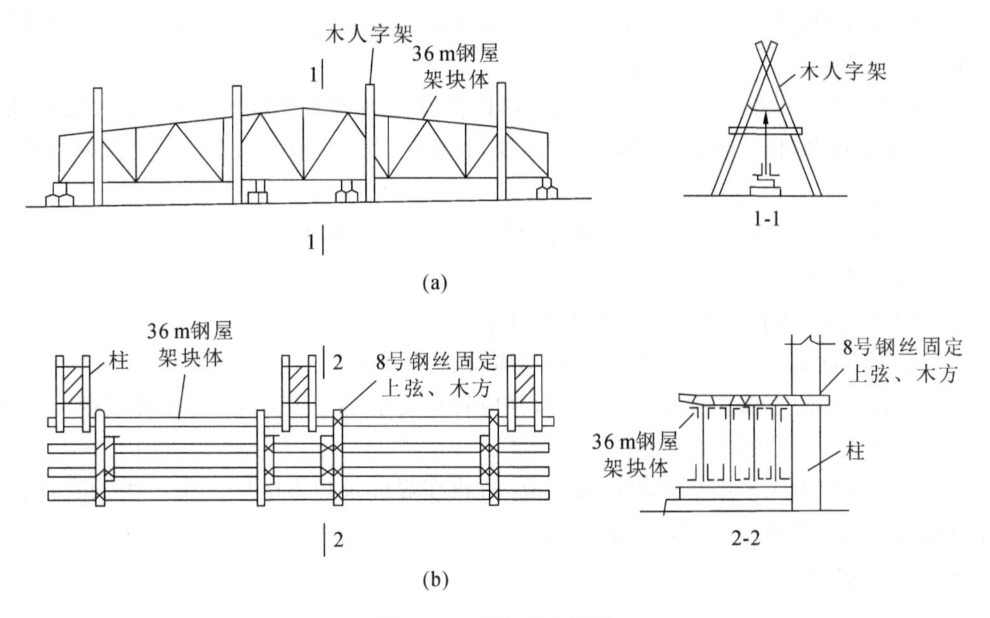

图 5-5-6 屋架的立拼装

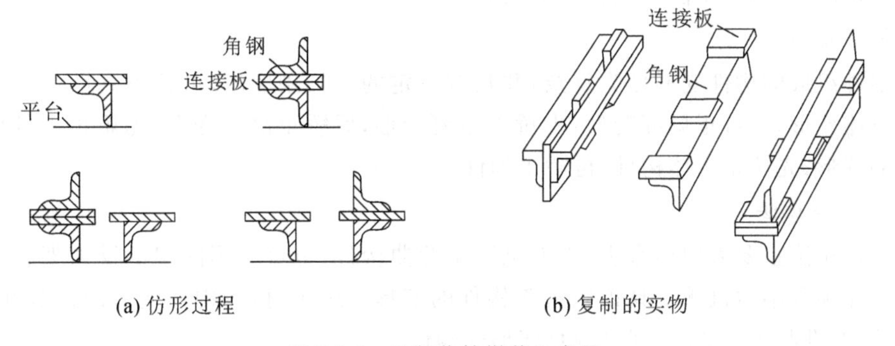

图 5-5-7 屋架仿效拼装示意图

5.5.4 预拼装变形预防与矫正

一、变形预防

1. 拼装变形预防

拼装时应选择合理的装配顺序，一般的原则是先将整体构件适当分成几个部件，分别进行小单元部件的拼装，然后将这些拼装和焊完的部件予以矫正后，再拼成大单元整体。这样某些不对称或收缩大的构件焊缝能自由收缩和进行矫正，而不影响整体结构的变形。

拼装时，应注意以下事项：

(1) 拼装前，应按设计图的规定尺寸，认真检查拼装零件的尺寸是否正确。

(2) 拼装底样的尺寸一定要符合拼装半成品构件的尺寸要求，构件焊接点的收缩量应接近焊后实际变化尺寸要求。

(3) 拼装时，为防止构件在拼装过程中产生过大的应力变形，应使零件的规格或形状均符合规定的尺寸和样板要求。同时在拼装时不宜采用较大的外力强制组对，以防构件焊接时产生过大的约束应力而发生变形。

(4) 构件组装时，为使焊接接头均匀受热以消除应力和减小变形，应做到对接间隙、坡口角度、搭接长度和T形贴角连接的尺寸正确，其形状、尺寸的要求，应按设计及确保质量的经验做法进行。

(5) 坡口加工的形式、角度、尺寸应符合设计施工图的要求。

2. 焊接变形预防

构件焊接时，其焊接变形的预防措施如下：

(1) 焊条的材质、性能应与母材相符，均应符合设计要求。

(2) 拼装支承的平面应保证其水平度，并应符合支承的强度要求，不能使其因自重而下坠，造成拼装构件焊接处的弯曲变形。

(3) 焊接过程中应采用正确的焊接规范，防止在焊缝及热影响区产生过大的受热面积，使焊后造成较大的焊接应力，导致构件变形。

二、变形矫正

当钢构件发生弯曲或扭曲变形超过设计规定范围时，必须进行矫正。常用的矫正方法有机械矫正法、火焰矫正法或混合矫正法等。

1. 矫正顺序

当零件组成的构件变形较为复杂，并具有一定的结构刚度时，可按下列顺序进行矫正：先矫正总体变形，后矫正局部变形；先矫正主要变形，后矫正次要变形；先矫正下部变形，后矫正上部变形；先矫正主体构件，再矫正副件。

2. 机械矫正法

机械矫正法主要采用顶弯机、压力机矫正弯曲构件，也可利用固定的反力架、液压式或螺旋式千斤顶等小型机械工具顶压矫正构件的变形。矫正时，将构件变形部位放在两支撑的空间处，对准凸出处加压，即可调直变形的构件。

3. 火焰矫正法

条形钢结构变形主要采用火焰矫正法。它的特点是时间短，收缩量大，其水平收缩方向是沿着弯曲的一面按水平对应收缩后产生新的变形来矫正已发生的变形。

(1) 采用加热三角形法矫正弯曲的构件时，应根据其变形方向来确定加热三角形的位置：上下弯曲，加热三角形在立面，如图5-5-8(a)所示；左右方向弯曲，加热三角形在平面，如图5-5-8(b)所示；加热三角形的顶点位置应在弯曲构件的凹面一侧，三角形的底边应在弯曲的凸面一侧。

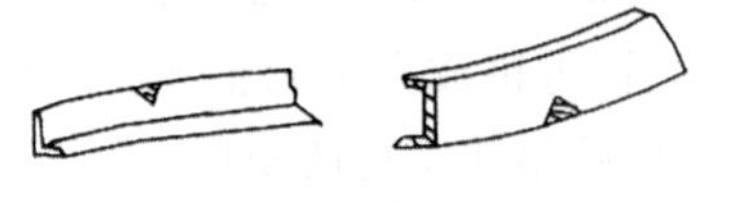

(a) 上下弯曲加热

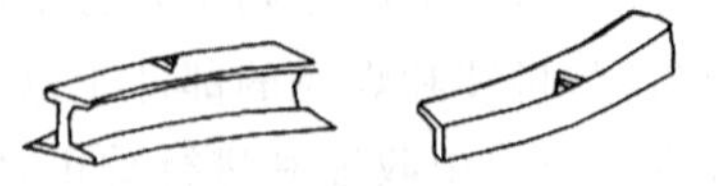

(b) 左右弯曲加热

(c) 三角形加热后收缩方向

图5-5-8 型钢火焰矫正加热方向

(2) 加热三角形的数量多少应按构件变形的程度来确定。构件变形的弯矩大，则加热三角形的数量要多，间距要近。一般对5 m以上长度的截面100～300 mm^2 的型钢件用火焰(三角形)矫正时,加热三角形的相邻中心距为 500～800 mm,每个三角形的底边宽视变形程度而确定,一般应在 80～150 mm 范围内。

(3) 加热三角形的高度和底边宽度一般是型钢高度的 1/5～2/3,加热温度在 700～800 ℃之间,严禁以超过 900 ℃的正火温度矫正。矫正的构件材料如是低合金高强度结构钢,矫正后必须缓慢冷却,必要时可用绝热材料加以覆盖保护,以免增加硬化组织发生脆裂等缺陷。

4. 混合矫正法

钢结构混合矫正法是综合利用机械设备和火焰矫正构件的变形。

(1) 当变形构件符合下列情况之一者,应采用混合矫正法:

① 构件变形的程度较严重,且兼有死弯;

② 变形构件截面尺寸较大,矫正设备能力不足;

③ 构件变形形状复杂;

④ 构件变形具有两个及两个以上的不同方向;

⑤ 用单一矫正方法不能矫正变形构件。

(2) 箱形梁构件扭曲矫正。矫正箱形梁扭曲时,应将其底面固定在平台上,因其刚性较大,需在梁中间位置的两个侧面及上平面,同时进行火焰加热,加热宽度为 30～40 mm,并用牵拉工具逆着扭曲方向的对角方向施加外力 P,在加热与牵引综合作用下,将扭曲矫正。

箱形梁的扭曲被矫正后,可能会产生上拱或侧弯的新变形。对上拱变形的矫正,可在上拱处由最高点向两端用加热三角形方法矫正。侧弯矫正时除用加热三角形法单一矫正外,还可边加热边用千斤顶进行矫正。

任务6 钢构件成品检验、管理和包装

5.6.1 钢构件成品检验

一、成品检查

钢结构成品的检查项目各不相同,要依据各工程具体情况而定。若工程无特殊要求,一般检查项目可按该产品的标准、技术图纸规定、设计文件要求和使用情况而确定。成品检查工作应在材料质量保证书、工艺措施、各道工序的自检、专检等前期工作无误后进行。钢构件因其位置、受力等的不同,其检查的侧重点也有所区别。

二、修整

构件的各项技术数据经检验合格后,对加工过程中造成的焊疤、凹坑应予补焊并铲磨平整。对临时支撑、夹具应予割除。

铲磨后零件表面的缺陷深度不得大于材料厚度负偏差值的 1/2,对于吊车梁的受拉翼缘尤其应注意其光滑过渡。

在较大平面上磨平焊疤或磨光长条焊缝边缘,常用高速直柄风动手砂轮。

三、验收资料

产品经过检验部门签收后进行涂装，并对涂装的质量进行验收。

钢结构制造单位在成品出厂时应提供钢结构出厂合格证书及技术条件，其中应包括：

(1) 施工图和设计变更文件，设计变更的内容应在施工图中相应部位注明；

(2) 制作中对技术问题处理的协议文件；

(3) 钢材、连接材料和涂装材料的质量证明书和试验报告；

(4) 焊接工艺评定报告；

(5) 高强度螺栓摩擦面抗滑移系数试验报告、焊缝无损检验报告及涂层检测资料；

(6) 主要构件验收记录；

(7) 构件发运和包装清单；

(8) 需要进行预拼装时的预拼装记录。

此类证书、文件作为建设单位的工程技术档案的一部分，根据工程的实际情况提供。

5.6.2 钢构件成品管理和包装

一、标识

1. 构件重心和吊点的标注

重量在 5 t 以上的复杂构件，一般要标出重心，重心的标注用鲜红色油漆标出，再加上一个向下箭头，如图 5-6-1 所示。

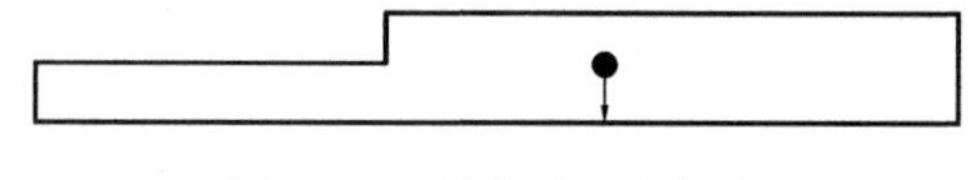

图 5-6-1 构件的重心标志

在通常情况下，吊点的标注是由吊耳来实现的。吊耳也称眼板(见图 5-6-2、图 5-6-3)，在制作厂内加工、安装好。眼板及其连接焊缝要做无损探伤，以保证吊运构件时的安全性。

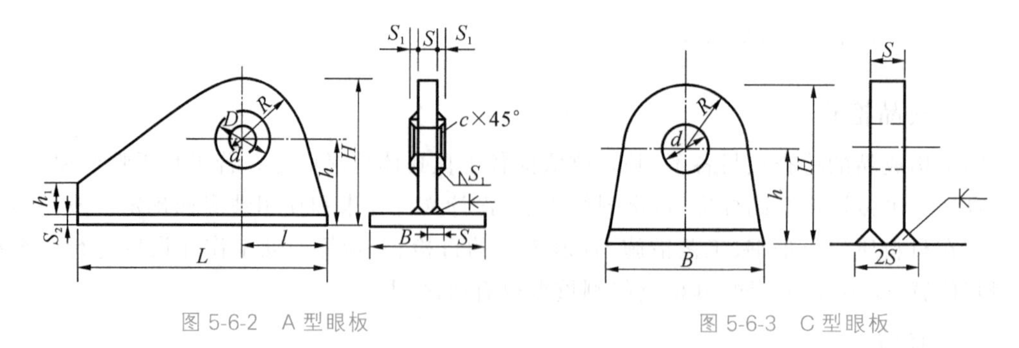

图 5-6-2 A 型眼板

图 5-6-3 C 型眼板

2. 钢构件标记

钢构件包装完毕，要对其进行标记。标记一般由承包商在制作厂成品库装运时标明。

对于国内的钢结构用户，其标记可用标签方式，也可用油漆直接写在钢结构产品或包装箱上。对于出口的钢结构产品，必须按海运要求和国际通用标准标明标记。

标记通常包括下列内容：工程名称、构件编号、外廓尺寸(长、宽、高，以米为单位)、净重、毛重、始发地点、到达港口、收货单位、制造厂商、发运日期等，必要时要标明重心和吊点位置。

二、堆放

成品验收后，在装运或包装以前堆放在成品仓库。目前国内钢结构产品的主件大部分露天堆放，部分小件一般可用捆扎或装箱的方式放置于室内。由于成品堆放的条件一般较差，所以堆放时更应注意防止失散和变形。

成品堆放时应注意下述事项：

(1) 堆放场地的地基要坚实，地面平整干燥，排水良好，不得有积水。

(2) 堆放场地内备有足够的垫木或垫块，使构件得以放平稳，以防构件因堆放方法不正确而产生变形。

(3) 钢结构产品不得直接置于地上，要垫高 200 mm 以上。

(4) 侧向刚度较大的构件可水平堆放，当多层叠放时，必须使各层垫木在同一垂线上，堆放高度应根据构件来决定。

(5) 大型构件的小零件应放在构件的空当内，用螺栓或铁丝固定在构件上。

(6) 不同类型的钢构件一般不堆放在一起。同一工程的构件应分类堆放在同一地区内，以便于装车发运。

(7) 构件编号要在醒目处，构件之间堆放应有一定距离。

(8) 钢构件的堆放应尽量靠近公路、铁路，以便于运输。

三、包装

钢结构的包装方法应视运输形式而定，并应满足工程合同提出的包装要求。

(1) 包装工作应在涂层干燥后进行，并应注意保护构件涂层不受损伤。包装方式应符合运输的有关规定。

(2) 每个包装的重量一般不超过 3～5 t，包装的外形尺寸则根据货运能力而定。如通过汽车运输，一般长度不大于 12 m，个别不应超过 18 m，宽度不超过 2.5 m，高度不超过 3.5 m。超长、超宽、超高时要做特殊处理。

(3) 包装时应填写包装清单，并核实数量。

(4) 包装和捆扎均应注意密实和紧凑，以减少运输时的失散、变形，而且还可以降低运输的费用。

(5) 钢结构的加工面、轴孔和螺纹，均应涂以润滑脂和贴上油纸，或用塑料包裹，螺孔应用木楔塞住。

(6) 包装时要注意外伸的连接板等物件要尽量置于内侧，以防造成钩刮事故，不得不外露时要做好明显标记。

(7) 刷过油漆的构件，在包装时应该用木材、塑料等垫衬加以隔离保护。

(8) 单件超过 1.5 t 的构件单独运输时，应用垫木做外部包裹。

(9) 细长构件可打捆发运，一般用小槽钢在外侧用长螺丝夹紧，其空隙处填以木条。

(10) 有孔的板形零件，可穿长螺栓，或用铁丝打捆。

(11) 较小零件应装箱，已涂底又无特殊要求者不另做防水包装，否则应考虑防水措施。包装用木箱，其箱体要牢固、防雨，下方要留有铲车孔以及能随箱体总重的枕木，枕木两端要切成斜面，以便捆吊或捆运。铁箱的箱体外壳要焊上吊耳，以便运输过程中吊运。

(12) 一些不装箱的小件和零配件可直接捆扎或用螺栓扎在钢构件主体的需要部位上，但要捆扎、固定牢固，且不影响运输和安装。

(13) 片状构件，如屋架、托架等，平运时易造成变形，单件竖运又不稳定，一般可将几片构件装夹成近似一框架，其整体性能好，各单件之间互相制约而稳定。装夹件一般是同一规格的构件。装夹时要考虑整体性能，防止在装卸和运输过程中产生变形的失稳。

(14) 需海运的构件，除大型构件外，均需打捆或装箱。螺栓、螺纹杆以及连接板要用防水材料外套封装。每个包装箱、裸装件及捆装件的两边都要有标明船运的所需标志，标明包装件的重量、数量、中心和起吊点。

四、发运

多构件运输时应根据钢构件的长度、重量选用车辆，钢构件在运输车辆上的支点、两端伸出的长度及绑扎方法均应保证钢构件不产生变形、不损伤涂层。

钢结构产品一般是陆路车辆运输或铁路包车皮运输。陆路车辆运输现场拼装散件时，使用一般货运车即可。散件运输一般不需装夹，但要能满足在运输过程中不产生过大的变形。对于成型大件的运输，可根据产品不同而选用不同车型的运输货车。由于制作厂对大构件的运输能力有限，有些大构件的运输则由专业化大件运输公司承担。对于特大件钢结构产品的运输，则应在加工制造以前就与运输有关的各个方面取得联系，并得到批准后方可运输；如果不允许就采用分段制造分段运输方式。一般情况下，框架钢结构产品的运输多用活络拖斗车，实腹类构件或容器类产品多用大平板车运输。

小结

(1) 钢结构零部件加工制作前首先要做好相关的工艺准备工作，并使加工环境达到规定的要求。

(2) 钢结构零部件加工的施工准备工作包括技术、材料、作业条件等方面的准备工作，加工工艺流程包括放样和号料、切割、弯曲成型和矫正、边缘加工、制孔、组装等程序。

(3) 钢结构焊接方法按自动化程度分为手工焊、半自动焊及自动焊三大类，按焊接工艺可分为电弧焊、气体保护焊、埋弧焊、熔嘴电渣焊、栓钉焊等多种类型。每种焊接方法都有其适用范围及优缺点。

(4) 了解普通螺栓连接和高强螺栓连接的适用范围、施工准备、材料要求；掌握建筑钢结构工程中常用的普通螺栓连接的施工工艺、质量验收要点及注意事项等；掌握高强螺栓连接的施工工艺、检查要点及施工注意事项。

(5) 了解钢构件的预拼装方法，掌握常用构件的预拼装施工；掌握预拼装的检查；掌握拼装变形的预防及矫正措施。

(6) 了解钢结构成品堆放时的注意事项。

巩固训练

(1) 钢结构零部件加工制作过程中应注意哪些方面的问题?

(2) 归纳钢结构切割作业的主要方法、优缺点及适用范围。

(3) 钢结构加工中,边缘处理的主要工艺有哪些,各有何特点?

(4) 总结分析钢结构的焊接方法及适用范围。

(5) 焊接节点的一般规定有哪些?

(6) 在钢结构零部件加工中,焊后消除残余应力的处理方法有哪些?

(7) 普通螺栓连接的施工作业条件有哪些规定?

(8) 简述普通螺栓连接的施工操作要点。

(9) 简述高强螺栓连接的施工工艺流程。

(10) 试介绍高强螺栓连接的摩擦面的处理方法。

(11) 总结常见钢构件的预拼装施工工艺。

(12) 总结钢构件变形矫正方法,以及各自的适用范围。

项目6 钢结构的安装

GANGJIEGOU DE ANZHUANG

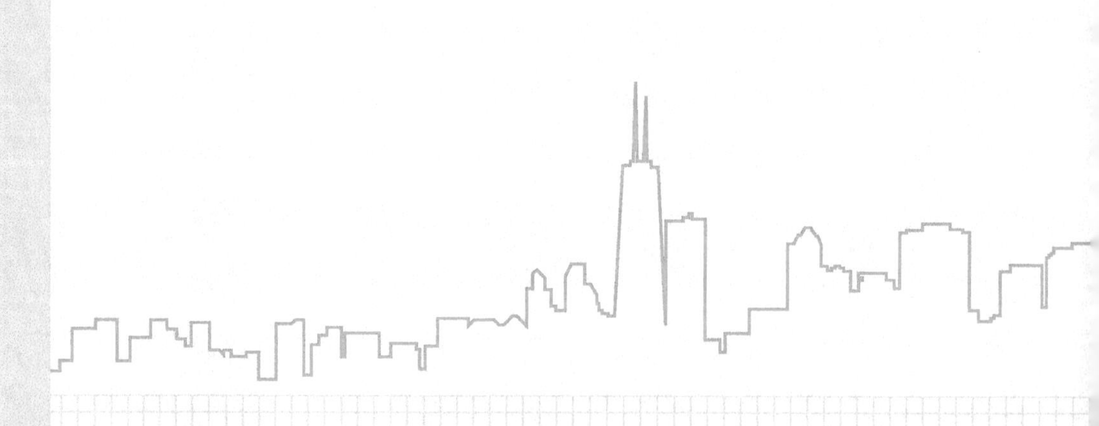

学习目标

通过本项目的学习，熟悉钢结构安装前的准备；熟悉一般钢结构安装流程和方法；掌握单层钢结构、多高层钢结构安装工艺流程及安装要点；熟悉钢网架安装工艺流程及安装要点。

任务1　施工准备

（1）技术准备：制定安装技术方案，单层钢结构工程宜采用分件安装法，屋盖系统宜采用综合安装法，多层钢结构工程一般采用综合安装法。

（2）施工机具及材料准备：包括吊装机械、各类辅助施工机具、钢构件、各类焊接材料及紧固件等。

（3）柱基检查：柱基找平和标高控制，复核轴线并弹好安装对位线，检查地脚螺栓轴线位置、尺寸及质量。

（4）构件清理：清理钢柱（如图6-1-1所示）等先行吊装构件，编号并弹好安装就位线。

图6-1-1　安装前柱底除锈清理

任务2　单层钢结构安装

单层钢结构有单跨和多跨之分。单跨结构宜按照从跨端一侧向另一侧、中间向两端或两端向中间的顺序进行吊装。多跨结构,宜先吊主跨、后吊副跨;当有多台起重设备共同作业时,也可多跨同时吊装。

单层钢结构在安装过程中,应及时安装临时柱间支撑或稳定缆绳,应在形成空间结构稳定体系后再扩展安装。单层钢结构安装过程中形成的临时空间结构稳定体系应能承受结构自重、风荷载、雪荷载、施工荷载以及吊装过程中冲击荷载的作用。

单层钢结构安装顺序总体上为:先安装竖向构件,再安装平面构件,这样施工的目的是减少建筑物纵向长度安装累积误差,保证工程质量。

竖向构件的安装顺序:柱→连系梁→柱间支撑→吊车梁→托架等。

平面构件安装顺序:主要以形成空间稳定体系为原则,其施工流程如图 6-2-1 所示。

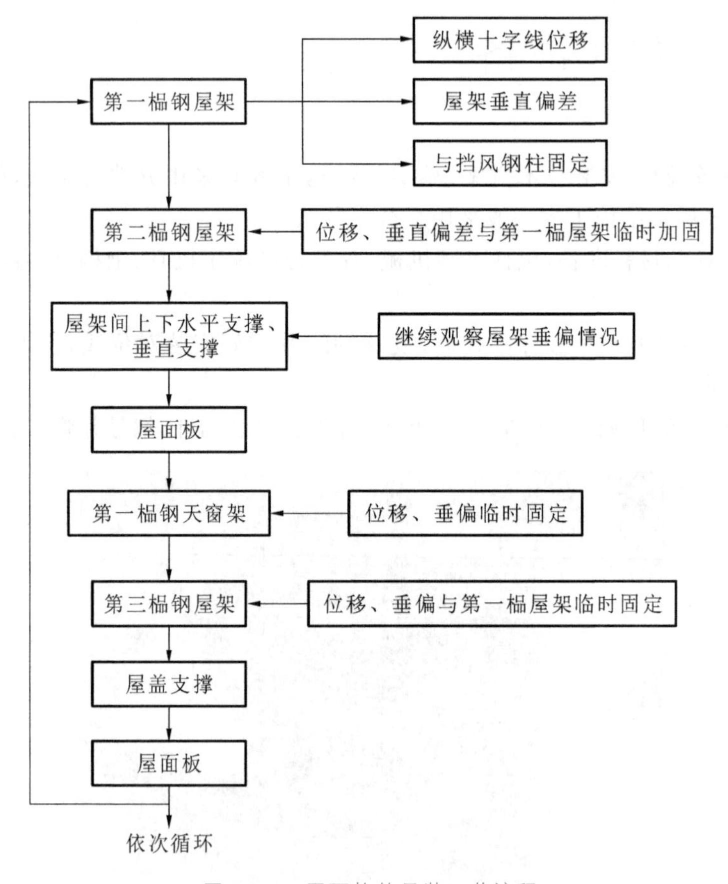

图 6-2-1 平面构件吊装工艺流程

6.2.1 钢柱安装

单层厂房钢柱宜采用一点直吊绑扎法起吊,就位时对准地脚螺栓缓慢下落,对位后拧上螺帽将柱临时固定,校正其平面位置和垂直度;校正后终拧螺帽,用垫板与柱底板焊牢,然后柱底灌浆固定,如图 6-2-2 、图 6-2-3、图 6-2-4 所示。

图 6-2-2 钢柱的吊装

图 6-2-3 终拧地脚螺帽

图 6-2-4 柱底灌浆固定

6.2.2 钢吊车梁安装

1. 吊点的选择

钢吊车梁一般采用两点绑扎，对称起吊。吊钩应对称于梁的重心，以便使梁起吊后保持水平，梁的两端用油绳控制，以防吊升就位时左右摆动。

对梁上设有预埋吊环的钢吊车梁，可采用带钢钩的吊索直接钩住吊环起吊；对自重较大的吊车梁，应用卡环与吊环吊索相互连接起吊；梁上未设置吊环的钢吊车梁，可在梁端靠近支点处用轻便吊索配合卡环绕钢吊车梁下部左右对称绑扎吊装或用工具式吊耳吊装，见图 6-2-5。当起重能力允许时，也可将吊车梁与桁架及支撑组合吊装，见图 6-2-6。

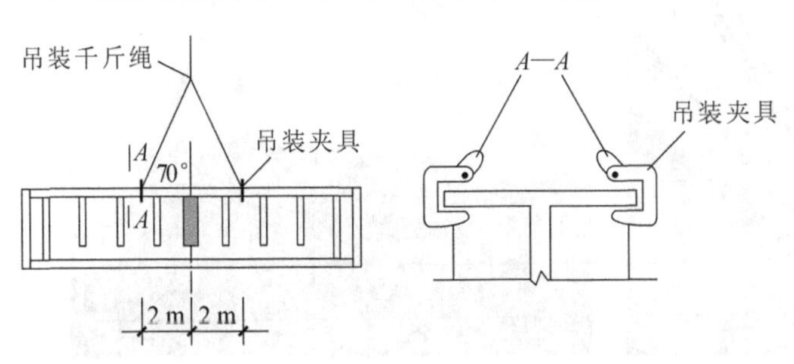

图 6-2-5 利用工具式吊耳吊装

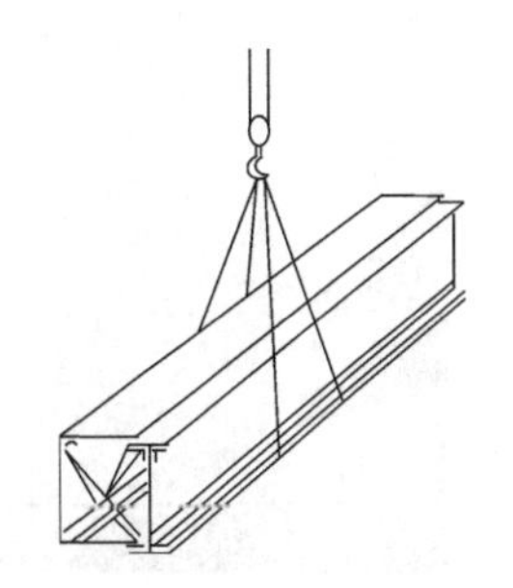

图 6-2-6 钢吊车梁组合吊装

2. 吊升就位

在屋盖吊装之前安装吊车梁时,可采用各种起重机进行;在屋盖吊装完毕安装吊车梁时,可采用短臂履带式起重机或独脚桅杆起吊,也可在屋架端头或柱顶拴滑轮组来安装吊车梁。

吊车梁布置宜接近安装位置,使梁重心对准安装中心。安装可按照由一端向另一端,或由中间向两端的顺序进行。当梁吊升至设计位置离支座面约 20 cm 时,用人力扶正,使梁中心线与支撑面中心线对准,使两端搁置长度相等,缓缓下降,如有偏差,稍稍起吊用撬杆撬正,如支座不平,可用垫铁垫平。吊车梁的自身稳定性较好,用垫铁垫平后,起重机即可脱钩,一般不需采用临时固定措施。当梁高与底宽之比大于 4 时,为防止吊车梁倾倒,可用铁丝将梁临时绑在柱子上。

就位临时固定后要校正吊车梁的垂直度、标高及纵横轴线位置。图 6-2-7、图 6-2-8 所示为吊车梁的吊装现场。

图 6-2-7 低跨吊车梁的吊装

图 6-2-8 双层吊车梁的吊装

6.2.3 屋面系统安装

屋架安装应在柱子校正并固定后进行,见图 6-2-9。屋面系统可采用扩大组合拼装后吊装,见图 6-2-10,扩大组合拼装单元宜成为具有一定刚度的空间结构。檩条等构件安装应在屋架调整定位后进行,见图 6-2-11。

图 6-2-9 屋架的吊装

图 6-2-10 扩大组合拼装单元的吊装

图 6-2-11　檩条的安装

任务 3　多层及高层钢结构安装

6.3.1　规范要求

根据《钢结构工程施工规范》(GB 50755—2012)，多层及高层钢结构安装应符合下列规定。

一、流水段划分

多层及高层钢结构安装宜划分多个流水段，流水段宜以每节框架为单位。流水段划分应符合下列规定：

(1) 流水段内的最重构件应在起重设备的起重能力范围内；

(2) 起重设备的爬升高度应满足下节流水段内构件的起吊高度；

(3) 每节流水段内的柱长度应根据工厂加工、运输堆放、现场吊装等因素确定，长度宜取 2～3 个楼层高度，分节位置宜在梁顶标高以上 1.0～1.3 m 处；

(4) 流水段的划分应与混凝土结构施工相适应；

(5) 每节流水段可根据结构特点和现场条件在平面上划分流水区进行施工。

二、构件吊装

流水作业段内的构件吊装应符合下列规定：

(1) 吊装可采用整个流水段内先柱后梁，或局部先柱后梁的顺序，单柱不得长时间处于悬臂状态；

(2) 钢楼板及压型金属板安装应与构件吊装进度同步；

(3) 特殊流水作业段内的吊装顺序应按安装工艺确定，并应符合设计文件的要求。

多层及高层钢结构吊装，在分片区的基础上，多采用综合吊装法，其吊装程序一般是：平面从中间或某一对称节间开始，以一个节间的柱网为一个吊装单元，按钢柱钢梁支撑顺序吊装，并向四周扩展以减少焊接误差。垂直方向由下至上组成稳定结构后，分层安装次要结构，钢构件一节间一节间、一层楼一层楼地安装，采取对称安装、对称固定的工艺，有利于消除安装误差积累和节点焊接变形，使焊接误差降低到最低程度。

一个立面流水段内的安装顺序如图 6-3-1 所示，图 6-3-2、图 6-3-3 为多层及高层钢结构安装现场。

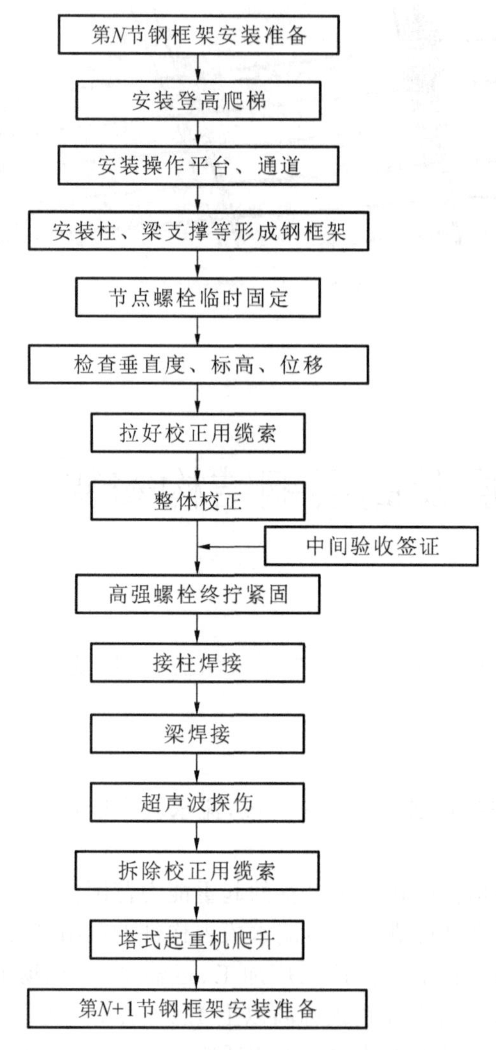

图 6-3-1　一个立面流水段内的安装顺序

图 6-3-2　多层钢结构安装

图 6-3-3　高层钢结构安装

6.3.2 钢柱的安装

一、钢柱的安装要点

(1) 柱脚安装时,锚栓宜使用导入器或护套。

(2) 首节钢柱安装后应及时进行垂直度、标高和轴线位置校正,钢柱的垂直度可采用经纬仪或线锤测量;校正合格后钢柱应可靠固定,并应进行柱底二次灌浆,灌浆前应清除柱底板与基础面间的杂物。

(3) 首节以上的钢柱定位轴线应从地面控制轴线直接引上,不得从下层柱的轴线引上;校正钢柱垂直度时,应确定钢梁接头焊接的收缩量,并应预留焊缝收缩变形值。

(4) 倾斜钢柱可采用三维坐标测量法进行测校,也可采用柱顶投影点结合标高进行测校,校正合格后宜采用刚性支撑固定。

(5) 首节柱安装时,利用柱底螺栓和垫片的方式调节标高,精度可达±1 mm,如图 6-3-4 所示。在钢柱校正完成后,因独立悬臂柱易产生偏差,所以要求可靠固定,并用无收缩砂浆灌实柱底。

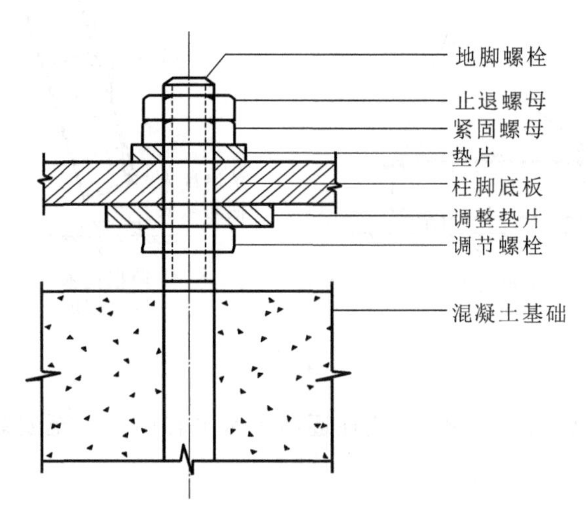

图 6-3-4 柱脚底板标高精确调整

二、钢柱的吊装方法

1. 单机旋转回直法

柱起吊后通过吊钩的起升、变幅及吊臂的回转,逐步将柱扶直,柱停止晃动后再继续提升,如图 6-3-5 所示。此法适用于重量较轻的柱,如轻钢厂房柱等。此外,为确保吊装平稳,常在柱底端拴两根溜绳牵引。

2. 单机倾斜吊装法

单机进行倾斜钢柱的吊装,需在吊索上设置手拉葫芦,钢柱吊至空中后,通过手拉葫芦调整,钢柱倾角到预期起伏状态后再行就位,如图 6-3-6 所示。

3. 双机抬吊法

起吊时双机同时将柱水平吊起,离地面一定高度后暂停,然后主机继续上升,吊钩、副机

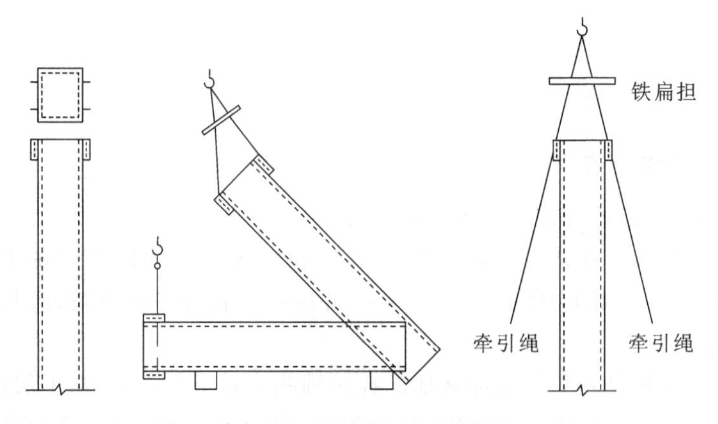

图 6-3-5　单机旋转回直法吊装钢柱示意

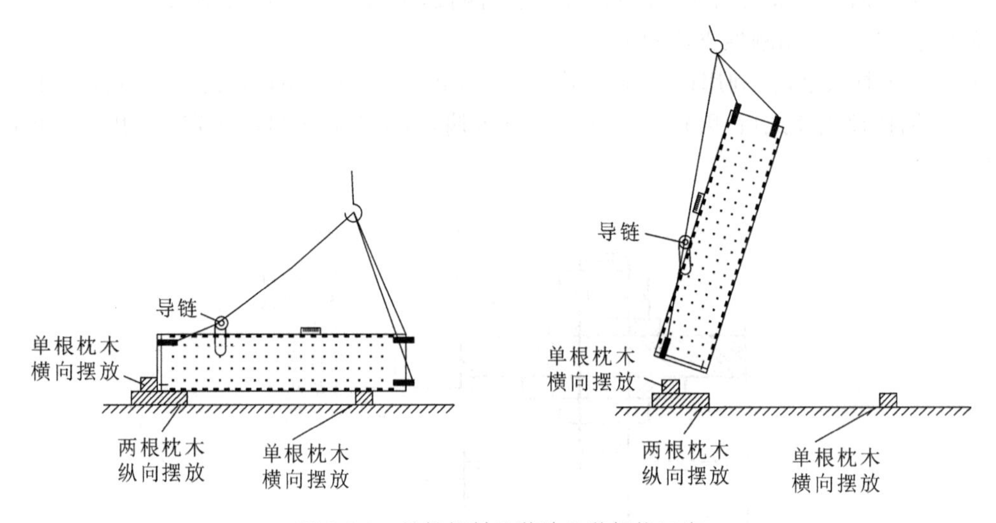

图 6-3-6　单机倾斜吊装法吊装钢柱示意

停止上升，面向内侧旋转或适当开行，使柱逐渐由水平转向垂直至安装状态，如图 6-3-7 所示。此法适用于一般大型重型柱。

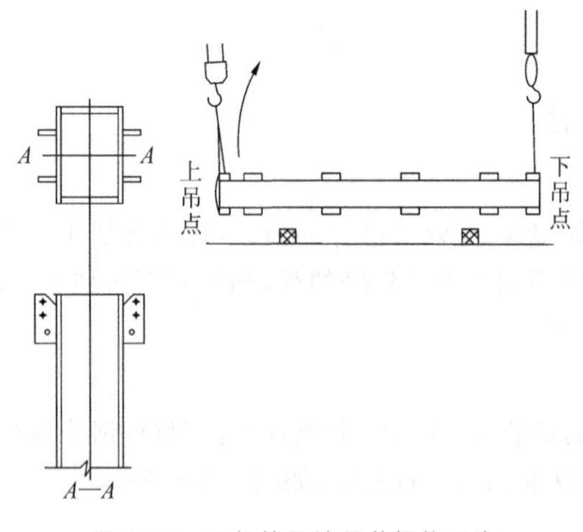

图 6-3-7　双机抬吊法吊装钢柱示意

轴线引测：柱的定位轴线应从地面控制线引测，不得从下层柱的定位轴线引测，避免累积误差。

钢柱校正：对垂直度、轴线、牛腿面标高进行初验，柱间间距用液压千斤顶与钢楔或导链与钢丝绳校正。钢柱的现场吊装和矫正如图 6-3-8、图 6-3-9 所示。

图 6-3-8 钢柱的吊装

图 6-3-9 钢柱的校正

6.3.3 钢梁的安装

一、钢梁的安装要点

(1) 钢梁宜采用两点起吊；当单根钢梁长度大于 21 m，采用两点吊装不能满足构件强度和变形要求时，宜设置 3～4 个吊装点吊装或采用平衡梁吊装，吊点位置应通过计算确定。

(2) 钢梁可采用一机一吊或一机串吊的方式吊装，就位后应立即进行临时固定连接。

(3) 钢梁面的标高及两端高差可采用水准仪与标尺进行测量，校正完成后应进行永久性连接。

二、钢梁的吊装方法

钢梁吊装前应检查钢柱牛腿标高和柱子间距，梁上装好扶手和通道钢丝绳以保证施工人员的安全。吊点一般设在翼缘板开孔处，其位置取决于钢梁的跨度。钢梁在安装过程中可借助经纬仪和标尺等对梁顶面标高和两端高差进行测量，反复校正至符合要求。钢梁安装现场见图 6-3-10。梁柱也可以组装后再进行安装，见图 6-3-11。

图 6-3-10 钢梁安装

图 6-3-11 梁柱组装后安装

6.3.4 构件间的连接

钢柱间的连接常采用坡口焊连接。主梁与钢柱的连接:翼缘常用坡口焊连接,腹板常用高强螺栓连接,如图 6-3-12 所示。次梁与主梁的连接基本上是在腹板处用高强螺栓连接,少数情况会在翼缘处再用坡口焊连接。

图 6-3-12 钢构件的现场连接

柱与梁的焊接顺序:顶部梁柱节点→底部梁柱节点→中间部分的梁柱节点。

高强螺栓连接的紧固顺序:主要构件→次要构件。

工字形构件的紧固顺序:上翼缘→下翼缘→腹板。

同一节柱上各梁柱节点的紧固顺序:上部的梁柱节点→下部的梁柱节点→柱子中部的梁柱节点。

任务 4 钢网架安装

网架结构广泛用作大跨度的屋盖结构。其特点是汇交于节点上的杆件数量较多,制作安装较平面结构复杂。

网架结构节点有焊接球节点(见图 6-4-1)、螺栓球节点(见图 6-4-2)和钢板节点三种形式。网架的基本单元有三角锥、三棱体、正方体、截头四角锥等,可组合成平面形状的任何形体。

6.4.1 高空拼装法

先在设计位置处搭设拼装支架(见图 6-4-3),用起重机把网架构件分件(或分块)吊至空中的设计位置,在支架上进行拼装(见图 6-4-4)。此法不需大型起重设备,但拼装支架用量大，高空作业多，适用于螺栓球节点的钢管网架。

图 6-4-1 焊接球节点

图 6-4-2 螺栓球节点

图 6-4-3 落地支架拼装网架

图 6-4-4 网架高空拼装施工

6.4.2 整体安装法

整体安装法是先将网架在地面上拼装成整体，再用起重设备将其整体提升到设计位置上加以固定。此法不需拼装支架，高空作业少，易保证焊接质量，但对起重设备要求高，技术较复杂，适用于球节点的钢网架。根据所用设备的不同，整体安装法又分为多机抬吊法、拔杆提升法、整体提升法及整体顶升法等。

(1) 多机抬吊法如图 6-4-5 所示。

(2) 拔杆提升法如图 6-4-6 所示。

网架先在地面上错位拼装，然后用多根独脚拔杆将网架整体提升到柱顶以上，空中移位，落位安装。

(3) 整体提升法和整体顶升法。

整体提升法和整体顶升法分别利用电动螺杆提升机和顶升千斤顶，将在地面原位拼装好的钢网架整体提升和顶升至设计标高，见图 6-4-7、图 6-4-8。

(a) 吊车准备

(b) 起吊

(c) 起吊到位

(d) 固定连接

图 6-4-5 多机抬吊法

图 6-4-6 拔杆提升法

图 6-4-7 整体提升法

图 6-4-8 整体顶升法

6.4.3 高空滑移法

高空滑移法按滑移方式分为逐条滑移法和逐条累积滑移法两种;按摩擦方式可分为滚动式滑移和滑动式滑移两种。

北京五棵松体育馆屋顶结构为双向正交桁架体系,跨度为 120 m×120 m,26 榀钢桁架支撑于沿建筑物四周布置的 20 根砼柱上,柱顶标高为+29.3 m,采用三组平行滑道、逐条累积滑移的安装工艺(见图 6-4-9),滑移总重量 3300 t,滑移距离 120 m。

(a) 管外拼装胎架

(b) 中滑道、树状支撑及爬行机器人

(c) 滑移施工中

图 6-4-9 五棵松体育馆屋盖桁架逐条累积滑移法施工

项目7

钢结构施工验收

GANGJIEGOU SHIGONG YANSHOU

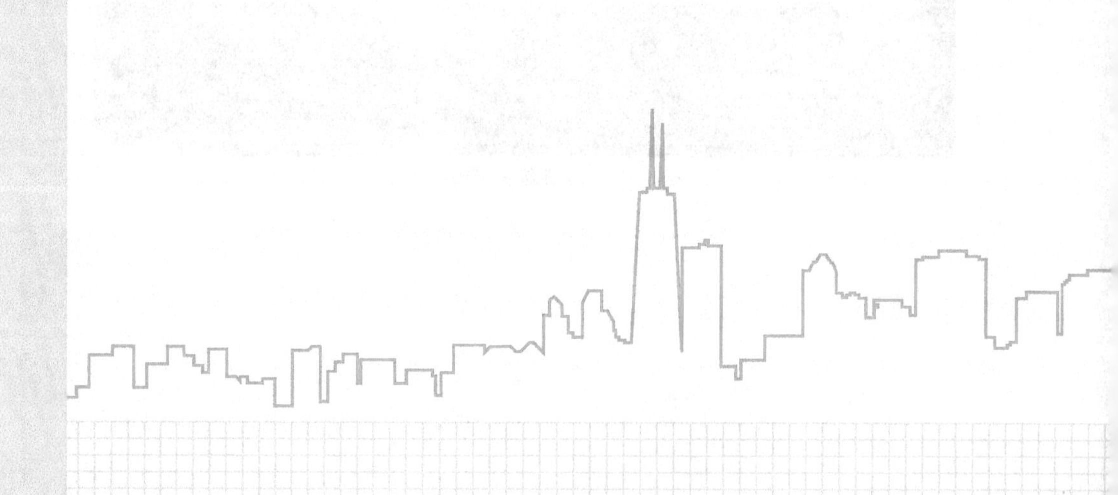

项目描述

感受“中国智慧” 北京大兴国际机场项目如期竣工

经过建设者45个月的精心施工，北京大兴国际机场航站楼工程顺利通过设计、勘察、监理、业主和施工共五方联合验收，为中华人民共和国成立70周年献礼。项目着力打造“数字化”智慧工地和“绿色”环保型工地，加强细节管理，落实质量安全责任，攻克了天堂河治理等多个施工难题，赢得各方一致肯定。大兴国际机场向世界展现了中国速度和中国质量，为全球绿色机场建设贡献了中国智慧。

【二维码7.1：从这里，感受中国速度和中国质量——记外国驻华使节参访北京大兴国际机场】

项目执行

任务1：隐蔽工程验收

任务2：《钢结构工程施工质量验收标准》(GB 50205—2020)简介

任务3：分项工程检验批的验收

任务4：分项工程的验收

任务5：分部工程的验收

任务6：钢结构工程施工质量验收程序和组织

任务7：不合格项目的处理原则

学习目标

知识目标

(1) 掌握钢结构施工质量控制要点。

(2) 熟练识读钢结构设计图和施工图。

(3) 熟悉钢结构质量检验标准。

(4) 了解钢结构质量不满足要求时的处理规定。

能力目标

(1) 形成脚踏实地的工作作风。

(2) 从本项目的学习中善于发现和寻找最佳的构造方案。

(3) 能熟读规范，具备查阅相关规范、标准的能力。

(4) 培养分析问题、现场应变、解决问题的综合素质。

素质目标

(1) 培养吃苦耐劳、严谨务实的工作作风。

(2) 树立强烈的社会责任感和使命感。

(3) 具有良好的团队合作精神和协调能力。

(4) 培养“干一行、爱一行、专一行、精一行”的工匠精神。

任务1 隐蔽工程验收

7.1.1 任务目标

(1) 掌握隐蔽工程的概念。
(2) 了解隐蔽工程如何验收。

7.1.2 任务实施

钢结构的施工质量直接关系一个工程项目生产力的形成，生产效益的发挥以及人民生命和国家财产的安全。近年来，不少建筑安装施工企业，由于忽视或对工程质量控制管理不严，造成钢结构工程质量低下，达不到预期的施工周期、生产水平和使用功能，使国家和企业遭受不应有的损失。"百年大计，质量第一"，对钢结构工程的质量进行控制和管理非常重要。

工程质量验收是对已完工的工程实体的外观质量及内在质量按规定程序检查后，确认其是否符合设计及各项验收标准的要求，是否可交付使用的一个重要环节。正确地进行工程项目质量的检查评定和验收，是保证工程质量的重要手段。

鉴于工程施工规模较大，专业分工较多，技术安全要求高等特点，国家相关行政管理部门对各类工程项目的质量验收制定了相应的标准，以保证工程验收的质量，工程验收应严格执行相关标准。

钢结构工程施工质量验收要求是指在钢结构工程的整个施工过程中，各个工序必须满足规定和要求，包括其可靠性(安全、适用、耐久)、使用功能以及其在物理、化学性能、环境保护等方面所有明显和隐含能力的总和。目前国家标准采用的是《钢结构工程施工规范》(GB 50755—2012)和《钢结构工程施工质量验收标准》(GB 50205—2020)。

钢结构工程质量验收，应在施工单位自检合格的基础上，按照检验批、分项工程、分部(子分部)工程进行。一般来说，钢结构作为主体结构，属于分部工程，对大型钢结构工程可按空间刚度单元划分为若干个子分部工程；当主体结构中同时含钢筋混凝土结构、砌体结构等时，钢结构就属于子分部工程；钢结构分项工程是按照主要工种、材料、施工工艺等进行划分的，有助于及时纠正施工中出现的质量问题，确保工程质量，也符合施工实际需要。

划分分项、分部和单位工程的目的是方便质量管理和控制工程质量。无论如何划分分项工程，都要有利于质量控制、能够取得完善的技术数据，而且要避免所划分的分项工程的大小过于悬殊，否则会因为抽样方法的不规范，影响质量验收结果。

一、隐蔽工程

隐蔽工程就是指在工程施工过程中，会被后期施工项目覆盖或者掩盖的工程。因为会被后一道工序覆盖，所以隐蔽工程完成后，需要对其是否符合规范立即进行验收。钢结构工程中也有需要隐蔽的工程。

二、隐蔽工程验收

隐蔽工程在下一道工序开工前必须进行验收，按照《隐蔽工程验收控制程序》办理。参加验收的主要有工程部工程师、市质量监督检查站工程师、监理工程师、设计单位代表、施工单位代表。验收合格后填写《隐蔽工程验收记录表》，共同会签，如验收存在问题，要发监理整改通知单限期整改，整改合格后再组织上述人员进行复检，复检合格后方可进行装饰抹灰隐蔽施工。

预埋螺栓(埋件交接记录)、焊接节点(焊缝检测报告)、结构防腐工程(结构防腐(防火)涂层、隐蔽记录)、支座安装工程(支座安装隐蔽验收记录)、部分相贯缝、预埋件、箱罐底部、焊接箱梁内加强板、埋地管道、高强螺栓接触面、油漆层等，施工完毕后能检测的皆称为钢结构隐蔽工程，需报监理验收，检查后才能隐蔽，否则监理有权令其打开检查。在工程实际中，一般仅报预埋件、设备地脚和主要的相贯缝进行隐蔽验收。

三、钢结构隐蔽验收内容要点

(1) 按施工图核查纵向受力钢筋，检查钢筋品种、直径、数量、位置、间距、形状和尺寸。

(2) 检查混凝土保护层厚度、构造钢筋和埋件等是否符合要求。

(3) 检查钢筋接头：如绑扎搭接，要检查搭接长度、接头位置和数量(错开长度、接头百分率)；焊接接头或机械连接，要检查外观质量、取样试件力学性能试验是否达到要求、接头位置和数量(错开长度、接头百分率)。

(4) 做好钢筋隐蔽工程记录。

巩固训练

(1) 什么是隐蔽工程？

(2) 隐蔽工程需要满足什么样的要求才能通过验收？

任务2 《钢结构工程施工质量验收标准》(GB 50205—2020)简介

7.2.1 任务目标

(1) 了解《钢结构工程施工质量验收标准》(GB 50205—2020)。

(2) 会用该标准解决施工现场实际问题。

7.2.2 任务实施

《钢结构工程施工质量验收标准》(GB 50205—2020)自 2020 年 8 月 1 日起实施。原《钢结构工程施工质量验收规范》(GB 50205—2001)同时废止。钢结构工程施工验收标准体系如下:建筑法→建设工程质量管理条例→工程建设标准强制性条文→钢结构工程施工质量验收标准→工艺及评优推荐性标准→企业标准。

【二维码7.2:一分钟读懂钢结构工程施工质量验收规范】

该标准中,“原材料及成品验收”虽不是分项工程,但将其单独列章是为了强调和强化原材料及成品实行进场准入制度,从源头上把好质量关。“钢结构分部竣工验收”单独列章是为了便于质量验收工作的开展。

《钢结构工程施工质量验收标准》(GB 50205—2020)主要修订了以下内容:

(1) 将单层钢结构安装工程和多层及高层钢结构安装工程合并为单层、多高层钢结构安装工程;

(2) 将钢网架结构安装工程调整为空间结构安装工程,增加了钢管桁架结构内容;

(3) 增加了预应力钢索和膜结构工程内容;

(4) 增加了钢结构钢材进场验收见证检测方法;

(5) 增加了装配式金属屋面系统抗风压、风吸性能检测的内容和方法,对钢结构金属屋面系统安全性能进行检测和验收;

(6) 增加了油漆类防腐涂装工艺评定的内容和方法,强化钢结构涂装施工质量的控制和验收;

(7) 增加了钢结构工程计量基本原则及方法,完善了钢结构工程竣工验收方面的内容;

(8) 钢材进入加工现场时分别按钢板、型钢、铸钢件、钢棒、钢索进行验收,将膜结构材料纳入进场验收内容;

(9) 将有关允许偏差项目表格加入条文中;

(10) 在钢零件及钢部件加工分项工程中完善了冷成型和热成型加工的最小曲率半径及铸钢节点加工等;

(11) 在钢构件组装分项工程中增加并完善了部件拼装等内容,将工厂拼料环节纳入质量控制和验收中;

(12) 将钢结构安装分项工程按照基础、柱、梁及桁架、节点、支撑次序进行排列,增加了钢板剪力墙;

(13) 完善了压型金属板分项工程的节点构造和屋面系统;

(14) 钢结构在涂装分项工程中强化了钢材表面处理和涂装工艺评定的内容;

(15) 在钢结构分部工程竣工验收中,修改了有关安全及功能的检验和见证检测项目,增加了钢结构工程量计量原则和方法。

钢结构工程施工质量验收应在施工单位自检合格的基础上,按照检验批、分项工程、分部(子分部)工程进行。钢结构分部(子分部)工程中分项工程的划分,应按现行国家标准《建筑工程施工质量验收统一标准》(GB 50300—2013)的规定执行。钢结构分项工程应由一个或若干个检验批组成,其各分项工程检验批应按本标准的规定进行划分,并应经监理(或建设单位)确认。钢结构建筑工程质量安全监管成为钢结构行业开展工程质量提升行动的重要内容。

巩固训练

新闻回顾：福建泉州钢结构酒店“3·7”坍塌事故后（事故现场见图 7-2-1），钢结构建筑的质量安全成为社会各界普遍关注的焦点。中国建筑金属结构协会组织行业专家积极配合国务院事故调查组开展事故调查的同时，及时回应社会关切，根据行业专家建议向住房和城乡建设部提交了《关于吸取泉州酒店倒塌事故教训 进一步加强钢结构工程质量安全监管工作的报告》，后得到多位部级领导批示，钢结构建筑工程质量安全监管成为钢结构行业开展工程质量提升行动的重要内容。

图 7-2-1 事故现场

思考问题：课后学生自行百度，了解事故原因及调查结果，并谈一谈自己的感受。

事故总结：泉州酒店坍塌造成了重大人员伤亡，事故原因属于私搭乱建、违规改建，尽管与钢结构技术应用无关，但再一次给钢结构建筑敲响了质量安全的警钟。在大力推广钢结构建筑背景下，针对钢结构建筑推广的薄弱环节、质量监管盲区，强化钢结构工程建设的责任，推动行政监管机关、建设单位、勘察单位、设计单位、施工单位等各部门严格把关，担负起各自应尽的责任，进而杜绝类似悲剧发生。

任务3 分项工程检验批的验收

7.3.1 任务目标

(1) 掌握检验批的概念。
(2) 掌握检验批验收合格标准。

7.3.2 任务实施

钢结构工程作为分部工程可分为若干个分项工程，每个分项工程又由一个或若干个检验批组成。《钢结构工程施工质量验收标准》(下简称《标准》)强调检验批是最基本、最小的验收单位，对下，它以若干个检验项目检查合格作为基础；对上，它是分项工程、分部工程验收合格的依据，起到承上启下的作用。

一、检验批

检验批就是按同一生产条件或规定的方式汇总起来供检验用的，由一定数量样本组成的检验体。钢结构分项工程可以划分成一个或若干个检验批进行验收，这有助于及时纠正施工中出现的质量问题，落实“过程控制”，确保工程质量，同时也符合施工实际需要，有利于验收工作的开展。

钢结构分项工程检验批划分应遵循下列原则：

(1) 单层钢结构按变形缝划分；

(2) 多层及高层钢结构按楼层或施工段划分；

(3) 钢结构制作可按构件类型划分；

(4) 压型金属板工程按屋面、墙面、楼面等划分；

(5) 对于原材料及成品进场的验收，可以根据工程规模及进料情况合并或分批划分；

(6) 复杂结构按独立的空间刚度单元划分。

在进行钢结构分项工程检验批划分时，要强调检验批应由施工单位和监理工程师事先划定。一般情况下，施工单位在其施工组织设计中划出检验批，报监理工程师批准，双方照此进行验收。每一个分项工程的检验批划分都可以不同，原则上有多少个分项工程就有多少种划分方案，但要尽量减少划分种类。

二、检验批验收标准

分项工程检验批质量合格的条件共三个方面：资料检查、主控项目检验和一般项目检验。

检验批质量合格标准应符合下列规定：

(1) 资料完整；

(2) 主控项目必须满足本标准所规定的质量要求；

(3) 一般项目的检验结果应有 80%及以上的检查点(值)满足本标准的要求，且最大值(或最小值)不应超过其允许偏差值的 1.2 倍。

【二维码 7.3：钢结构零、部件加工工程检验批质量验收记录表】

分项工程检验批中各项检验项目的检查记录以及合格质量证明文件等资料应该完整，这是判定检验批质量合格的依据。主控项目是对检验批的基本质量起决定性影响的检查项目，因此必须全部符合《标准》中规定的合格质量标准。一般项目可以适当放宽合格质量标准，《标准》规定可以有 20%及以下的检查点(值)不符合合格质量标准，但考虑到钢结构对缺陷的敏感性，对一般项目中的偏差项目，设定了一个 1.2 倍允许偏差值的门槛。

钢结构分项工程检验批质量验收记录表是验收记录资料中最

重要、最具体、第一手存档资料，强调在这张记录上至少有三个人亲笔签名，作为终身责任制追究的重要证据。

(1) 班组长或专业工长，对施工质量负责，落实“谁施工谁负责”，当一个分项工程由若干个专业班组完成时，各个班组组长都要签字，各自对自己施工的内容负责；

(2) 施工单位项目质检员或项目技术负责人，对检查结果负责；

(3) 监理工程师或建设单位项目技术负责人，对检查和验收结果负责。

巩固训练

(1) 什么是检验批？

(2) 检验批验收合格的标准有哪些？

任务4 分项工程的验收

7.4.1 任务目标

(1) 掌握分项工程的概念。

(2) 掌握分项工程验收合格标准。

7.4.2 任务实施

一、分项工程

钢结构分项工程按主要工种、材料、施工工艺等划分为钢构件焊接、焊钉焊接、普通坚固件连接、高强度螺栓连接、钢零件及部件加工、钢构件组装、钢构件预拼装、单层钢结构安装、多层及高层钢结构安装、钢网架结构安装、压型金属板、防腐涂料涂装、防火涂料涂装等13个分项工程。为便于操作，有时将钢构件焊接分成工厂制作焊接和现场安装焊接两个分项工程，将钢网架结构制作从零部件加工中分离出来，这样总共变成了15个分项工程。

对于某一个钢结构分部(子分部)工程，最高可能包含所有13个分项工程，一般情况下只包含其中的某些项，当某一分项工程由两家及两家以上承包商共同施工时，各家应分别进行验收。

二、分项工程验收标准

分项工程的验收是在检验批验收的基础上进行。一般情况下，两者具有相同或相近的性质，只是批量的大小不同而已，因此，将有关的检验批汇集构成分项工程。

【二维码7.4：分项工程质量验收记录】

分项工程合格质量标准应符合下列规定：

(1) 分项工程所含的各检验批均应满足标准质量要求；

(2) 分项工程所含的各检验批质量验收记录应完整。

巩固训练

(1) 什么是分项工程？

(2) 分项工程验收合格的标准有哪些？

任务5 分部工程的验收

7.5.1 任务目标

(1) 掌握分部工程的概念。

(2) 掌握分部工程验收合格标准。

7.5.2 任务实施

一、分部工程

对于某一个建筑工程中的单位工程，主体结构是其主要的分部工程，主体工程中混凝土结构、砌体结构、木结构、钢结构等，当主体结构为钢结构和上述其他结构的混合结构时，钢结构为子分部工程；钢结构作为主体结构之一应按子分部工程竣工验收；当主体结构均为钢结构时应按分部工程竣工验收。大型钢结构工程可划分成若干个子分部工程进行竣工验收。

二、分部竣工验收标准

根据《建筑工程施工质量验收统一标准》(GB 50300—2013)的规定，钢结构作为主体结构之一，划分为分部(子分部)工程，因此分部工程验收实际上就是钢结构工程的竣工验收。当分部工程较大或较复杂时，可按材料种类、施工特点、施工程序、专业系统及类别等分为若干子分部工程。

分部工程的验收在其所包含各项分项工程验收的基础上进行，分部工程验收合格的条件主要有基本条件和附加条件两种。

首先，分部工程的各分项工程必须已经验收合格，且相应的质量验收记录和文件完整。另外施工现场质量管理文件资料齐全，这是验收的基本条件。

此外，由于各分项工程的性质不尽相同，因此作为分部工程不能简单相加予以验收，需要附加两类检查：

(1) 设计安全和使用功能的检验和见证检测项目。将涉及安全和使用功能的检验项目筛选归纳，确定了见证取样送样试验项目、焊缝质量、高强度螺栓连接施工质量、柱脚及网架支座、主要构件变形、主体结构尺寸等六方面的检验项目。这些项目的检验不做硬性规定，但必须在其分项工程验收合格后进行。

(2) 有关安全质量检验项目。在分部工程验收时，增加了有关普通涂层表面、防火涂层表面、压型金属板表面、钢平台、钢梯、钢栏杆等几方面观感质量的检验项目，检查依据《建筑工程施工质量验收统一标准》制定的合格标准，给出“合格”或“不合格”的结构，对于“不合格”的部分应做返修处理。

钢结构分部工程竣工验收时，应提供下列文件和记录：

(1) 钢结构工程竣工图纸及相关设计文件；

(2) 施工现场质量管理检查记录；

(3) 有关设计安全及使用功能的检验和见证检测项目检查记录；

(4) 有关观感质量检验项目检查记录；

(5) 分部工程所含各分项工程质量验收记录；

(6) 分项工程所含各检验批质量验收记录；

(7) 强制性条文检验项目检查记录及证明文件；

(8) 隐蔽工程检验项目检查验收记录；

(9) 原材料、成品质量合格证明文件，中文产品标志及性能检测报告；

(10) 不合格项的处理记录及验收记录；

(11) 重大质量、技术问题实施方案及验收记录；

(12) 其他有关文件和记录。

【二维码 7.5:《大国建造》——重庆龙兴足球场钢结构顺利验收】

巩固训练

(1) 什么是分部工程？

(2) 分部工程验收合格的标准有哪些？

任务6 钢结构工程施工质量验收程序和组织

7.6.1 任务目标

了解和掌握质量验收的程序。

7.6.2 任务实施

一、检验批和分项工程验收

检验批及分项工程应由监理工程师(建设单位项目技术负责人)组织施工单位项目专业

质量(技术)负责人及质检员等进行验收。验收前,施工单位先填好有关检验批和分项工程的质量验收记录表(有关监理记录和结论不填),并由班组长、项目专业质量检验员和项目专业技术负责人分别在记录表中相关栏目签字,然后由监理工程师组织,严格按规定程序进行验收。

二、分部工程验收

【二维码 7.6:单层钢结构工程主要工序及验收流程图】

钢结构分部工程应由总监理工程师(建设单位项目负责人)组织施工单位(含分包)项目负责人和技术、质量负责人与设计单位工程项目负责人一起参加验收。由于钢结构为主体结构之一,关系到整个工程的安全和正常使用,因此要求设计单位工程项目负责人参加。

在钢结构分部工程质量验收记录中应由下列人员签字并负相应的责任:

(1) 施工单位和分包单位项目经理,对施工及其质量负责;

(2) 设计单位项目负责人,对设计负责,同时确认施工是否符合设计要求;

(3) 监理单位总监理工程师或建设单位项目专业负责人,对验收结果负责。

巩固训练

试着思考一下,单层钢结构工程主要工序及验收流程是什么?

任务7 不合格项目的处理原则

7.7.1 任务目标

了解不合格项目如何处理。

7.7.2 任务实施

一般情况下,不合格现象在检验批时就应发现并及时处理,否则将影响后续检验批和相关分项工程、分部工程的验收。因此所有质量隐患必须尽快消灭在萌芽状态,以强化验收促进过程控制。不合格项的处理分为五种情况:

(1) 在检验批验收时,其主控项目或一般项目不能满足规范的规定时,应及时进行处理。其中,严重的缺陷应返工重做或更换构件;一般的缺陷通过返修、返工予以解决。应允许施工单位采取相应的措施后重新验收,若能够符合规范规定,则应认为该检验批合格。

(2) 当个别检验批发现试件强度、原材料质量等不满足要求或发生裂纹、变形等问题,缺陷程度比较严重或验收各方对质量看法有较大分歧而难以通过协调解决时，应请具有资质的法定检测单位检测，并给出检测结论。当检测结构能达到设计要求时，该检验批可通过验收。

(3) 如经检测鉴定达不到设计要求，但经原设计单位核算，仍能满足结构安全和使用功能的要求时，该检验批可予以验收。一般情况下，规范标准给出的是满足安全和功能的最低限度要求，而设计一般在此基础上留有一些富余。不满足设计要求和符合相应规范标准的要求，两者并不矛盾。

(4) 更为严重的缺陷或者超过检验批的更大范围的缺陷，可能影响结构的安全和使用功能。在经法定检测单位检测鉴定后，仍达不到规范标准的相应要求，即不能满足最低限度的安全储备和使用功能，则必须按一定的技术方案进行加固处理，使之能保证其满足安全使用的基本要求，但已造成了一些永久性的缺陷，如改变了结构外形尺寸，影响了一些次要的使用功能等，为避免更大的损失，在基本不影响安全和主要使用功能条件下可采取按处理技术方案和协商文件再进行验收，降级使用。

(5) 通过返修或加固处理仍不能满足安全使用要求的钢结构分部工程，严禁验收。

巩固训练

案例描述：2020 年初，面对突如其来的新冠肺炎疫情，建筑面积 3.39 万平方米、可容纳 1000 张床位的武汉火神山医院仅用了 10 天时间建成并交付使用；建筑面积达 6 万平方米、可容纳 1600 张床位的雷神山医院仅用了 12 天时间。数千名建设者 24 小时不间断施工，亿万网友争当“云监工”，建设这两大医院采用的钢结构模块化集成房屋体系在抗疫中大显“身手”，创造了与时间赛跑、与病毒竞速的“中国建造奇迹”。

课后任务：谈谈你对钢结构工程产生工程缺陷的原因及注意事项的看法。

项目8 钢结构施工安全

GANGJIEGOU SHIGONG ANQUAN

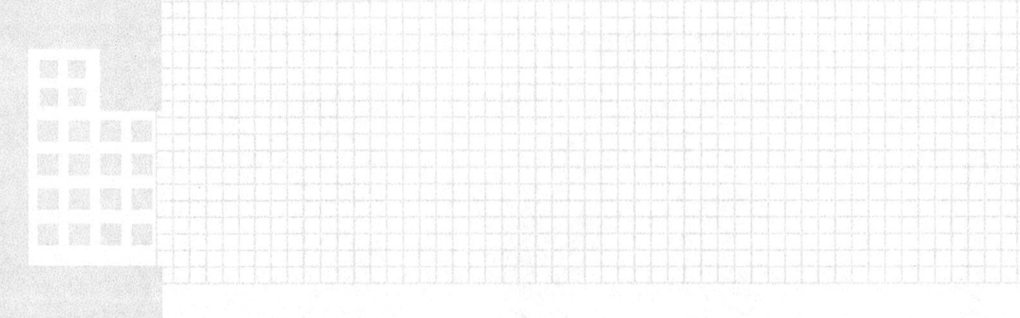

项目描述

2021年11月23日13时20分许，金华经济技术开发区在建工程湖畔里项目酒店宴会厅钢结构屋面(见图8-1)在进行刚性保护层混凝土浇捣施工时发生坍塌事故，共造成6人死亡、6人受伤，直接经济损失1097.55万元。

事故发生经过：上午9时许，湖畔里项目施工泥工班组长李志勇及工人何友良、王福平、李招牙等11名作业人员进行酒店宴会厅钢结构屋面C20细石混凝土刚性保护层施工，计划浇筑厚度为50 mm，从⑩轴向⑯轴方向浇筑，采用汽车泵将混凝土输送至浇筑部位。13时许，作业面上共有13人，其中10名泥工班组工人在⑫～⑯轴间进行混凝土浇捣作业，1名工人在⑩～⑪轴屋面上准备磨光机收面工作，混凝土公司泵工王俊在⑯轴位置遥控操作混凝土泵管下料，管理人员杜望龙在⑩轴北侧带班。13时20分许，浇捣至⑫～⑯轴交-轴时，⑩～⑯轴交-轴钢结构屋面发生整体坍塌。事发时，王俊迅速逃离至安全地带，杜望龙跌落在内脚手架上，其余11名工人从屋面坠落至三层楼面。

直接原因为：屋面钢结构设计存在重大错误，结构设计计算荷载取值与建筑构造做法不一致，钢梁按排架设计，未与混凝土结构进行整体计算分析；未按经施工图审查的设计图纸施工，将钢结构屋面构造中20 mm厚水泥砂浆找平层改为50 mm厚细石混凝土，且浇筑细石混凝土超厚，进一步增加了屋面荷载。因上述原因造成钢梁跨中拼接点高强螺栓滑丝、钢梁铰接支座锚栓剪切和拉弯破坏，导致⑪、⑫轴二榀屋面钢梁坍塌。

【二维码8.1：金华开发区“湖畔里”项目事故调查报告】

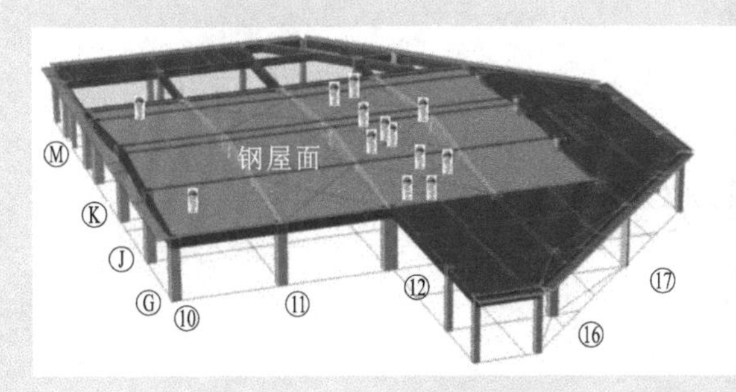

图8-1 项目描述示意图

项目执行

任务1：钢结构工程安全技术措施

任务2：钢结构现场吊装及运输要求

任务3：钢结构焊接工程安全技术要求与标准

任务4：紧固件连接工程安全技术要求与标准

任务5：压型钢板工程安全技术要求与标准

任务6：钢结构安装工程安全技术要求与标准

任务7：钢结构涂装工程安全技术要求与标准

学习目标

知识目标

(1) 掌握钢结构施工质量控制要点。
(2) 熟悉钢结构质量检验标准。
(3) 了解钢结构质量不满足要求时的处理规定。

能力目标

(1) 培养严谨务实的工作作风。
(2) 通过本项目的学习,善于发现和寻找最佳的构造方案。
(3) 熟读规范,具备查阅相关规范、标准的能力。
(4) 培养分析问题、现场应变、解决问题的综合素质。

素质目标

(1) 培养精益求精的工作作风。
(2) 培养爱岗敬业、无私奉献的精神。
(3) 学习大国工匠的精神和一丝不苟的工作态度。

钢结构作为一种承重结构体系,具有自重轻、强度高、塑性韧性好、抗震性能优越、工业装配化程度高、综合经济效益显著等特点。由于钢结构工程本身的特点,其安全事故的发生也有其自身的特点。

任务1 钢结构工程安全技术措施

8.1.1 任务目标

(1) 掌握钢结构工程施工安全技术措施。
(2) 可从理论和操作层面规避事故发生可能。

8.1.2 任务实施

(1) 施工人员应熟知本工种的安全技术操作规程及作业技能,作业前进行安全交底教育,不适应高空作业的人员禁止进场作业,施工人员必须正确使用个人防护用品,戴好安全帽,系好下颚带,锁好带扣。登高(2 m 以上)作业时必须系挂合格的安全带,系挂牢固,高挂低用。禁止穿拖鞋或塑料底鞋高空作业,禁止酒后作业。

(2) 电气焊作业,要持有操作证、用火证并清理周围易燃易爆物品,焊机双线应到位,配置合格有效的消防器材,设专人看火。焊机拆装由专业电工完成,禁止操作与自己无关的机械设备。

(3) 禁止带电操作,线路禁止带负荷接断电。

(4) 登高作业必须佩戴工具袋,穿防滑鞋,工具应放在工具袋内,不得随意放在钢梁上或易失落的地方,如有手工工具(如手锤、扳手、撬棍等)须串上绳子套在安全带或手腕上,防止失落伤人。

(5) 现场作业人员禁止吸烟、追逐打闹,特殊工种必须持证上岗。

(6) 非专职人员不得从事电工作业,临时用电线路架空铺设,并做好绝缘措施,严防刮、砸、碰线缆。

(7) 吊索具在使用前必须检查,不符合安全要求禁止使用。

(8) 吊装作业由专职信号工指挥,超高吊装要有清晰可视的旗语或笛声及对讲机指挥,在视线盲区要设两人指挥起重作业。

(9) 吊物在起吊离地 0.3 m 时检查索具,确定安全后方可起吊,并严禁起重机超负荷作业。

(10) 构件起吊时,构件上严禁站人或放零散未装容器的构件。

(11) 在构件下方和起重大臂扭转区域内,不得有人员停留或走动。

(12) 在构件就位时应拉住缆绳,协助就位,此时人员应站在构件两侧。

(13) 构件就位后,应采用安装焊柱或焊接方式固定,不可采用临时码放、搁置的方式,防止高空坠落及意外发生,必须在就位后立刻焊接牢固。

(14) 钢结构作业使用电气设备,要做到人走机停拉闸断电,方能不留隐患。

(15) 安装时,施工荷载严禁超过桁架、檩条、墙架等的承载能力。

(16) 在安装构件时,应在人员高空作业处挂安全网,在施工区或地面应设围栏或者警戒标志,并有专门人员负责监视。

(17) 安装柱子或屋架构件时应设临时支撑或缆风绳,保证结构的整体稳定性,凡设计有支撑的,应随吊装进度安装牢固。

(18) 施工用电动机械设备应接地,采用三相五线制和三级漏电保护装置。

(19) 当风力达到 7 级以上标准时,应停止所有吊装工作。

(20) 施工准备材料及机具。

① 钢结构构件应符合设计要求和《钢结构工程施工质量验收标准》(GB 50205—2020)的规定,有质量合格证明和验收报告。

② 连接材料应符合设计要求和国家现行有关标准的规定,有质量合格证明文件和检查报告。

③ 机具:电焊机、焊把线、焊钳、大锤、千斤顶、撬棍、扳手、捯链、吊车、钢丝绳、卡环、经纬仪、钢尺、线坠、墨线、垫木、梯子等。

④ 作业条件:

(a) 钢结构主要构件的中心线、基准点等标记应齐全。

(b) 钢结构的安装顺序,应确保结构的稳定性和不导致永久变形。

(c) 安装前,应核对进场的构件,查验质量证明书和设计变更文件。

(d) 构件在工地组装,焊接和涂层等的质量要求,均应符合《钢结构工程施工质量验收标准》(GB 50205—2020)的有关规定。

(e) 构件在运输和初装过程中,被破坏的涂层部分以及安装连接处,应及时补涂和修整。

(21) 操作工艺流程:基础和支承面——安装和校正——连接和固定。

(22) 基础和支承面,应取得基础验收的合格资料,复核各项数据,并标注基础表面。

任务2 钢结构现场吊装及运输要求

8.2.1 任务目标

掌握钢结构现场吊装及运输的要求。

8.2.2 任务实施

一、施工方案的安全性要求

(1) 施工现场必须选派具有丰富吊装经验的信号指挥人员、司索人员、作业人员,施工前必须检查身体,对患有不宜高空作业疾病的人员不得安排高空作业。作业人员必须持证上岗,吊装挂钩人员必须做到相对固定。吊索具的配备做到齐全、规范、有效,使用前和使用过程中必须经检查合格方可使用。吊装作业时必须统一号令,明确指挥,密切配合。构件吊装时,当构件脱离地面时,暂停起吊,全面检查吊索具、卡具等,确保各方面安全可靠后方能起吊。

(2) 吊装的构件应尽可能在地面组装,做好组装平台并保证其强度,组装完的构件要采取可靠的防倾倒措施。电焊、高强度螺栓等连接工序在进行高空作业时,必须设置临时防护及可靠的安全措施。作业时必须系挂好安全带,穿防滑鞋,如需在构件上行走时则在构件上必须预先挂设钢丝缆绳,且钢丝绳用花篮螺栓拉紧以确保安全,并在操作行走时将安全带扣挂于安全缆绳上。作业人员应从规定的通道和走道通行,不得在非规定通道攀爬。

(3) 禁止在高空抛掷任何物件,传递物件用绳拴牢。高处作业中的螺杆、螺母、手动工具、焊条、切割块等必须放在完好的工具袋内,并将工具袋系好固定,不得随意放置,以免物件坠落伤人。

(4) 现场焊接时,要制作专用挡风斗,对火花采取接火器接取等严密的处理措施,以防火灾、烫伤等,下雨天不得露天进行焊接作业。

(5) 焊接作业时,施工场地周围应清除易燃易爆物品,下雨时应停止露天焊接作业。电焊机外壳必须接地良好,其电源的拆装应由专业电工进行,应设单独的开关,开关放在防雨的闸箱内。焊钳与焊把线必须绝缘良好,连接牢固,更换焊条应戴手套。在潮湿地点工作应站在绝缘板或木板上。更换场地或移动焊把线时应切断电源,不得手持焊把线爬梯登高。划分动火区域,现场动火作业必须执行审批制度,并明确一、二、三级动火作业手续,落实好防火监护人员。电焊工在动用明火时必须随身携带好“两证”(电焊工操作证、动火许可证)“一器”(消防灭火器)“一监护”(监护人职责交底书)。气割作业场所必须清除易燃易爆物品。

(6) 施工时应尽量避免交叉作业，如不得不交叉作业时，亦应避开同一垂直方向作业，否则应设置安全防护层。

(7) 施工现场应整齐、清洁，设备材料、配件按指定地点堆放，并按指定道路行走，不准从危险地区通行，不能从起吊物下通过，与运转中的机器保持距离。下班前或工作结束后要切断电源，确认安全后，方可离开。

(8) 现场使用的油料、油漆必须设定专人进行保管，防腐涂装施工所用的材料大多为易燃品，大部分溶剂有不同程度的毒性，为此，防火、防爆、防毒至关重要，应予以高度的重视和关注。防腐涂料施工中使用擦拭过溶剂和涂料的棉纱、棉布等物品应存放在带盖子的铁桶里，并定期处理。

二、夜间施工

(1) 在主要施工部位、作业点、危险区，都必须挂有安全警示牌。夜间施工配备足够的照明，电力线路必须由专业电工架设及管理，并按规定设红灯警示，并装设自备电源的应急照明。

(2) 季节施工时，认真落实季节施工安全防护措施，做好与气象台的联系工作，雨季施工有专人负责发布天气预报，并及时通报全体施工人员。储备足够的水泵、铅丝、篷布、塑料薄膜等备用材料，做到防患于未然。汛期和台风暴雨来临期间要组织相关人员昼夜值班及时采取应急措施。风雨过后，要对现场的大型机具、临时设施、用电线路等进行全面检查，确认安全无误后方可继续施工。

(3) 新进场的机械设备在投入使用前，必须按照机械设备技术试验规程和有关规定进行检查、鉴定和试运转，经验收合格后方可入场投入使用。大型起重机的行驶道路必须坚实可靠，其施工场地必须进行平整、加固，地基承载力应满足要求。

(4) 吊装作业应划定危险区域，挂设明显安全标志，并将吊装作业区域封闭，设专人加强警戒，防止其他人员进入吊装危险区。吊装施工时要设专人定点收听天气预报，当风速达到 15 m/s(6 级以上)时，吊装作业必须停止，并做好台风雷电天气前后的防范检查工作。

三、复杂结构的施工

1. 复杂结构成型精度控制及调整措施

可采用临时支撑调节系统、焊接变形控制技术予以调整：其中临时支撑调节重点控制安装到位后，实际坐标与图纸坐标的不一致问题以及因为焊接热输入导致的调整到位的构件焊接变形问题。

2. 倾斜构件的安装

为保证安装过程中的稳定性并确保工程斜钢柱的安装精度，在安装校正过程中可采用钢丝绳索、千斤顶和手拉葫芦分两步进行。同时增加连接处的耳板，并拧紧高强度螺栓，保证构件在焊接固定前的稳定安全。

3. 安装过程中结构的安全性及稳定状态的控制

宜采用对称结构增加结构的整体受力性能，宜同时对对称结构进行吊装以保证荷载均衡，利于稳定状态的控制。

4. 焊接变形控制

对整个施工进行详细的模拟，充分设计施工中各构件的吊装次序，并采取平面和立面上特殊的焊接顺序以满足工程要求。

四、钢构件的运输

（1）大型或重型钢构件的运输应根据行车路线和运输车辆性能编制运输方案。

（2）构件的运输顺序应满足构件吊装进度计划要求。

（3）运输构件时，应根据构件的长度、重量、断面形状选用车辆；构件在运输车辆上的支点、两端伸出的长度及绑扎方法均应保证构件不产生永久变形、不损伤涂层。

（4）构件装卸时，应按设计吊点起吊，并应有防止损伤构件的措施。

8.2.3 任务练习

BIM 技术在钢结构深化设计中的应用实例如下。

（1）巨柱、伸臂桁架、环桁架电脑模拟预拼装，如图 8-2-1 所示。

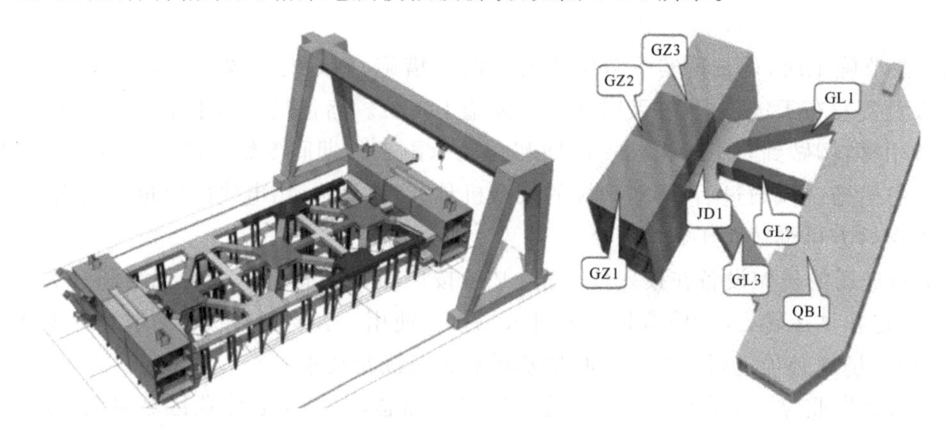

图 8-2-1　巨柱、伸臂桁架、环桁架电脑模拟预拼装

（2）BIM 模拟现场吊装，如图 8-2-2 所示。

图 8-2-2　BIM 模拟现场吊装

（3）工序工艺模拟交底，如图 8-2-3 所示。

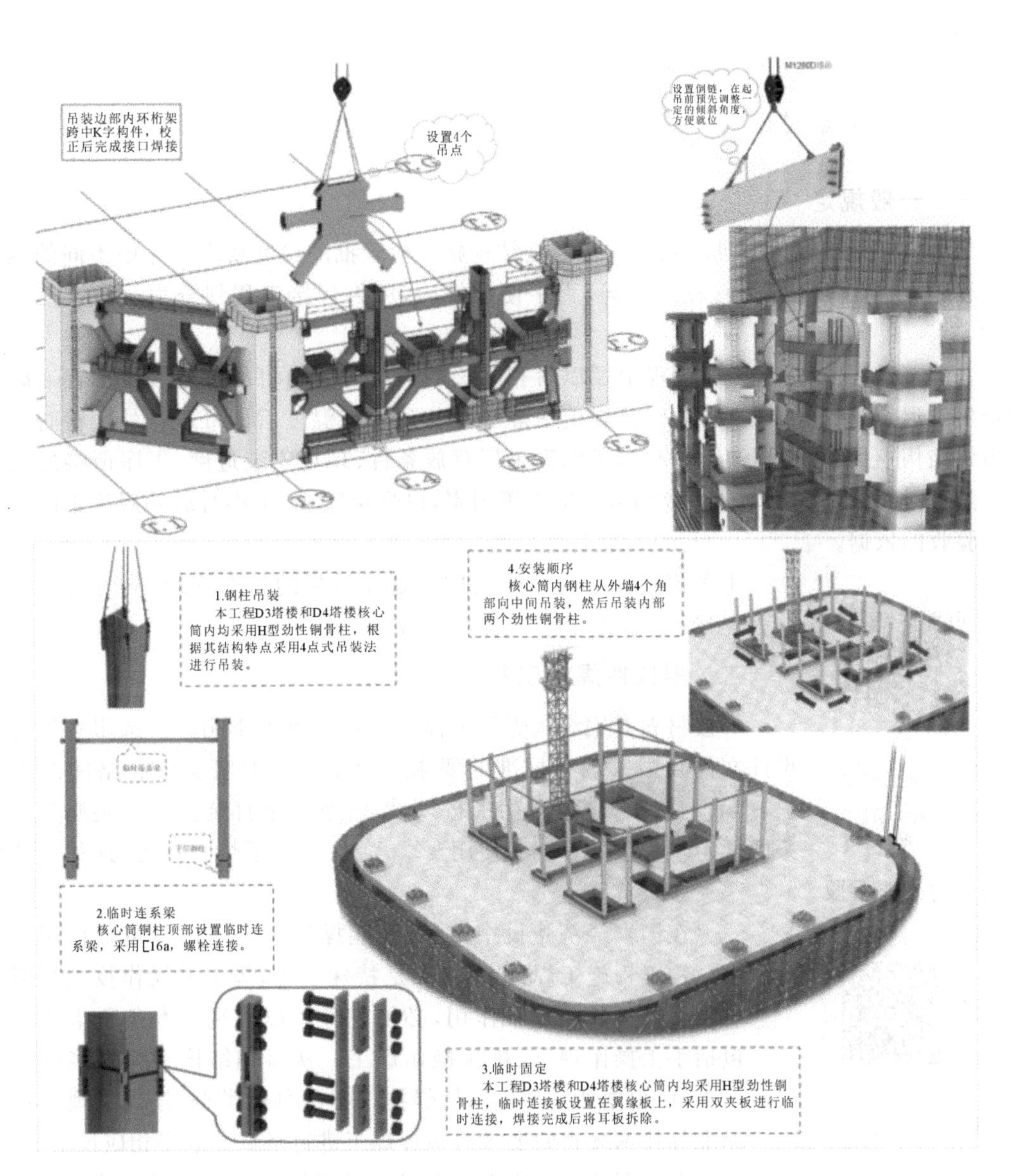

图 8-2-3　工序工艺模拟交底

任务 3　钢结构焊接工程安全技术要求与标准

8.3.1　任务目标

掌握钢结构现场焊接安全技术的要求。

8.3.2 任务实施

一、一般规定

钢结构焊接工程检验批的划分应符合钢结构施工检验批的检验要求。考虑不同的钢结构工程验收批其焊缝数量有较大差异，为了便于检验，可将焊接工程划分为一个或几个检验批。

在焊接过程中、焊缝冷却过程中及以后相当长的一段时间内可能产生裂纹。普通碳素钢产生延迟裂纹的可能性很小，因此规定在焊缝冷却到环境温度后即可进行外观检查。低合金钢结构钢焊缝的延迟时间较长，考虑到工厂存放条件、现场安装进度、工序衔接的限制以及随着时间延长产生延迟裂纹的概率减小等因素，以焊接完成 24 小时后外观检查的结果作为验收的依据。

【二维码 8.2：焊接作业流程图】

本条规定的目的是加强焊工施焊质量的动态管理，同时使钢结构工程焊接质量的现场管理更为直观。

二、钢构件焊接工程

焊接材料对钢结构焊接工程的质量有重大影响。其选用必须符合设计文件和国家现行标准的要求。对于进场时经验收合格的焊接材料，产品的生产日期、保存状态、烘焙状态等也直接影响焊接质量。本条即规定了焊条的选用和使用要求，尤其强调了烘焙状态，这是保证焊接质量的必要手段。

【二维码 8.3：高质量发展——港珠澳大桥钢结构工程获国际焊接最高奖】

在国家经济建设中，特殊技能操作人员发挥着重要作用。在钢结构工程施工焊接中，焊工是特殊工种，焊工的操作技能和资格对工程质量起到保证作用，必须充分予以重视。本条所指的焊工包括手工操作焊工、机械操作焊工。从事钢结构工程焊接施工的焊工，应根据所从事钢结构焊接工程的具体类型，按国家现行行业标准等技术规程的要求对施焊焊工进行考试并取得相应证书。

由于钢结构工程中的焊接节点和焊接接头不可能进行现场实物取样检验，而探伤仅能确定焊缝的几何缺陷，无法确定接头的理化性能。为保证工程焊接质量，施工单位应根据所承担钢结构的类型，按国家现行行业标准等技术规程中的规定进行相应的工艺评定。

根据结构的承载情况不同，现行国家标准《钢结构设计标准》中将焊缝质量分为三个等级。内部缺陷的检测一般可用超声波探伤和射线探伤。射线探伤具有直观性、一致性好的优点，过去人们觉得射线探伤可靠、客观。但是射线探伤成本高、操作程序复杂、检测周期长，尤其是钢结构中大多为 T 形接头、角接头，射线检测的效果差，且射线探伤对裂纹、未熔合等危害性的检出率较低。超声波探伤则正好相反，操作程序简单、快速，对各种接头形式的适应性好，对裂纹、未熔合的检测灵敏度高，因此世界上很多国家对钢结构内部质量的控制采用超声波探伤，一般已不采用射线探伤。随着大型空间结构应用的不断增加，对于薄壁大曲率 T、K、Y 形相贯接头焊缝探伤，国家现行行业标准中给出了相应的超声波探伤方法和缺陷分级。网架结构焊缝探伤应按现行国家标准《钢结构超声波探伤及质量分级法》(JG/T

203—2007)的规定执行。

焊缝后热处理主要是对焊缝进行脱氢处理,以防止冷裂纹的产生,后热处理的时机和保温时间直接影响后热处理的效果,因此应在焊后立即进行,并按板厚适当增加处理时间。

焊接时容易出现的如未焊满、咬边、电弧擦伤等缺陷对动载结构是严禁的,在二、三级焊缝中应限制在一定范围内。对接焊缝的余高、错边,部分焊头的对接与角接组合焊缝及角焊缝的焊脚尺寸、余高等外形尺寸偏差也会影响钢结构的承载能力,必须加以限制。

为了减少应力集中,提高接头疲劳载荷的能力,部分角焊缝表面焊接或加工成凹形。这类接头必须注意焊缝与母材之间的圆滑过渡。同时,在确定焊缝计算厚度时,应考虑焊缝外形尺寸的影响。

【二维码 8.4:焊接工程检验批质量验收记录表】

三、焊钉的焊接

由于钢材的成分对焊钉的焊接质量有直接影响,因此必须按实际施工采用的钢材与焊钉匹配进行焊接工艺评定试验。瓷环在受潮或产品要求烘干时应按要求进行烘干,以保证焊接接头的质量。

焊钉焊接后弯曲检验可用打弯的方法进行。焊钉可采用专门的栓钉焊接或其他电弧焊方法进行焊接。不同的焊接方法接头外观质量的要求也不同。

巩固训练

课后利用网络资源,了解珠港澳大桥:世界奇迹背后的中国智慧,并谈谈你的感想?

任务4　紧固件连接工程安全技术要求与标准

8.4.1　任务目标

掌握紧固件连接工程安全技术要求与标准。

8.4.2　任务实施

射钉宜采用观察检查。若用小锤敲击时,应从射钉侧面或正面敲击。抗滑移系数是高强度螺栓连接的主要设计参数之一,直接影响构件的承载力,抗滑移系数最小值应符合设计要求。本条是强制性条文。在安装现场局部采用砂轮打磨摩擦面时,打磨范围不小于螺栓孔径的4倍,打磨方向应与构件受力方向垂直。

高强度螺栓终拧1 h,螺栓预拉力的损失已大部分完成,在随后一两天内,损失趋于平稳,当超过一个月后,损失就会停止,但在外界环境影响下,螺栓扭矩系数将会发生变化,影响检查结果的准确性。为了统一和便于操作,本条规定检查时间统一定在 1 h 后 48 h 之内完成。

本条是指设计原因造成空间太小无法使用专用扳手进行终拧的情况。在扭剪型高强度螺栓施工中,因安装顺序、安装方向考虑不周,或终拧时因对电动扳手使用掌握不熟练,致使终拧时尾部梅花头上的棱端部打滑,无法拧掉梅花头,造成终拧矩是未知数,对此类螺栓应控制一定比例。

高强度螺栓初拧、复拧的目的是使摩擦面能密贴,且螺栓受力均匀,对大型节点强调安装顺序是防止节点中螺栓预应力损失不均,影响连接的刚度。

强行穿过螺栓孔会损伤丝扣,改变高强度螺栓连接副的扭矩系数,甚至连螺母都拧不上,因此强调自由穿入螺栓孔。气割扩孔很不规则,既削弱了构件的有效截面,减少了压力传力面积,还会使扩孔钢材产生缺陷,故规定不得气割扩孔。最大扩孔量的限制也是基于构件有效截面积和摩擦传力面积的考虑。

对于螺栓球节点网架,其刚度(挠度)往往比设计值要弱,主要原因是螺栓球与钢管的高强度螺栓锚固不牢,出现间隙、松动等未拧紧情况,当下部支撑系统拆除后,由于连接间隙、松动等原因,挠度明显加大。

任务 5 压型钢板工程安全技术要求与标准

8.5.1 任务目标

掌握压型钢板工程安全技术要求与标准。

8.5.2 任务实施

一、适用范围

本部分所指的压型金属板是指用于钢结构建筑的楼板的永久性支承模板。它既是楼盖的永久性支承模板,依据设计它还可以与现浇混凝土层共同工作,是建筑物的永久组成部分,习惯称为构造楼层板。

二、质量要点和安全要求

1. 质量要求

压型钢板施工质量要求波纹对直,所有的开孔、节点裁切不得用氧气乙炔焰施工,避免烧掉镀锌层。

板缝咬口点间距不得大于板宽度 1/2 且不得大于 400 mm,整条缝咬合的应确保咬口平整,咬口深度一致。

所有的板与板、板与构件之间的缝隙不能直接透光,所有宽度大于 5 mm 的缝利用砂浆、胶带等堵住,避免漏浆。

2.职业健康、施工安全的要求

(1)要有可靠的防坠落办法避免施工人员高空坠落。

(2)施工时两端要同时拿起,轻拿轻放,避免滑动或翘头。

(3)施工剪切下来的料头要放置稳妥,随时收集,避免坠落。

(4)施工时要搭设必要的交通用道。

(5)非施工人员禁止进入施工楼层,避免焊接弧光灼伤眼睛或晃眼造成摔伤,焊接帮助施工人员应戴墨镜配合施工。

(6)施工时一个楼层应有专人监控,防止其他人员进入施工区域和焊接火花坠落造成失火。

3.环境维护要求

(1)施工时应有可靠的屏蔽办法避免焊接电弧光外泄造成光污染。

(2)夜间施工时不得敲击压型钢板,避免发出噪声。

三、其他

(1)定期与不定期进行安全检查,经常开展安全教育活动,使全体职工都具有自我保护的能力。

(2)现场用电必须按照国家规范的要求,施工用电的接电口应有防雨、防漏电的维护措施,防止施工人员高空触电。

(3)进入施工现场必须戴安全帽,高空作业必须系安全带,穿防滑鞋。

(4)做好高空施工的安全防护工作,搭设专用交通要道,在工人施工的钢梁上方安装安全绳,工人施工时必须把安全带挂在安全绳上,防止高空坠落;在施工之前应对高空作业人员进行身体检查,对患有不宜高空作业疾病的工人不得安排高空作业的工作。

(5)施工时,下一楼层应有专人监控,防止其他人员进入施工区和焊接火花坠落造成失火。

(6)质量记录。压型钢板的施工质量记录应执行《钢结构工程施工质量验收标准》(GB 50205—2020)和《建筑工程施工质量验收统一标准》(GB 50300—2013)的要求。

任务6 钢结构安装工程安全技术要求与标准

8.6.1 任务目标

掌握钢结构安装工程安全技术要求与标准。

8.6.2 任务实施

一、适用范围

本标准用于指导多层与高层钢结构工程安装及验收工作。主要针对框架结构、框架-剪力墙结构、框架-核心筒结构、筒体结构以及劲性混凝土和钢管混凝土中的钢结构。

多层与高层钢结构的安装施工除执行本标准外，还应符合国家现行有关标准的规定。

二、材料和质量要求

1. 材料要求

在多层与高层钢结构工程现场施工中，安装用的材料，如焊接材料、高强度螺栓、压型钢板、栓钉等应符合现行国家产品标准和设计要求，并按要求进行必要的检查，如焊缝检测、工艺评定、高强度螺栓检测及抗滑移系数检测、钢材质量复测等。

2. 技术要求

在多层与高层钢结构工程现场施工中，吊装机具的选择、吊装方案、测量监控方案、焊接方案等的确定尤为重要。

三、质量要求

在多层与高层钢结构工程施工中，节点处理直接关系结构安全和工程质量，必须合理处理，严格把关。对焊接节点处必须严格按无损检测方案进行检测，必须做好高强度螺栓连接副和高强度螺栓连接件抗滑移系数的试验报告。对钢结构安装的每一步都应做好测量监控。

四、职业健康安全要求

在多层与高层钢结构工程现场施工中，高空作业较多，必须编制安全施工方案，做好安全措施。高空作业必须使用“三宝”，必须做好“四口”的防护工作。还应组织员工定期进行体检。

五、环境要求

在多层与高层钢结构工程现场施工中，对于施工中和施工完后所发生的施工废弃物，如钢材边角料、废旧安全网等，应集中收回、处置。

对于焊接中发生的电弧光，应采取必要的防护措施。

任务7 钢结构涂装工程安全技术要求与标准

8.7.1 任务目标

掌握钢结构涂装工程安全技术要求与标准。

8.7.2 任务实施

一、一般规定

(1) 本条适用于钢结构的防腐(油漆类)涂装和防火涂料涂装工程的施工质量验收。

(2) 钢结构涂装工程可按钢结构制作或钢结构安装工程检验批的划分原则划分成一个或若干个检验批。

(3) 钢结构普通涂料涂装工程应在钢结构构件组装、预拼装或钢结构安装工程检验的施工质量验收合格后进行。钢结构防火涂料涂装工程应在钢结构安装工程检验批和钢结构普通涂料涂装检验批的施工质量验收合格后进行。

(4) 涂装时的环境温度和相对湿度应符合涂料产品说明书的要求,当产品说明书无要求时,环境温度宜在 5～38 ℃之间,相对湿度不应大于 85%。涂装时构件表面不应有结露;涂装后 4 h 内应保护免受雨淋。

说明:本条规定涂装时的温度以 5～38 ℃为宜,但这个规定只适合在室内无阳光直接照射的情况,一般来说钢材表面温度要比气温高 2～3 ℃。如果在阳光直接照射下,钢材表面温度能比气温高 8～12 ℃,涂装时漆膜的耐热性只能在 40 ℃以下,温度过高,钢材表面上涂装的漆膜就容易产生气泡而局部鼓起,使附着力降低。低于 0 ℃时,在室外钢材表面涂装容易使漆膜冻结而不易固化;湿度超过 85%时,钢材表面有露点凝结,漆膜附着力差。

二、钢结构防腐涂料涂装

1. 主控项目

(1) 涂装前钢材表面除锈应符合设计要求和国家现行有关标准和规定。处理后的钢材表面不应有焊渣、焊疤、灰尘、油污、水和毛刺等。

检查数量:按构件数量抽查 10%,且同类构件不应少于 3 件。

检验方法:用铲刀检查和用现行国家标准《涂覆涂料前钢材表面处理 表面清洁度的目视评定 第 1 部分:未涂覆过的钢材表面和全面清除原有涂层后的钢材表面的锈蚀等级和处理等级》(GB/T 8923—2011)规定的图片对照观察检查。

(2) 漆料、涂装遍数、涂层厚度均应符合设计要求。当设计对涂层厚度无要求时,涂层干漆膜总厚度:室外应为 15 μm,室内应为 125 μm,其允许偏差为 −25 μm,每遍涂层干漆膜厚度的允许偏差为 −5 μm。

检查数量:按构件数抽查 10%,且同类构件不应少于 3 件。

检验方法:用干漆膜测厚仪检查。每个构件检测 5 处,每处的数值为 3 个相距 50 mm 测点涂层干漆膜厚度的平均值。

2. 一般项目

(1) 构件表面不应误漆、漏涂,涂层不应脱皮和返锈等。涂层应均匀,无明显皱皮、针眼和气泡等。

检查数量:全数检查。

检验方法:观察检查。

说明:实验证明,在涂装后的钢材表面施焊,焊缝的根部会出现密集气孔,影响焊缝质量。误涂后,用火焰吹烧或用焊条引弧吹烧都不能彻底清除油漆,焊缝根部仍然会有气孔产生。

(2) 当钢结构处在有腐蚀介质环境或外露且设计有要求时,应进行涂层附着力测试,在检测处范围内,当涂层完整程度达到 70%以上时,涂层附着力达到合格质量标准的要求。

检查数量:按构件数量抽查 1%,且不应少于 3 件,每件测 3 处。

检验方法:按照现行国家标准《漆膜划圈试验》(GB/T 1720—2020)或《色漆和清漆 划格试验》(GB/T 9286—2021)执行。

说明:涂层附着力是反映涂装质量的综合性指标,其测试方法简单易行,故增加该项检查以便综合评价整个涂装工程质量。

(3) 涂装完成后,构件的标志、标记和编号应清晰完整。

检查数量:全数检查。

检验方法:观察检查。

说明:对于安装单位来说,构件的标志、标记和编号(对于重大构件应标注重量和起吊位置)是构件安装的重要依据,故要求全数检查。

【二维码 8.5:防腐涂料涂装工程检验批质量验收记录表】

三、钢结构防火涂料涂装

1. 主控项目

(1) 防火漆料涂装前钢材表面除锈及防锈底漆涂装应符合设计要求和国家现行有关标准的规定。

检查数量:按构件数量抽查 10%,且同类构件不应少于 3 件。

检验方法:表面除锈用铲刀检查和用现行国家标准(GB/T 8923—2011)规定的图片对照观察检查。底漆涂装用干漆膜测厚仪检查,每个构件检测 5 处,每处的数值为 3 个相距 50 mm 测点涂层干漆膜厚度的平均值。

(2) 钢结构防火涂料的黏结强度、抗压强度应符合国家现行标准《钢结构防火涂料应用技术规程》(T/CECS 24—2020)的规定。检验方法应符合现行国家标准《建筑构件耐火试验方法 第 1 部分:通用要求》(GB/T 9978.1—2008)的规定。

检查数量:每使用 100 t 或不足 100 t 薄涂型防火涂料应抽检一次黏结强度;每使用 500 t或不足 500 t 厚涂型防火涂料应抽检一次黏结强度和抗压强度。

检验方法:检查复检报告。

(3) 薄涂型防火涂料的涂层厚度应符合有关耐火极限的设计要求。厚漆型防火涂料涂层的厚度,80%及以上面积应符合有关耐火极限的设计要求,且最薄处厚度不应低于设计要求的 85%。

检查数量:按同类构件数抽查 10%,且均不应少于 3 件。

检查方法:用涂层厚度测量仪、测针和钢尺检查。测量方法应符合国家现行标准《钢结构防火涂料应用技术规程》(T/CECS 24—2020)的规定

(4) 薄涂型防火涂料涂层表面裂纹宽度不应大于 0.5 mm;厚涂型防火涂料涂层表面裂纹宽度不应大于 1 mm。

检查数量:按同类构件数量抽查 10%,且不应少于 3 件。

检查方法:观察和用尺量检查。

2. 一般项目

(1) 防火涂料涂装基层不应有油污、灰尘和泥沙等污垢。

检查数量:全数检查。

检验方法:观察检查。

(2) 防火涂料不应有误涂、漏涂,涂层应闭合无脱层、空鼓、明显凹陷、粉化松散和浮浆等外观缺陷。

检查数量:全数检查。

检验方法:观察检查。

项目9

钢结构BIM技术应用

GANGJIEGOU BIM JISHU YINGYONG

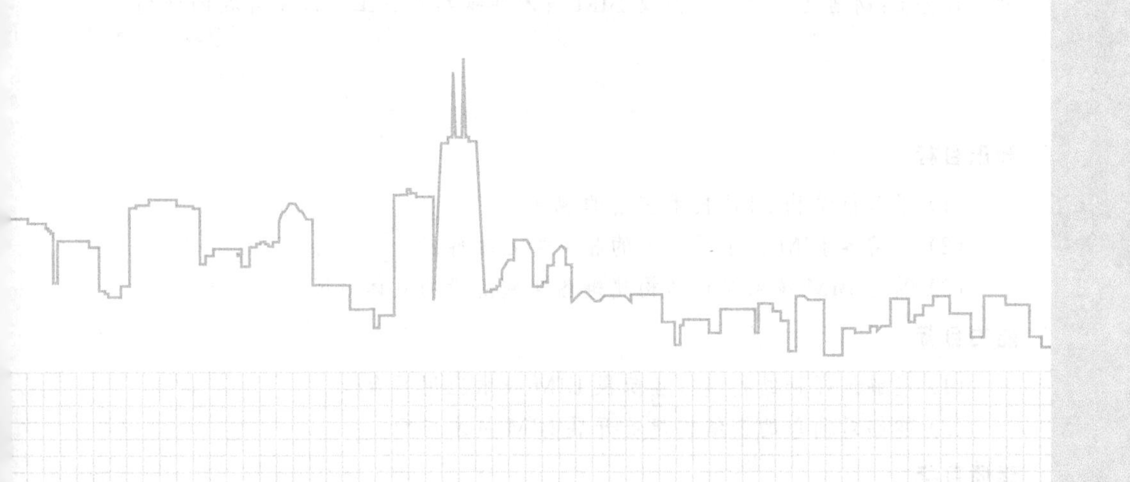

项目描述

【二维码 9.1:装配式钢结构建筑与 BIM 技术集成应用成为必然】

【二维码 9.2:钢框架图纸】

当下建筑业逐步向智能化、工业化、信息化、绿色低碳方向发展，装配式钢结构建筑与 BIM 技术的集成应用成为未来发展的必然。BIM 技术引入装配式钢结构建筑项目中，对提高设计速度，减少设计返工、制作及安装错误，保持施工与设计意图一致性乃至提高装配式建筑设计的整体水平都具有积极的意义。

项目为某化工厂几个加工钢框架厂房的其中一个，框架楼共 4 层，总高18.5 m。主要梁柱构件采用热轧 H 型钢，主要楼面采用钢格栅。

项目执行

任务 1:钢结构建筑 BIM 技术的应用现状

任务 2:BIM 技术在钢结构建筑设计中的应用

任务 3:BIM 技术在钢结构构件生产中的应用

任务 4:BIM 技术在钢结构建筑施工中的应用

任务 5:钢结构的发展方向及 BIM 技术在钢结构施工中应用存在的问题

学习目标

知识目标

(1) 了解钢结构 BIM 技术应用的现状。

(2) 了解各 BIM 技术平台下的相关专业软件。

(3) 熟悉 BIM 技术在钢结构建筑各实施阶段的具体应用。

能力目标

(1) 能够选择钢结构建筑各阶段 BIM 技术应用平台。

(2) 能够对简单的钢结构建筑开展 BIM 技术应用。

素质目标

(1) 关注科技前沿和专业发展动态，勇于创新。

(2) 学会运用科学技术手段解决实际困难。

随着建筑业全球化、城市化进程的发展及可持续发展的要求，应用BIM技术对建筑全寿命周期进行管理，是实现建筑业信息化跨越式发展的必然趋势。钢结构的建设特点决定了它在建筑信息化中具有较其他结构明显的优势，主要表现在以下阶段：

（1）施工图设计阶段及深化图设计阶段：施工图设计阶段，可以通过建立建筑信息模型，实现虚拟建造，查看碰撞检查结果，为现场施工的优化提供可视化依据。深化图设计阶段，钢结构建筑的部品和零件可以依据工厂制造的需要，采用物理信息数字化的方式来进行表达，从而可以直接提供给制造厂，精准高效。

（2）工厂制造阶段，在使用BIM技术的过程中，可以将建筑信息模型中的相关信息直接输入数控机床与智能机器人当中，实现数字化制造。

（3）现场安装阶段，可以利用信息化技术，对施工过程进行模拟，并将模拟结果和实际安装情况进行对比，对实际安装过程中存在的误差问题及时地向钢结构制造厂进行反馈，从而对后续构件的加工进行调整，大大提升安装精度，达到精细化管理的目的。

任务1　钢结构建筑BIM技术的应用现状

9.1.1　任务目标

（1）了解钢结构BIM技术应用的现状。
（2）能够选择运用钢结构建筑BIM技术应用平台。

9.1.2　任务实施

一、BIM技术相关软件及功能介绍

BIM类相关软件是BIM技术落地的应用工具，其核心特征包括：支持面向对象的操作；以$n(n\geqslant 3)$维建模为基础；支持参数化技术；支持开放式数据标准；提供更强大的功能。通常BIM软件可分为三大类：模型创建软件、模型应用软件、协同平台软件。

1. Autodesk Revit 系列软件

Revit建筑设计软件专为建筑信息建模(BIM)而构建，可帮助专业的设计和施工人员使用协调一致的基于模型的方法，将设计创意从最初的概念变为现实的构造。Revit是一个综合性的应用程序，其中包含适用于建筑设计(Revit Architecture)、机械、电气和管道(Revit MEP)、结构工程(Revit Structure)以及工程施工(Revit Construction)的各项功能。

目前，Revit是国内BIM类软件中的主流，因为其强大的族功能，上手容易，深受设计单位和施工企业喜爱。可进行局部碰撞检查，不需要全部构件进行检查，节省检查时间，利用显示功能，自动跳转到问题构件；价格低廉，基于CAD基础，上手容易，文件格式兼容性强，学习资源丰富。

2. Bentley 三维设计软件

Bentley软件一般常用于工业设计院，主要应用在基础设施建设、海洋石油建设、房屋建

设等。可以支持DNG和DWG两种文件格式，这两种格式是全球95%基础设施文件格式，可直接编辑，非常便利；可以记录修改流程，比较修改前后的设计。并且Bentley公司有协同设计平台，使各专业充分交流，具有管理权设置与签章功能。可以将模型发布到Google Earch，可以将SketchUp模型导入其中；支持任何形体较为复杂的曲面。

3. Tekla Structures 软件

Tekla Structures软件是国内钢结构应用最为广泛的BIM软件，具有强大的钢结构设计、施工以及制造的能力。Tekla Structures的功能包括3D实体结构模型与结构分析完全整合、3D钢结构细部设计、3D钢筋混凝土设计、专案管理、自动Shop Drawing BOM表自动产生系统。可以追踪修改模型的时间以及操作人员，方便核查；内设有结构分析功能，不需要转换，可以随时导出报表。

4. 广联达

广联达BIM5D以BIM平台为核心，集成全专业模型，并以集成模型为载体，关联施工过程中的进度、合同、成本、质量、安全、图纸、物料等信息，为项目提供数据支撑，实现有效决策和精细管理，从而达到减少施工变更、缩短工期、控制成本、提升质量的目的。具有模型全面、接口全面、数据精确、功能强大等特点。

5. Navisworks 软件

Autodesk Navisworks软件能够将AutoCAD和Revit ©系列等应用创建的设计数据，与来自其他设计工具的几何图形和信息相结合，将其作为整体的三维项目，通过多种文件格式进行实时审阅，而无须考虑文件的大小。Navisworks软件产品可以帮助所有相关方将项目作为一个整体来看待，优化从设计决策、建筑实施、性能预测和规划直至设施管理和运营等各个环节。Autodesk Navisworks软件系列包括三款产品，能够帮助扩展团队加强对项目的控制，使用现有的三维设计数据透彻了解并预测项目的性能，即使在最复杂的项目中也可提高工作效率，保证工程质量。

二、BIM技术的功能应用分析

1. 应用于建筑结构与场地分析

建筑结构设计是一项科学而系统的工作，其设计内容不仅包含了建筑主体部分的合理化构建，同时也涵盖了工程建设区域相关地质水文条件的分析与研究。在建筑结构设计中应用BIM技术，能够通过动态数字信息实现建筑结构主体在客观环境因素影响中应力表现的分析。将BIM技术与GIS技术相结合，能够全面而深入地模拟建筑工程场地条件，对建筑结构选型与体系结构进行合理预测判断，准确合理地确定最佳建筑施工场地区保证建筑结构设计能够全面符合当地的地质、水文以及气候环境条件，在施工与使用的过程中维持较高的稳定性与安全性。

2. 应用于建筑结构性能分析

设计工作不仅是具体结构构件的选择与组合，其更为强调建筑整体成型后，是否能在一定的水平、竖向以及振动载荷下维持较高的稳定水平，因此，在建筑结构设计中应用BIM技术，应能够对结构设计方案进行全面的模拟分析，建立出与建筑实体相对应的一体化数字模型，通过相应软件的内置计算分析功能，实现建筑结构性能的全面分析，通过相关数据的导入将建筑结构设计结果置于贴近实际情况的环境之中，快速、准确地完成整个分析结构过程，发现设计缺陷，及时进行修正与优化，提高建筑结构设计质量。

3.应用于建筑结构的协同

不同专业共同完成建筑工程设计绘图是BIM技术应用的重要特征,在设计环节中的信息处理与汇总交流提升了建筑结构设计的协调性与高效性。在BIM模型中,建筑工程的数据是不断进行交流和共享的,这主要包括两个方面:一是通过借助中间数据文件,完成异地不同设计软件进行模型设计时需要的相应数据和信息;二是通过设置中性数据库,实现不同专业之间的数据传递和共享,将与建筑工程相关的水暖、土建、装饰等各种专业的内容有机地结合起来,利用统一的处理平台来对信息进行规范处理,实现系统内部信息流的畅通。在这种数据交流和共享的基础上,保证了建筑结构设计充分顾及了与建筑有关的各方面内容,避免了某一点、某一参数疏漏导致的结构不完善问题,对于建筑结构设计的质量有着重要作用。

4.BIM施工模拟应用

基于BIM所建立的3D模型,其强大的可视化能力与高效的建筑性能分析能够为项目设计和方案优选等提供良好的保障,大大提高了建筑从业人员的工作效率,使项目的质量在前期设计阶段得到多方面的优化和提升。当项目进展到施工阶段,具体工程可建性模拟、进度计划成为建筑从业人员更关心和重视的问题。建筑机械的行进路线和操作空间、土建工程的施工顺序、设备管线的安装顺序、材料的运输堆放安排等,都需要随着项目进展做出相应变化。在3D模型基础上增加“时间”这一维度,建立基于BIM的4D模型,能够有效地在施工阶段发挥过程模拟的功效,对项目进行有效的监控和指导。

三、钢结构建筑BIM设计技术特点

1.可视性

BIM可以实现钢结构三维展现建筑工程项目的全貌、构件连接、细部做法及管线排布等。这种可视化模型具有互动性及反馈性,便于设计、制作、运输、施工、装修、运维等各个单位的沟通和讨论。

2.可协调性

BIM可以实现钢结构工程全生命周期内的信息共享,使工程设计、制作、运输、施工、装修等各环节信息互相衔接,当各专业项目信息出现不兼容时,可在工程建造前期进行协调,减少不合理的变更方案。

3.模拟性

BIM能够模拟不在真实世界中进行操作的事物。例如,在设计阶段,能够对建筑物进行节能分析、日照分析、紧急疏散模拟;在施工阶段,利用四维施工模拟软件可以根据施工组织设计模拟实际施工,从而确定合理的施工进度控制方案;还可以对整个工程造价进行快速计算,从而实现工程成本的合理控制;在运维阶段,可以对应急情况处理方式进行模拟,例如,火灾或地震逃生模拟等。

4.优化性

BIM及其配套的优化工具为项目实施过程的优化提供了可能。例如,在项目前期,BIM可实现项目投资及其回报的快速计算,使建设单位更加直观地知道哪种方案更适合自身需求;在设计阶段,可以对某些施工难度较大的设计方案进行优化,控制造价和工期。

5.输出性

BIM可以输出的建筑图纸包括综合管线图、综合结构留洞图、碰撞检查报告和建议改进方案等。

6. 可追溯性

在钢结构建筑全寿命周期的不同阶段，BIM模型信息能够实现统一、关联的效果，模型中某个信息发生变化，与之关联的所有对象都会随之更新，保证模型的完整性和稳定性。

任务2 BIM技术在钢结构建筑设计中的应用

9.2.1 钢结构建筑设计内容及现状

一、钢结构建筑设计包括的主要内容

钢结构建筑设计按其专业分类主要可以分为以下几部分：建筑设计、结构设计、围护体系设计、管线设计及装修设计。

1. 建筑设计

钢结构建筑应在模数协调的基础上，采用标准化设计，提高部品部件的通用性，综合考虑平面的承重构件布置和梁板划分、立面的基本元素组合、可实施性等要求。一般平面设计中应符合下列要求：

(1) 结构柱网布置、抗侧力构件布置、次梁布置应与功能空间布局及门窗洞口相协调；

(2) 平面几何形状宜规则平整，柱距尺寸按模数统一；

(3) 设备管井宜与楼电梯结合，集中设计；

(4) 设备管线平面布置应避免交叉。

立面设计应符合下列要求：

(1) 外墙、阳台板、空调板、外窗、遮阳设施及装饰等部品部件宜进行标准化设计；

(2) 宜通过建筑体量、材质机理、色彩等变化，形成丰富多样的立面效果。

2. 结构设计

钢结构建筑的结构平面布置宜规则、对称，竖向布置宜保持刚度、质量变化均匀。布置要考虑温度作用、地震作用、不均匀沉降等效应的不利影响，当设置伸缩缝、防震缝或沉降缝时，应满足相应的功能要求。一般根据建筑功能用途、建筑高度及抗震设防烈度等条件可选用下列结构体系：钢框架结构、钢框架-延性墙板结构、筒体结构、桁架结构、门式钢架结构、底层冷弯薄壁型钢结构等。结构体系应具有明确的计算简图和合理的传力途径，以及适宜的承载能力、刚度及耗能能力。

3. 围护体系设计

围护体系包括外围护体系和内围护体系。外围护体系包括外墙围护体系和屋面围护体系，内围护体系包括内隔墙、楼板和屋面板围护体系。

外围护体系的设计使用年限应与主体结构设计使用年限相适应。外墙围护系统的性能应满足抗风性能、抗震性能、耐撞击性能、防火性能等安全性能的要求；水密性能、气密性能、隔声性能、热工性能等功能性能的要求；以及耐久性能要求。

内隔墙应满足轻质、高强、防火、隔声等要求，卫生间和厨房应满足防潮要求。内隔墙材料的有害物质限量应符合现行国家标准。内隔墙采用预制装配式墙体材料时，应经过模数协调确定隔墙板中基本板、洞口板、转角板和协调板等类型板的规格、尺寸和公差；隔墙与室内管线的构造设计应避免管线安装和维修更换对墙体造成破坏；墙板与不同材质墙体的接缝应采用弹性密封措施，门框、窗框与墙体连接应满足可靠、牢固、安装方便的要求。

楼地面宜采用架空地板系统，架空层内可敷设给排水和供暖等管线。架空地板系统宜设置减振构造；架空层高度应根据管径尺寸、敷设路径、设置坡度等确定，并应设置检修口。

屋面围护系统的设计应包括材料部品的选用要求、构造设计、排水设计、防雷设计等内容。围护系统的防水等级和热工性能应满足现行国家标准。

4. 管线设计

钢结构建筑的给排水管线、供暖通风管线、电气管线设计，应采用与结构主体相分离的设计方式，以满足结构主体耐久性和安全性要求。设备及管线设计应满足施工和维护的方便，且在维护更换时不影响结构主体的寿命和功能。给排水、供暖通风和电气系统及管线应进行综合设计，管线平面布置应避免交叉，竖向管线应相对集中布置。预制结构构件中应尽量减少穿洞，如必须预留，则预留的空洞位置应遵循结构设计模数规定。设备管线及各种接口应采用标准化产品。

5. 装修设计

钢结构建筑的内装应优先采用装配式装修的建筑方式，减少施工现场的湿作业，满足干式工法要求，采用工厂化生产的集成化内装部品，且应具备通用性和互换性。

内装设计应与建筑、结构、设备等各专业进行一体化设计，做好土建尺寸预留，各种预埋件、连接件、接口设计应准确到位。内装部品设计与选型应符合国家现行有关抗震、防火、防水、防潮、隔声和保温等标准的规定，并满足生产、运输和安装的要求。

二、钢结构建筑设计的现状

1. 重结构设计标准，轻建筑设计标准

钢结构建筑属于装配式建筑的一种，装配式建筑需要在建筑设计中严格地执行模数和模数协调标准，使建筑物在刚一进入设计阶段时，就纳入标准化的轨道，并为其后续的结构构件和部品的标准化设计打下基础，实现产业链上所有产品能在工厂采用工业化的生产方式，实现建筑工业化。目前，指导装配式建筑设计的设计原则、设计标准及其他技术文件都偏少，多数建筑师缺乏相关的知识和指导。

2. 重结构主体的装配化设计标准，轻部品的工业化设计标准

随着我国经济和技术的快速发展，需要补充部分部品的模数协调标准，如楼电梯间出入口、厨房设施、内隔墙等。在补充模数协调标准的同时，应建立相关的公差标准，这是目前标准体系中缺乏的内容。

3. 重建造技术的变革，轻试验研究工作

目前，我国市场上现有钢结构建筑的结构体系，呈现百花齐放、百家争鸣的态势，但技术上尚存在很多疑问，多以做少量的示范工程，经专家论证后直接建造，但要纳入行业标准，必须有可靠的理论基础和大量令人信服的试验研究数据。

4. 重工程标准，轻产品标准

钢结构建筑中，许多结构构件已经成为一种工业化产品，在工厂进行生产，需要对它进

行出厂检验，方能成为一个合格的产品出厂。但实际工程中，多由于产品检验需要设计原材料的要求及检测方法的限制，在工程标准中无法全部表达，因此需要编写相关产品标准。

5. 重标准中使用设计状态，轻短暂设计状态

钢结构建筑多存在构件进场需要翻转、吊装、运输等短暂的设计状态，目前，尚缺乏足够的理论研究和实践经验，多本相关标准对此部分内容阐述不够。

三、设计中存在的问题

1. 设计中标准化程度低、模块化设计应用少

这个问题会导致部品与建筑之间、部品与部品之间模数不协调，无法发挥出部品部件工业化生产的优势。

2. 设计中协同性差

当前，很大一部分钢结构建筑仍按照传统模式进行设计，各专业间缺乏有效的过程沟通，由于工期、人员水平等原因，在产品交付时经常出现结构满足不了建筑的要求、设备出现碰撞等一系列问题，极大地限制了钢结构设计行业的发展。

3. 拘泥于传统的二维设计

要打破现有平面设计的束缚，实现 $n(n>3)$ 维设计，从平面图形到空间和时间多维度的模型转变，这就要求钢结构建筑设计急需与 BIM 技术结合起来。

4. 细部设计不合理

在钢结构设计中，节点设计很重要。当前普遍存在的问题是，设计人员在进行钢结构设计时，模型与设计节点之间出现不匹配的情况，严重影响钢结构建筑设计的安全性。

9.2.2 BIM 技术在钢结构建筑设计中的作用

一、BIM 技术在前期规划中的作用

前期规划中通过 BIM 的分析和优化，能有效综合诸如交通、环境等的影响因素，寻找最合理的流线、视线，通过定量的数据分析得到相对最优的建筑方案，从而避免了对经验的过分依赖。

二、BIM 技术在方案设计中的作用

钢结构建筑方案设计时应用 BIM 技术，可以有效地提高设计效率。众多的优化手段能为方案比选提供量化依据和技术手段，结合绿色建筑理念，使设计策略的制定更有针对性。相比于 CAD 时代，BIM 技术方便了各专业的沟通、减少了设计失误的发生，工作效率大大提高。钢结构建筑概念设计阶段，设计人员利用 BIM 技术对多个方案进行模拟和分析，比对不同方案的布局、建筑造型、结构样式、能耗、工程造价等，从中选择最优方案。钢结构建筑方案设计过程中，通过 BIM 模型进行体块推敲，各体块对应信息能清楚及时地反映不同功能空间的面积，建筑师可按需要对其做出调整。BIM 技术做到了信息与模型的联动，大大提高了设计效率。

为了钢结构建筑满足绿色建筑的标准，提高其环境舒适性，设计初期将 BIM 模型导入

相关分析软件中进行能耗模拟并分析结果，得出满足可持续设计的相关建议，使住宅具备低能耗和可持续的特质。概念设计阶段，要求快速地分析出方案的大概能耗情况，对精度要求不高，设计师希望分析软件界面简单易操作，能生成直观的图像。BIM 平台下，要满足以上需求，能耗分析软件需要和 BIM 核心建模软件形成很好的契合。第一种方式是生态节能分析作为插件在 BIM 核心建模软件中进行整合；第二种方式是以半独立软件形式将生态节能分析功能进行整合，并在模型数据上与 BIM 核心建模软件保持共享。这两种方式都是 BIM 软件平台商直接提供的解决方法，保证了分析软件的可靠性。例如，Ecotect 是 Autodesk 公司推出的生态节能分析软件，它不仅能够模拟能耗情况，对室内风环境、太阳辐射等也有很强的分析能力。

三、BIM 技术在深化设计中的作用

在 BIM 技术支持下，钢结构建筑方案确定后，需由专业技术团队对设计模型进行深化设计，完成各种节点与末端的模型搭建工作，使之成为指导施工的唯一依据。由于生成的构件模型包含生产所需的细节化信息，可用作钢结构构件的工厂生产与现场施工依据。钢结构建筑因其自身区别于一般建筑的特点，在进行 BIM 模型拆分时就应注意构件的划分，钢结构构件的深化设计是钢结构建筑设计的重点和难点。钢结构构件的深化设计传统上是由钢结构构件厂作为主体进行的，需要其综合来自各方及各专业的意见并将其转化为构件实体。在 BIM 技术支持下，各专业在同一平台上交流意见、提出自己的需求，最后进行汇总，各专业的需求由具体化转变为符号化。在此基础之上，由专业人员通过 BIM 软件建立钢结构构件的 BIM 模型库，作为工厂生产构件的标准。设计师也可从 BIM 钢结构构件库中挑选满足需要的构件对方案模型进行深化。

四、BIM 技术在协同设计中的作用

协同设计是协调多个不同参与方来实现一个相同的设计目标的过程。传统的协同设计，指的是依赖网络达到沟通交流信息的作用的一种手段，也包括设计流程中的组织管理。设计单位通过 CAD 文件之间的外部参照实现各专业间数据的可视化共享，电视电话网络会议使远在异地的设计团队成员交流设计成果、评审方案或讨论设计变更等，都是协同设计的表现。

在 BIM 技术下，协同已不再是简单的文件参照，各专业通过共同的 BIM 平台共享信息实现项目的协作。装配式钢结构建筑的设计过程中需要设计水暖电等各个专业的协同设计。为了共同完成这一项目，项目组要在共享平台上创建完整的项目信息和文档，这些信息是可以被该项目组的所有成员查看和使用的。所收集信息要在同一平台下经过分析、加工、补充后给各专业共享，设计各参与方之间要协同，设计单位与施工企业也要协同，二维设计与三维设计之间也应该协同，最终保证信息在建筑全生命周期中传递。

进行钢结构建筑 BIM 协同时，为方便信息和人员的管理，保证专业内以及专业间 BIM 信息的流畅交互，需要建立统一的 BIM 平台。只有在同一平台下，才能保证设计规范、任务书、图纸等信息的共享。各专业围绕同一模型展开工作，各专业所有变更均能被其他专业看到并相应做出调整，实现了即时交流。同时，建设方和施工单位在项目初步设计时即参与到方案的讨论中来，因缺乏交流而出现的工程变更也因此减少，大大提高了工作效率。

9.2.3 BIM技术在钢结构建筑设计各个阶段的具体应用

钢结构建筑具有设计系统化、构件制作工厂化、安装专业化等特点，这些特点使钢结构建筑与传统建筑在设计、制作及安装过程中都有显著的差别。近年来，我国建筑行业正在逐步推广BIM相关技术和方法，BIM技术引入钢结构建筑项目中，对提高设计速度，减少设计返工、制作及安装错误，保持施工与设计意图一致性乃至提高钢结构建筑设计的整体水平都具有积极的意义。

BIM技术在钢结构建筑设计阶段的应用，主要包括方案设计、初步设计、施工图设计、深化设计等设计阶段。不论在哪个阶段，建筑信息模型（即BIM模型）都担任了重要的角色。每个阶段特点不同、信息量巨大，BIM技术在各阶段的应用内容和应用深度亦不同，本节主要针对BIM技术在装配式钢结构建筑设计过程的各个阶段的应用做分析说明。

一、方案设计阶段

方案设计是设计中的重要阶段，它是一个极富创造性的阶段，同时也是一个十分复杂的问题。方案设计是对方案可行性的理论验证过程，可行还是不可行，首先考虑的是能不能满足用户的需求、方案合理性及可靠性。在方案设计阶段，信息量不足成为管理者能否做出正确决策的最大障碍。

传统方案设计在构思概念方案时，是建筑师对设计条件的理解和分析阶段，一般都是使用二维草图辅助记录思维过程，是以二维的平、立、剖面图来表达建筑师的方案。而到方案体型推敲时，一般是制作简单的实体模型或者运用SU等建模软件建立简单的体量模型进行建筑规模、体型、比例等的推敲。随着方案的进展会反复修改方案图及方案实体模型，给方案阶段设计带来很大的修改工作量。特别是在一些复杂的项目中，传统的2D图纸表达困难，方案变更后的工作量更大，专业间综合设计更困难。

BIM技术的引入，使方案阶段所遇到的问题得到了有效的解决。将BIM运用到方案设计阶段，利用BIM思维进行设计，不仅可以提高设计效率，还会让建筑师在方案初期更注重建筑性能，更注重建筑的人性化，为方案的可靠性和可行性提供准确的数据，作为决策的支撑。方案阶段通过BIM建立模型能够更好地对项目做出总体规划。BIM在方案阶段的优势，主要表现在以下几方面：

1. 可视化

将传统的二维建筑模型转化为三维模型，使建筑关系更清楚地表达出来，在方案比选阶段，便于空间推敲，提高决策效率。

2. 数据的联动性

利用BIM数据修改驱动模型，改变模型的参数即可实现模型的重建，其异形构件、曲面体块等都可在模型中得到表达。

3. 数据的可提取性和传递性

利用BIM模型参数化设计中所有数据的可提取性，大大加强了模型的信息，而利用BIM模型数据的传递性，通过BIM参数化软件控制复杂体型的节点，可有效帮助方案初期的众多复杂数据传递到BIM模型中，为后续的设计及建筑性能分析等工作提供了基础的参数模型，特别是在一些复杂造型建筑项目中，更加体现了BIM设计的价值。

4. 设计优化

BIM 对建筑的性能分析、能耗分析、采光分析、日照分析、疏散分析等功能都将对建筑设计起到重要的设计优化作用。

BIM 可以为管理者提供方案阶段的概要模型，以方便建设项目方案的分析、模拟，而为整个项目的建设降低成本、缩短工期并提高质量。例如，对周边环境进行建模（包括周边道路、已建和规划的建筑物、园林景观等）之后，将项目的概要模型放入环境模型中，以便于对项目进行场地分析和性能优化分析等工作。

5. 集成一体化设计

在方案设计阶段引入 BIM 技术，配合结构体系、三板体系、设备与管线、卫生间阳台等选型工作，为实现装配式钢结构建筑的集成一体化设计提供信息化支撑。借助 BIM 技术，整合钢结构体系与建筑功能之间的关系，优化结构体系与结构布置，提高设计质量。

二、初步设计阶段

初步设计，是在方案设计的基础上进行的进一步设计，根据方案，绘出方案的脉络图。对于传统结构设计而言，其采用的绘图工具与建筑设计一样，主要依靠 AutoCAD 软件修改设计。

在初步设计阶段，就可以利用与 BIM 模型具有互用性的能耗分析软件为设计注入低能耗与可持续发展的绿色建筑理念，这是传统的 2D 工具所无法实现的。除此之外，各类与 BIM 模型具有互用性的其他设计软件都在提高建设项目整体质量上发挥了重要作用。BIM 模型作为一个信息数据平台，可以把上述设计过程中的各种数据统筹管理，BIM 模型中的结构构件同时也具有真实构件的属性及特性，记录了项目实施过程的所有数据信息，可以被实时调用、统计分析、管理与共享。

在初步设计阶段，BIM 的成果是多维的、动态的，可以较好地、充分地就设计方案与各参与方进行沟通，项目的建筑效果、结构设计、机电设备系统设计以及各类经济指标的对比等都能更直观地进行展示与交流。

三、施工图设计阶段

在完成方案设计和初步设计工作之后，可以进入到项目设计的施工图绘制阶段。传统施工图设计属于二维设计，使得管线综合问题在设计阶段很难解决，只能在各专业设计完成后反复协调，将各方图纸进行比对，发现碰撞后提出解决方案，修改后再确定出图。图纸需经过反复人工修改，修改过程中由于人为因素不可避免地会产生各种图纸错漏问题，给后期的图纸深化设计及制作安装工作带来极大的困难。特别是装配式钢结构建筑中预制构件的种类和样式繁多，出图量大，人工出图带来的问题更多。

利用 BIM 技术所构建的设计平台，其在施工图设计阶段具有强大的优势。

1. 信息传递

基于 BIM 平台搭建的模型所包含的信息可以从方案阶段传递到施工图阶段，并一直传递下去，直到项目全寿命周期结束。

2. 协同设计

钢结构建筑设计中，由于主体构件之间、三板之间，以及主体构件与三板之间的连接都具有其特殊性，需要各专业的设计人员密切配合。由于需要对管线进行预留设计，因此更加需要各专业的设计人员密切配合。借助BIM技术与“云端”技术，各专业设计人员可以将包含有各自专业的设计信息的BIM模型统一上传至BIM设计平台供其他专业设计人员调用，进行数据传递与无缝的对接、全视角可视化的设计协同。

3. 图纸输出功能

各BIM设计软件都具备图纸输出功能，有效避免人为转化设计意图时出错，能够更好地解决复杂形体设计、复杂部位出图难的问题，极大提高了出图效率和正确率。

4. 参数化

BIM建筑信息模型的建立使得设计单位从根本上改变了二维设计的信息割裂问题。传统二维设计模式下，建筑平面图、立面图以及剖面图都是分别绘制的，如果在平面图上修改了某个窗户，那么就要分别在立面图、剖面图上进行与之相应的修改。这在目前普遍设计周期较短的情况下，难免出现疏漏，造成部分图修改而部分图没有随之修改的低级错误。而BIM的数据是采用唯一、整体的数据存储方式，无论平面图、立面图还是剖面图其针对某一部位采用的都是同一数据信息。利用BIM技术对设计方案进行“同步”修改，某一专业设计参数更改能够同步更新到BIM平台，并且同步更新设计图纸。这使得修改变得简便而准确，不易出错。同时也极大地提高了工作效率。

BIM技术的这一功能使得设计人员可灵活应对设计变更，这大大减少了各设计人员由于设计变更调整所耗的时间和精力。

5. 自动碰撞检查与纠错

通过碰撞检查与自动纠错功能，自动筛选各专业之间的设计冲突，帮助各专业设计人员及时找出专业设计中存在的问题；通过授予钢结构建筑专业设计人员、构件拆分设计阶段，以及相关的技术和管理人员不同的管理和修改权限，可以使更多的技术和管理专业人士参与到钢结构建筑的设计过程中，根据自己所处的专业提出意见和建议，减少预制构件生产和施工中的设计变更，提高业主对钢结构建筑设计的满意度。

四、深化设计阶段

深化设计阶段是钢结构建筑实现过程中的重要一环，是以建筑设计和结构设计施工图为依据，向建筑施工制作加工单位提供用于加工和安装施工的图纸资料，起到承上启下的作用。深化设计图纸包括设计说明、布置图、构件图、零件图及各类清单。包括每个零件定位信息、焊缝形式及等级、零件尺寸、零件材料表等，图纸必须满足工厂制作和现场安装的需要，确保图纸的准确性、完整性、适用性和可行性。通过深化阶段的实施，将建筑的各个要素进一步细化成单个构件。

传统钢结构深化设计是靠人工进行CAD二维图纸设计，是按照施工图纸把各构件尺寸信息在二维图纸上详细地表达出来，由于存在设计变更及深化人员的人为因素，深化人员把设计意图表达在深化图纸上时往往存在错漏等问题。且二维图纸模式不易检查碰撞问题，往往导致构件现场安装碰撞需要回厂返工，在时间和费用上带来不必要的浪费。

BIM技术应用于深化设计，完美地解决了以上问题。BIM技术应用于深化设计的优势主要有以下几个方面：

1. 可视性

借助BIM技术，可以对预制构件的几何尺寸等重要参数进行精准设计、定位。在BIM模型的三维视图中，设计人员可以直观地观察到待拼装预制构件之间的契合程度。

2. 碰撞检查

利用 BIM 技术的碰撞检测功能，可以细致分析预制构件结构连接节点的可靠性，排除预制构件之间的装配冲突，从而避免由于设计粗糙而影响预制构件的安装定位，减少由于设计误差带来的工期延误和材料资源的浪费。

3. 图纸联动性

BIM 模型信息修改后能自动更新图纸，保证信息传递的正确性和唯一性，有效避免由人工调图所带来的错误。

4. 图纸输出功能

BIM 钢结构深化软件具有强大的图纸输出功能，能基于零件模型输出三维效果图、各轴线布置图、平面布置图、立面布置图、构件的施工图、零件大样图以及材料清单等。在利用软件绘制构件施工图时，软件会自动调出该构件的基本信息(数量、型材、尺寸、材质等)；用户也可以按自身要求定制模板，增加构件安装位置、方向以及工艺等信息。BIM 技术在钢结构构件深化设计阶段有多款软件支持，其中比较优秀的是 Tekla Struc-tures，别名 Xsteel。

任务3 BIM 技术在钢结构构件生产中的应用

9.3.1 钢结构构件生产的内容

钢结构构件车间生产技术工艺主要经历以下流程：

(1) 放样：核对图纸的安装尺寸和孔距等，以 1∶1 打样放出节点，核对各部分的尺寸，制作样板和样杆作为下料、弯制、铣、刨、制孔等加工的依据。

(2) 号料：检查核对材料，在料上划出切割、铣、刨、制孔等加工位置，打冲孔，标出零件编号等。号料应注意以下问题：

① 根据配料表和样板进行套裁，尽可能节约材料。

② 应有利于切割和保证零件质量。

③ 当工艺有规定时，应按规定取料。

(3) 切割下料：采用氧割(气割)、等离子切割等高温热源的方法和使用机切、冲模落料和锯切等机械的方法。

(4) 平直矫正：钢矫正机的机械矫正和火焰矫正等。

(5) 边缘及端部加工：方法有铲边、刨边、铣边、碳弧气刨、半自动和自动气割机、坡口机加工等。

(6) 滚圆：可选用对称三轴滚圆机、不对称三轴滚圆机和四轴滚圆机等机械进行加工。

(7) 煨弯：根据不同规格材料可选用型钢滚圆机、弯管机、折弯压力机等机械进行加工。当采用热加工成型时，一定要控制好温度，满足规定要求。

(8) 制孔：包括铆钉孔、普通连接螺栓孔、高强螺栓孔、地脚螺栓孔等。制孔通常采用钻孔的方法，有时在较薄的不重要的节点板、垫板、加强板等制孔时也可采用冲孔。钻孔通常在钻床上进行，不便用钻床时，可用电钻、风钻和磁座钻加工。

(9) 钢结构组装：方法包括地样法、仿形复制装配法、立装法、胎模装配法等。

(10) 焊接：这是钢结构加工制作中的关键步骤，要选择合理的焊接工艺和方法，严格按要求操作。

(11) 摩擦面的处理：可采用喷砂、喷丸、酸洗、打磨等方法，严格按设计要求和有关规定进行施工。

(12) 涂装：严格按设计要求和有关规定进行施工。

9.3.2 BIM 技术在钢结构构件生产中的作用

在构件生产阶段应用 BIM 技术有助于实现可视化、信息化管理。

(1) 深化设计阶段可以实现 3D 交底，以三维模型和漫游的方式进行直观展示，能够帮助管理人员、班组长、技术工人更好地领会技术关键点，在加工生产前就可以提前发现并解决施工过程中可能出现的问题，保证加工的质量。

(2) 生产车间可实现各种资源(人、财、物等)精细化管理，可进行订单信息管理、材料购置管理、生产计划编制、库存控制等，机械化的生产更提高了构件质量，实现高效生产。

钢结构制作在产业链中所处的位置，决定了其无法避免的“三边”特性，即“边设计、边制作、边变更”。在传统钢结构制作管理中，多利用纸面、传真等方式完成单位内外之间的图纸和信息传递，效率受到很大的影响，有时更会在传递时产生信息失真或丢失。同时，企业内部为更好地完成生产组织，必须依靠手工分拣、手工摘料和人工输入等来完成图、料信息源的搜集，继而完成材料采购清单、构件清单、零件清单、下料加工清单、工艺路线卡、手工排版等信息的收集和计算。现今随着 StruckCAD、Teklastructure 等三维钢结构深化设计软件的使用和 BIM 技术的引入，使信息源的收集变得简单和精确。

(3) 构件检验和预拼装阶段中，BIM 技术的引入实现了高效、准确、节约的效果，利用 BIM 输出格式，实现机器人仿真模拟，克服了传统模式中需要大片预拼装场地、过程烦琐、测量时间长、费用高、精度低等缺点。

(4) BIM 平台的成品构件管理。

搭建基于 BIM 的构件管理平台，从 BIM 模型中提取预制构件编码及材料用量信息，可以对构件的实时状态进行查询，加强生产过程管控，优化物流管理，进行物流信息的追踪。

(5) 安全管理。

采用 BIM 技术可视化等特点，用不同颜色标注施工中各空间位置，展现危险与安全区域，真正做到提前控制；利用碰撞检查技术可模拟加工过程中设备的运行，提前预控操作人员所站位置、构件转运等是否安全；还可以利用 BIM 技术制定和优化应急预案，包括安全出入口、机械设备运行路线、消防路线、紧急疏散等。

9.3.3 基于 BIM 技术的钢结构构件生产

BIM 技术在钢结构设计阶段建立的 3D 模型，对后续加工的作用更为显著，通过对这些数据的采集、加工、快速推送和应用，可确保信息流转的高效、有序、精细和可控。

一、图纸会审

图纸会审一定程度上影响着工程的进度、质量、成本等，做好图纸会审工作，图纸中的一些问题能够及时发现并解决，可以提高施工质量，缩短施工工期，进而节约施工成本。应用BIM技术的三维可视化辅助图纸会审，形象直观，可以使参建单位快速熟悉图纸、掌握工程重难点，找出需要解决的技术难题并拟定解决方案，将设计缺陷消灭在施工之前。

(1) 发现问题阶段，模型建立，碰撞检查，将问题进行汇总，这项工作与深化设计工作可以合并进行。

(2) 多方会审，将问题在三维模型中进行标记，对问题进行逐个评审并提出修改意见，提高沟通效率。

(3) 会审交底，通过三维模型进行会审交底，并展示模型中针对问题修改的结果。

二、深化设计

深化设计时要考虑钢结构的建模准确性、完整性。Tekla BIM Sight 可以将不同专业的三维模型合并，以达到审核模型和碰撞检查的作用；Tekla Structures 是 BIM 三维设计软件，可以生成项目中所需的各种图纸和报表，还可将模型信息与其他软件实现共享。具体应用 BIM 技术进行深化设计的流程如下：

(1) 建立轴网，建立构件规格库，定义构件前缀号，以便软件在自动编号时能合理区分各构件。

(2) 精确建模阶段，在设计、制造、安装等阶段所有的图面与报告完全整合在模型中产生一致的输出文件。

(3) 模型校核阶段，通过碰撞检查，由专人对模型的准确性、节点的合理性及加工工艺等各方面进行校核。

(4) 构件出图阶段，通过软件生成初步的零件图、构件图以及施工布置图，再对尺寸标注、焊缝标注、构件方向定位及图纸排版等方面进行调整即可。

构件信息直接来源于模型，当工程中发生设计变更时，只需对模型进行修改，各种与之关联的图纸文件和数据均会相应自动更新。

三、工艺方案

1. 实现工艺方案的积累、材料排版和优化

基于 BIM 模型与信息技术软件结合形成数字化制造技术的生产流程。钢结构详图设计和制造软件中使用的信息是经过精度和协调性调整过的建筑信息模型数据，这些数据能够在相关建筑活动中共享。

BIM 技术的引入，加工车间可以把 BIM 模型输出为各种数据格式信息，再将这些信息导入到生产管理软件中，利用数据机床等进行构件的切割、转孔等具体加工。基于此，可降低加工车间对构件详图的需求量，提高效率，降低错误率。

基于套料排版类软件，可将不同格式的构件特性信息文件输入共享，同时按不同的板材规格、材质进行套料分组，减少人为分组的工作。

2. 族库的建立

参数化设计是 BIM 技术的核心特征之一。利用 BIM 软件的参数化规则体系可以进行部品模型的创建，为材质、供应商、几何尺寸等设置参数，精准设计出各种零部件，组成族库

供建模时选择使用。

四、技术交底

应用 BIM 技术，在车间加工前可以实现三维技术交底，可直观看到零部件的安装位置和实际形状尺寸。同时通过 BIM 技术可以对复杂节点进行加工工序可视化模拟演示，工人更容易理解。

五、构件加工

1. 材料工程量统计利用

BIM 技术可以实现直接提取模型中的材料信息，计算所需的各类部品和零构件的数量、利用率等重要信息。

2. 三维模型指导加工

基于 BIM 软件可以快速调取构件模型的三维视图以及相应的参数尺寸，用于指导构件的加工生产。也可形成钢构件加工图与施工详图，直接用于指导构件的生产加工、现场拼装。还可准确表达构件连接节点，免去人工进行节点的绘制与统计工作，提高钢构件加工精度与效率。

3. 构件详细信息查询

Revit 软件对图纸实行分类，包括材料报表、构件生产加工图、施工装配图和后续施工相关详图，还能在 Navisworks 中实现钢构件施工过程的模拟，预先进行施工方案的验证。建立材料的 BIM 模型数据库，项目参与方可直接进行数据的查询和分析，为材料管理提供数据支撑。

六、构件预拼装

目前国内大多数钢结构工程的加工车间普遍采用钢卷尺、直角尺、拉线、吊线、放样检验模板等传统手段检验钢构件，对于复杂的钢构件还需进行实物预拼装，造成监测过程烦琐、测量时间长、检测费用高且精度低，无法满足现今很多复杂的钢结构造型。

现今，利用 BIM 技术可以模拟实物构件进行检验和预拼装，基本思路是：创建钢结构模型，选择合理的测量单位，予以编号形成单一构件的测量图用于实物测量；将构件实测数据输入三维设计软件形成实测的三维模型，与理论模型对比，以检验构件；将合格构件实测模型导入整体模型中进行构件之间各接口的匹配分析，起到实物预拼装的效果。

任务 4 BIM 技术在钢结构建筑施工中的应用

9.4.1 BIM 技术在钢结构建筑施工中的作用

BIM 技术的引用，彻底革新了传统钢结构施工现场管理的手段和模式，在进度控制、成本管理、质量把控及资料管理等方面都提供了相应的平台和技术，利用 BIM 模型的协调性、模拟性和可视化等特点，关联进度计划进行4D工序模拟，优化进度计划；关联计量计价进行5D工序模拟，实现多算对比，加强成本管控；将多专业模型整合，检查碰撞冲突，提高施工质量；搭建施工资料管理平台，创建基于项目的资料库，方便资料管理。

一、基于BIM模型的进度管理

工程项目的进度控制是指对工程项目各建设阶段的工作内容、工作程序、持续时间和逻辑关系制订计划，将该计划付诸实施。进度计划控制的准确性直接影响着项目的总成本和合同的执行力，进行项目施工进度管理至关重要。随着我国工程大型建筑越来越多，建筑规模越来越大，项目的影响因素多、参与方多、协调难度大，施工进度管理的难度也越来越大。

传统的进度管理模式存在一定的缺陷：一是二维设计图不够形象，设计师无法有效直观地检查自己的设计成果，很难保证设计质量，同时对设计师与建造师之间的沟通形成障碍。各专业协同作业时常有碰撞和矛盾的地方。二是传统进度网络计划较为抽象，一般只适合内部使用，不利于与外界的沟通和交流，同时也不能直观地展示项目的计划进度过程，不方便进行项目实际进度的跟踪。三是传统方法不利于规范化和精细化管理。

BIM技术的引入，给项目进度控制带来不同的体验。在BIM模型的基础上，关联Project进度计划形成4D施工工序模拟，在模型中查看构件的状态信息，可按需要调整构件的时间参数（开始、结束和持续时间），BIM模型会相应在不同阶段自动调整构件增减情况，准确统计构件量。施工过程中扫描构件二维码，进行实际施工进度与模拟对比，模型会发出进度预警，根据预警信息及时调整进度计划。BIM技术进度控制的优势具体体现在以下几方面：

（1）提升决策效率；

（2）提升全过程协同效率；

（3）碰撞检查，提高设计质量；

（4）加快招投标组织工作；

（5）加快支付审核；

（6）加快生产计划、采购计划的编制；

（7）加快竣工交付资料的准备。

二、基于BIM模型的成本管理

成本控制，是企业根据一定时期预先建立的成本管理目标，由成本控制主体在其职权范围内，在生产耗费发生以前和成本控制过程中，对各种影响成本的因素和条件采取的一系列预防和调节措施，以保证成本管理目标实现的管理行为。成本控制不仅是财务意义上实现利益最大化，更关乎低碳、环保、绿色建筑、自然生态、社会责任等，终极目标是单位建筑面积自然资源消耗最少。

成本控制的过程也是一个发现薄弱环节的过程，科学组织成本管控，可以促进企业改善经营，提高企业竞争力，在这过程中主要难点有：一是数据量大，每个施工阶段都涉及大量人、材、机和资金消耗统计，数据量十分巨大，实行短周期管理统计变成了一种奢侈，更别说实时追踪。二是涉及部门和岗位众多，很难汇总出准确总成本。三是消耗量和资金支付情况复杂，成本数据归集在没有一个强大的平台支撑情况下，不漏项做好三个维度（时间、空间、工序）的对应很困难。

BIM技术的引入，在三维模型的基础上，关联成本信息和资源计划形成构件级的5D数据库，根据工程进度需要，调出对应的数据进行多算对比分析，快速输出各类统计报表，形成进度造价文件，提高成本管控的精度和效率。体现了基于 BIM 技术的成本控制快速、准确、分析能力强等优势。

三、基于 BIM 技术的质量管理

我国国家标准 GB/T 19000—2016 对质量的定义为：一组固有特征满足要求的程度。质量的主体不但包括产品，还包括过程、活动的工作质量，质量管理体系运行的效果等。工程项目质量管理是指在力求实现工程项目总目标的过程中，为满足项目的质量要求所开展的有关管理监督活动。

影响施工质量的因素主要有“人、机、料、法、环”等五方面。传统质量控制方法主要依赖管理人丰富的管理经验和大量的理论研究结果。但实际实践表明，大部分管理方法在理论上的作用很难在工程实际中得到发挥。工程施工过程中，施工人员专业技能不足、材料使用不规范、不按设计或规范进行施工、不能准确预知完工后的效果、各专业工种相互影响等问题对工程施工质量管理都造成了一定的影响。

BIM 技术的引用实现了三维立体实物可视化交底，让工人直观形象地掌握施工构造做法。传统的二维质量管控方法是将各专业平面图叠加，结合局部剖面图，设计审核校对人员凭经验发现错误，难以全面，三维参数化的质量控制，可实时检测各种碰撞，精确性高。二维与三维质量控制的优缺点对比如表 9-4-1 所示。

表 9-4-1　传统二维质量控制与三维质量控制优缺点对比

传统二维质量控制缺陷	三维质量控制优点
手工整合图纸，凭借经验判断，难以全面分析	电脑自动在各专业间进行全面检验，精确度高
均为局部调整，存在顾此失彼情况	在任意位置剖切大样及轴测图大样，观察并调整该处管线标高关系
标高多为原则性确定相对位置，大量管线没有精确度	轻松发现影响净高的瓶颈位置
通过“平面＋局部剖面”的方式，对于多管交叉的复杂部位表达不够充分	在综合模型中直观表达碰撞检测结果

四、基于 BIM 技术的资料管理

施工资料管理是项目部管理的一个重要部分，传统工程项目的大部分施工资料，由承包商随工程进展用文件夹或盒子装订形成的纸质文档，最后移交给建设方。由于施工阶段工程项目资料繁多，产生的大量数据不易保存和追溯，容易发生遗漏和错误，尤其涉及变更单、签证单和技术核定单等重要资料的遗失，对各方责任的确定和合同的履行影响较大，以纸质文档保存的施工资料数量多且处于分散状态，资料的分类、保存、查询和更新等工作难度大。

而 BIM 技术以三维信息模型作为集成平台，利用数据库、BIM 与网络的结合，将虚拟模型与资料数据共享云端，搭设基于 BIM 的项目施工资料管理平台，实现对项目施工阶段海量信息的集成、管理、分析和共享，为各参与方提供一个高效率信息沟通和协同工作的平台，这样各岗位工作人员可以将施工合同、设计变更、会议纪要、进度质量安全等资料上传到系

统平台，管理人员即可通过BIM浏览器查看最新的数据，从而建立起现场资料数据与BIM模型具体构件的实时关联，最终向建设方提交一份基于BIM模型的电子档资料。

9.4.2 BIM技术在钢结构施工过程中的应用

一、BIM技术在钢结构现场管理中的应用

在BIM模型的数据库中添加两个属性——位置属性和进度属性，实现对构件在模型中位置信息和进度信息的追踪，在构建运输、预拼装、现场堆放、现场拼装等过程中进行精准定位和计划管控，保证整个施工阶段的高效精确。

1.装配式钢构件的运输

运输过程可能对材料有所破坏，导致构件变形，现场野蛮施工也可能导致构件变形，最终致使建筑物部件甚至整个建筑物质量都难以达到设计要求。以BIM模型建立的数据库作为数据基础，RFID收集到的信息及时传递到基础数据库中并通过定义好的位置属性和进度属性与模型相匹配。此外，通过RFID反馈的信息，精测构件是否能按计划进场，做出实际进度与计划进度对比分析，如有偏差，适时调整计划或施工工序，避免出现窝工或构配件的堆积，以及场地和资金占用等情况。

2.装配式钢构件的预拼装

利用BIM技术的可视化在各工序施工前进行技术交底，虚拟展示各施工工艺，尤其对新技术、新工艺以及复杂节点进行全尺寸三维展示，真实再现施工场景，模拟实际施工当中可能遇到的不利情况，有效减少因人的主观因素造成的错误理解，使交底更直观、更容易理解，使各部门之间的沟通更加高效。

3.装配式钢构件的现场堆放

构件入场时，RFID Reader读取到的构件信息传递到数据库中，并与BIM模型中的位置属性和进度属性相匹配，保证信息的准确性。

利用BIM软件建立相关的建筑周边模型，完全真实模拟建筑及周边的环境，包括所占区域，周边的公建、交通道路状况等因素。利用建立的建筑周边的三维模型，使业主、施工方都可以对建筑的地理位置及周边的环境状况、公建设施、道路交通有更直观的感受，既可以在施工进场前有一个宏观的把控，也能为后期的运维阶段提供依据。同时通过BIM模型中定义的构件的位置属性，可以明确显示各构件所处区域位置，在构件或材料存放时，做到构配件点对点堆放，避免二次搬运。

三维动态展现施工现场布置，划分功能区域，便于进行场地分析。对施工场地进行合理规划，保证建筑材料的合理摆放和及时取用，方便材料的管理，也提高了施工现场的安全性。

对建筑材料的上下料的路线规划，提高了现场人员的工作效率，同时充分利用起吊设备，节省能源，建立的模型也可随施工的进程进行相应调整，保证了整个施工阶段的需要。

4.装配式钢构件现场拼装

若只有BIM模型，单纯地靠人工输入吊装信息，不仅容易出错而且不利于信息的及时传递；若只有RFID，只能在数据库中查看构件信息，通过二维图纸进行抽象的想象，通过个

人的主观判断，其结果可能不尽相同。BIM-RFID 有利于信息的及时传递，从具体的三维视图中呈现及时的进度对比和二算对比。地面工作人员和施工机械操作人员各持阅读器和显示器，地面人员读取构件相关信息，其结果随即显示在显示器上，机械操作人员根据显示器上的信息按次序进行吊装，一步到位，省时省力。此外，利用 RFID 技术能够在小范围内实现精确定位的特性，可以快速定位、安排运输车辆，提高工作效率。

二、BIM 技术在钢结构施工模拟中的应用

通过 BIM 技术进行施工模拟与深化设计，对钢结构施工进行可视化、参数化、高效协同管理。

1. 施工组织模拟

在施工组织模拟中应用 BIM 技术，基于施工图设计模型或深化设计模型和施工图、施工组织设计文档等创建施工组织模型，并将工序安排、资源配置和平面布置等信息与模型关联，将施工进度计划表导入 BIM 软件中进行施工动态模拟，将施工进程直观地展示出来，实现施工作业流水的三维可视化。输出施工进度、资源配置等计划，指导和支持模型、视频、说明文档等成果的制作和方案交底。项目管理人员在计划阶段可直观地识别预测潜在的施工工序冲突，对机械设备布置、现场空间布置、资源分配计划进行合理优化，从而提高施工效率、缩短工期、节约成本。

2. 施工工艺模拟

1）各关键工艺施工模拟注意事项

模板工程施工工艺模拟应优化模板数量、类型，支撑系统数量、类型和间距，支设流程和定位，结构预埋件定位等。

临时支撑施工工艺模拟应优化临时支撑位置、数量、类型、尺寸，并宜结合支撑布置顺序、换撑顺序、拆撑顺序。

大型设备及构件安装工艺模拟应综合分析柱梁板墙、障碍物等因素，优化大型设备及构件进场时间点、吊装运输路径和预留孔洞等。

复杂节点施工工艺模拟应优化节点各构件尺寸、各构件之间的连接方式和空间要求，以及节点施工顺序。

垂直运输施工工艺模拟应综合分析运输需求、垂直运输器械的运输能力等因素，结合施工进度优化垂直运输组织计划。

脚手架施工工艺模拟应综合分析脚手架组合形式、搭设顺序、安全网架设、连墙杆搭设、场地障碍物、卸料平台与脚手架关系等因素，优化脚手架方案。

预制构件拼装施工工艺模拟应综合分析连接件定位、拼装部件之间的连接方式、拼装工作空间要求以及拼装顺序等因素，检验预制构件加工精度。

在施工工艺模拟过程中宜将涉及的时间、人力、施工机械及其工作面要求等信息与模型关联。

在施工工艺模拟过程中，宜及时记录出现的工序交接、施工定位等存在的问题，形成施工模拟分析报告等方案优化指导文件。

宜根据施工工艺模拟成果进行协调优化，并将相关信息同步更新或关联到模型中。

施工工艺模拟模型可从已完成的施工组织模型中提取，并根据需要进行补充完善，也可

在施工图、设计模型或深化设计模型基础上创建。

2）施工工艺模拟要求

施工工艺模拟前应明确模型范围，根据模拟任务调整模型，并满足下列要求：①模拟过程涉及空间碰撞的，应确保足够的模型细度及工作面；②模拟过程涉及与其他施工工序交叉时，应保证各工序的时间逻辑关系合理；③除上述两点以外对应的专项施工工艺模拟的其他要求。

3. 施工计算模拟

利用BIM软件和仿真计算软件的数据接口提取BIM模型中包含的结构几何信息参数，如构建尺寸、位置等；定义BIM模型的计算参数，如材料属性、边界条件及荷载情况。继而将BIM模型导入有限元分析软件实现模型信息的交互，对结构施工过程力学性能进行仿真分析，为施工过程的安全把控提供计算依据。

三、BIM技术在钢结构工程竣工验收中的应用

BIM技术涉及施工全生命周期，在项目竣工阶段同样具有重要的应用价值。在竣工阶段，应用BIM技术可对施工结束后需要维护的项目和具体参数进行分析，形成竣工模型，为竣工建筑项目的维护管理奠定基础。

竣工验收与移交是建设阶段的最后一道工序，传统的验收手段存在许多问题，例如，验收人员仅从质量方面进行验收，对使用功能方面的验收关注不够；对整体项目的把控力度不够，是否满足设计、满足施工规范要求，是否美观、便于后期检修等，缺少直观的依据；竣工图纸难以反映现场的实际情况，给后期运维管理带来各种不可预见性，增加运维管理难度等。

通过完整的、有数据支撑的、可视化竣工BIM模型与现场实际建成的装配式建筑进行对比，可以较好地解决以上问题。BIM在竣工阶段的具体应用有以下几个方面。

1. 检查结算依据

BIM的出现将改变传统验收方法的弊端和困难，通过BIM系统，工程项目变更的位置一览无余，各变更位置对应的原始技术资料随时从云端调取，BIM模型高亮显示部位就是变更位置，结算人员只需要单击高亮位置，相应的变更原始资料就可以借阅。

2. 核对工作量

结算阶段，核对工程量是最主要、最核心、最敏感的工作，其主要工程量核对形式依据先后顺序分为四种。

1）分区核对

分区核对处于核对数据的第一阶段，主要用于总量比对，一般预算员、BIM工程师按照项目施工段的划分将主要工程量分区列出，形成对比分析表，如预算员采用手工计算则核对速度较慢，碰到参数的改动，往往需要一个小时甚至更长时间才可以完成，但是对于BIM工程师来讲，可能几分钟就可完成计算，重新得出相关数据。

2）分部分项清单工程量核对

分部分项清单工程量核对是在分区核对完成后，确保主要工程量数据在总量上差异较小的前提下进行的。

如果BIM数据和手工数据需要比对，可通过BIM建模软件导入外部数据，在BIM建模软件中快速形成对比分析表，通过设置偏差百分率警戒值，可自动根据偏差百分率排序，迅

速对数据偏差较大的分部分项工程项目进行锁定，再通过 BIM 软件的“反查”定位功能，对所对应的区域构件进行综合分析，确定项目最终划分，从而得出较为合理的分部分项子目。

3）BIM 模型综合应用查漏

由于目前项目承包管理模式和传统手工计量的模式下，缺少对专业之间相互影响的考虑，或者由于相关工作人员专业知识局限性等因素，势必对实际结算工程量造成一定的偏差。通过 BIM 技术将各专业协调综合应用，能够大大减少由于计算能力不足、预算员施工经验不足造成的经济损失。

4）大数据核对

大数据核对是在前三个阶段完成后的最后一道核对程序。项目的高层管理人员依据大数据对比分析报告，可对项目结算报告做出分析，得出初步结论。BIM 完成后，可直接在云服务器上自动检索高度相似的工程进行云指标对比，查找漏项和偏差较大的项目。

3. 其他方面

BIM 在竣工阶段的应用除工程量核对外，还主要包括以下几个方面：

（1）验收人员根据设计、施工阶段的模型，直观、可视化地掌握整个工地的情况，既有利于对使用功能、整体质量进行把关，同时又可以对局部进行细致的检查、验收。

（2）验收可以借助 BM 模型对现场实际施工情况进行校核。

（3）通过竣工模型的搭建，可以将建设项目的设计、经济、管理等信息融合到一个模型中，便于后期的运维管理单位使用，更好、更快地收集到建设项目的各类信息，为运维管理提供有力保障。

任务 5 钢结构的发展方向及 BIM 技术在钢结构施工中应用存在的问题

1927 年的一天，美国桥梁专家华特尔站在南京的江边，望着湍急的江水，摇了摇头，说：“在南京造桥，不可能。”那当时的南京长江大桥是如何建成的呢？说起来，南京长江大桥有个外号叫“争气桥”，这个名字来源于其钢梁结构的材料——争气钢。当然，这也不是这种钢材料的真实名字，之所以被称为“争气钢”，这与一个人的工作密不可分。

方秦汉，中国工程院院士，我国的桥梁工程专家。一位为了建成南京长江大桥，历经四个月的精准计算、为下沉桥墩指导潜水员潜水 207 次、为了制造出“争气钢”和科研团队在一次次失败中站起来的中国科学家。

【二维码 9.3：十年磨一剑：南京长江大桥的艰难建成之路】

2017 年，国家政策不断加码，发展装配式建筑上升至国家战略层面。国家标准《装配式建筑评价标准》也正式发布，并于 2018 年 2 月 1 日起开始实施，可以预见，未来 10 年，装配式建筑市场将迎来爆发式增长，其中钢结构建筑将成为市场主流。大力推进建筑工业化、发展装配式建筑是符合国家引导、政策支持和市场选择的大势所趋。

9.5.1 钢结构的发展方向

2017年从中央到地方关于发展装配式建筑的政策相继出台，全国各地均设置装配式建筑相关工作目标，出台相关扶持政策，同时出现了很多的装配式设备、构件生产企业，关于装配式建筑的项目更是遍地开花，很多省市实现了从无到有的突破。

一、钢结构是新建筑时代的脊梁

说到装配式钢结构，不得不说中国的钢铁产业的发展，经历了新中国成立之初的节约用钢，到后来的合理用钢，到如今的鼓励发展用钢，钢结构产业发展速度可谓是势不可当。近年来，中国一座座高楼大厦拔地而起，直指青云。而钢结构建筑更是如雨后春笋般遍布祖国大地。钢结构建筑渐成趋势，并被列入中国钢结构行业“十三五”规划：“力争到2020年钢结构用钢量由目前的5000万吨增加到1亿吨以上，占建筑用钢比重超过25%”。

现在，中国钢结构产业企业有1万多家，一大批有实力的钢结构企业正承担着国内重点大型钢结构的生产和安装工作。钢结构的科研、设计、生产、配套等各个领域迅猛发展，行业内不断涌现出优秀钢结构设计方案、设计软件和科研成果，它们提高了钢结构设计、施工质量，提升了行业规范和规程，使得我国钢结构的产量、产业规模、市场开发应用都位居世界第一，装备制造和安装技术达到世界领先水平。钢结构已成为新建筑时代的脊梁。

二、钢结构建筑是绿色建筑发展方向

钢结构是名副其实的绿色建筑，是有利于保护环境、节约能源的建筑。装配式建筑节约施工时间，施工不受季节影响；可增大住宅空间使用面积；建筑材料可重复利用；抗震性能好。相信在不久的将来中国装配式钢结构建筑必定迅速崛起。

三、完善产业链是钢结构发展必经之路

2025年装配式建筑占新建建筑的比例将在50.9%以上。这意味着从目前的不足10%，三年20%，八年时间提升到50%。未来几年机遇与坎坷并存，就看怎么抓住机遇发展。如此大的市场，装配式钢结构究竟占多少份额要取决于自身的技术与质量能否达到市场需求功能水平。

在中国，钢结构建筑作为一种结构建筑而言已经算是很成熟的了，但建造装配式钢结构建筑还存在诸多问题。这些问题，实际上不是钢结构本身的问题。从字面意思来解释，原先钢结构企业是在做建筑钢结构，现在要转型做钢结构建筑。一个词颠倒了位置，其内在意义就完全不一样了，要面对的问题变得非常多。由于质量与施工性能不一以及全产业链不完善，造成其造价高、建设施工等问题在装配式钢结构建设中显露无遗。产业链不配套，付出很多额外成本，而且从设计到施工到生产之间不熟悉，也导致了一系列问题。在发达国家，一般混凝土建筑才是造价最高的，木结构最低，钢结构处于中间。如果配套问题解决了，那么钢结构价格就低了。只有完善装配式钢结构全产业链才能突破行业发展的瓶颈。

四、钢结构企业创新突破谋发展

当前国家相继推出大力发展装配式建筑的相关政策，装配式钢结构住宅在政府主导的

保障性住房、棚户区改造、美丽乡村以及特色小镇等项目中的优越性愈发明显。在2017年钢铁行业去产能仍将继续推进的情势下，钢铁企业不再追求产量、规模，而是积极寻求突破转型升级，更加追求精品和高端。装配式钢结构对钢铁企业就是一个很好的选择。

当前，钢结构企业不仅自身努力寻求突破，还积极构建装配式钢结构建筑产业生态圈，形成引领产业升级的革命浪潮，创造中国产业发展新模式。

9.5.2 钢结构建筑中存在的问题是BIM技术推广应用的障碍

我国钢结构的发展程度仍在较低的水平上徘徊，这既与我国社会经济和科技水平等深层次原因有关，也受现有产业、政策等因素影响。此外，在基础研究方面的缺失，也直接影响了我国钢结构的深入发展。当前我国钢结构建筑可实施性基础研究工作较为滞后，技术法规不够全面，产品缺乏相关技术保障，材料、部品、产品之间模数协调不够，没有建立健全与钢结构产业化相配套的在全国范围内推行的模数标准与体系。非标准化生产带来诸多弊端，全国各地大到房间的空间组合和承重体系，小到房间各组成部分的构造做法五花八门，阻碍了构配件生产工厂化、施工机械化等产业化进程。在钢结构建设的过程中，还没有一套较完整的技术体系，从设计、施工、综合性能评估等方面来支撑工业化建造。

钢结构施工过程存在的问题主要体现在几个方面：施工人员水平参差不齐；缺乏对材料的保护；施工程序混乱；没有完善的施工验收标准等。

一、施工人员水平参差不齐

钢结构最近几年才较快地为中国建筑市场所接受，时间短、发展快，工程技术人员严重缺乏。国内一些公司从国外引进和吸收这种技术，大都只是从材料和理论方法方面取得一些成果，没有对施工技术人员进行正规化、标准化的培训，导致施工技术水平并不理想。有些项目施工时，并非都是专业的施工人员，其施工质量自然无法保障。例如，一些项目出现土建基础不合格，导致上部钢结构无法安装；钢结构构件拼装精度不符合要求，以致墙体水平和垂直度不合格，内外装饰材料无法正常安装等。

二、缺乏对材料的保护

材料的规格必须符合相应的标准，对材料的严格控制有利于施工顺利进行，也有利于保证建筑物的安全和质量。有些工程中由于缺乏对材料的保护，出现了很大的安全隐患。构件严格符合标准，构件拼装才可能达到要求，而这种精度要求是以毫米计算的。运输过程可能对材料有所破坏，导致构件变形，现场野蛮施工也可能导致构件变形，建筑物的板材堆放在几个构件上，或者将重型设备直接挂在单一构件上，超负荷必然导致构件变形甚至彻底破坏而失去可承担荷载的能力，诸如这种情况若不加以控制，势必造成重大安全隐患。

三、无完善的施工验收标准

由于装配式钢结构是一种新型建筑体系，国内大多数企业或者研究机构还处于学习国外技术的阶段，或者没有形成完整而且优化的符合中国国情的技术体系，所以施工验收标准并不完善。对施工质量失去了严格的约束，这也是影响装配式建筑发展的一个严峻问题。

四、防火防腐性能有待提高

钢结构防火防腐性能不好，采用涂料进行防护，涂料的寿命一般仅有十年左右，与建筑的设计使用寿命相差甚远。由于使用情况的不同，公共建筑允许后期的检查与维护，因此受到的质疑不多。而住宅钢结构则基本不可能在使用期间的户内进行相关的检查与维护，一下子似乎成为致命性问题。这个认识上的误区，甚至在业内技术人员中也广泛流传。

事实上，住宅钢结构在室内正常环境锈蚀极其有限，即便初期的涂装年久失效，腐蚀也在可控范围，根本不会影响结构安全。美国和日本几十年前建造的钢结构建筑使用至今便已经充分说明了这些问题。甚至，根据日本的经验，目前建造的钢结构建筑已普遍不再进行涂装。另外，钢结构的防火问题，也可通过防火材料的粘贴包裹处理。

五、居住舒适性有待提高

钢结构公共建筑的舒适性问题并不突出，但钢结构住宅使用和居住其舒适性是不可回避的问题，这是由于住宅的建筑围护部位以及构造技术等问题造成的。在过去的多年内，由于围护部位的配套资源问题、应用技术问题，造成围护部位选择不当，或者技术上的不成熟，工程师采用的墙体构造不合适，造成外墙裂缝、防渗、隔声、保温等问题。实际上部位选择得当、构造合理的围护体系，钢结构建筑完全可以实现和混凝土剪力墙同等的居住舒适性。这些问题随着建筑围护部品配套的逐步成熟和工程技术上的进步，正在得到改进。

六、建筑配套并不成熟

过去的多年里，钢结构的产业链还不健全，配套产业远远滞后于钢结构产业本身的发展，配套的外墙板、楼板、内墙板等可供选择的余地不大，价格也高。而钢结构公共建筑采用幕墙和楼承板的居多，配套问题不大。

近年来从国外直接进来的成熟产品、国内引进的以及自主研发的相关新型建材企业正在蓬勃发展，装配式建筑产业园和示范基地遍地开花，可供选择的部品部件已经基本形成体系。

七、受湿作业及二次砌筑的影响较大

目前，钢结构(尤其是钢结构住宅)的围护体系仍存在砌块墙体，使用过程中容易出现开裂等问题，影响整体建筑的使用寿命。钢结构楼板为现浇混凝土结构，影响建设工期。且在进行钢结构的内部装修时其内装体系与结构体系不分离，设备管线与结构体系不分离，水电管线预埋于结构中，易出现管线老化导致结构出现问题，同时对于此类结构在维修上也并不方便。

八、成本较高

如设计不当，钢结构比传统混凝土结构更贵，虽然近年来钢材价格回落，但是与钢筋混凝土剪力墙结构相比，其造价仍然偏高，再者，适用于钢结构住宅的维护体系价格也偏高，导致钢结构整体成本高。但相对装配式混凝土建筑而言，仍然具有一定的经济性。

BIM 作为一门新兴技术，需要有熟练的技术人员和成熟的专业规范标准做基础，同时引用的成本需要和项目成本相协调，以上钢结构施工中存在的问题都是 BIM 在钢结构施工中应用的障碍，需要进一步解决。

小 结

(1) BIM 技术的平台软件。
(2) BIM 技术的功能应用。
(3) BIM 技术在钢结构建筑设计中的具体应用。
(4) BIM 技术在钢结构构件生产中的应用。
(5) BIM 技术在钢结构建筑施工中的应用。
(6) BIM 技术应用目前存在的问题。

巩固训练

学习钢结构建筑深化设计三维模型的建立方法。

【二维码 9.4:钢框架建模】

项目10

钢结构工程施工案例

GANGJIEGOU GONGCHENG SHIGONG ANLI

学习目标

通过单层工业厂房施工案例的学习，使学生掌握钢结构施工从制作到安装及现场管理的全过程及质量控制方法；通过网架结构施工案例的学习，使学生掌握网架结构的拼装、安装、螺栓球节点的施工过程。

任务1 门式钢架施工案例

一、工程概况

某门式钢架单层排架结构，主体结构柱脚刚接，梁端与柱头刚接，部分轴线设置纵向垂直支撑，支撑杆端为铰接，屋面设置水平支撑。钢结构构件在制造厂采用焊接连接，现场采用高强螺栓连接。厂房总长 60 m，跨度 24.3 m+5.7 m，高度 11.4 m，面积 1800 m^2。相关示意图如图 10-1-1～图 10-1-5 所示。

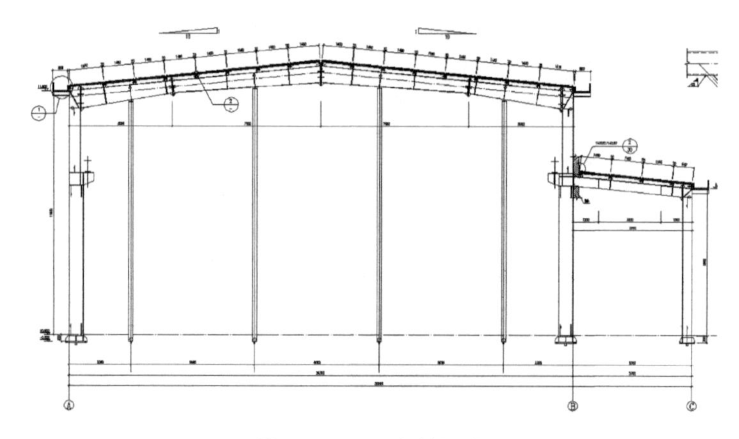

图 10-1-1 厂房剖面图

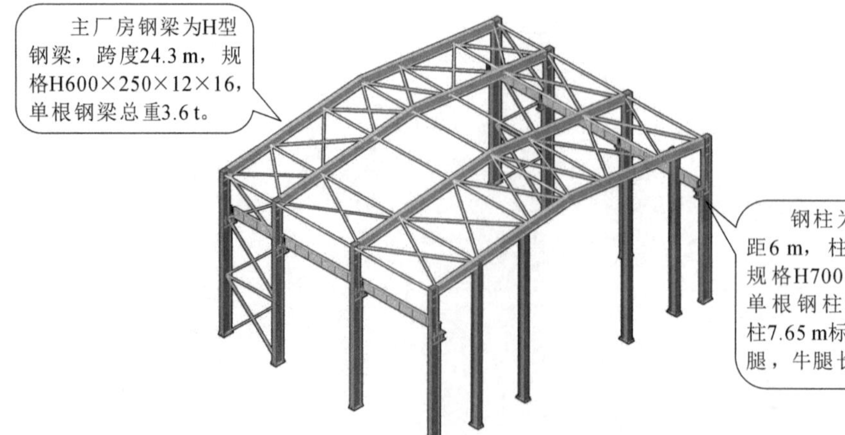

图 10-1-2 厂房示意图

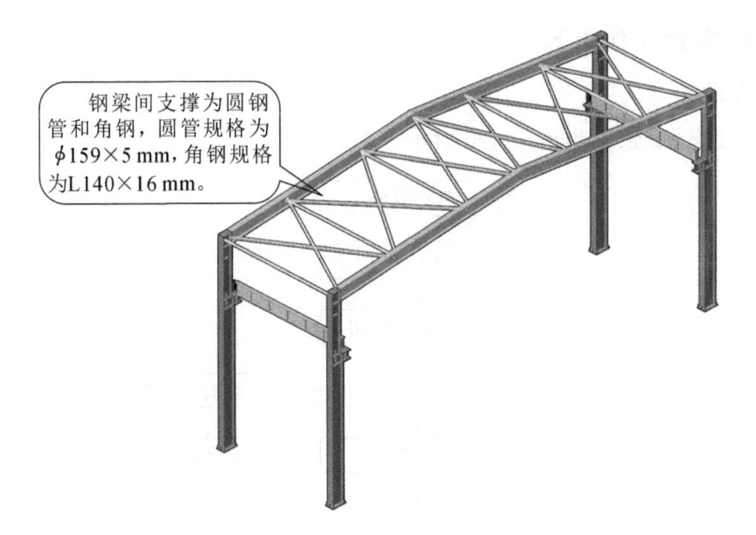

图 10-1-3 钢梁间支撑示意图

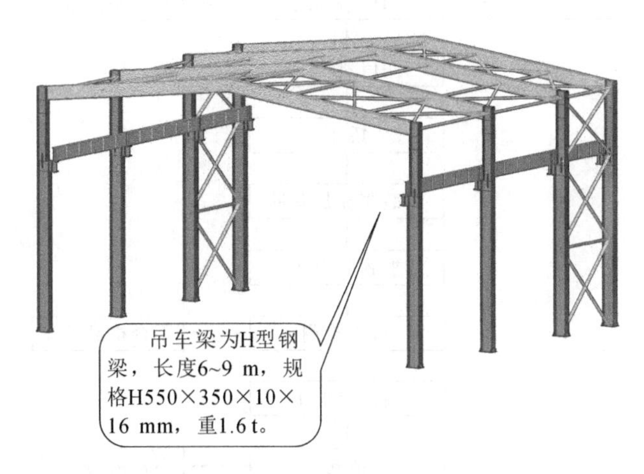

图 10-1-4 厂房钢吊车梁示意图

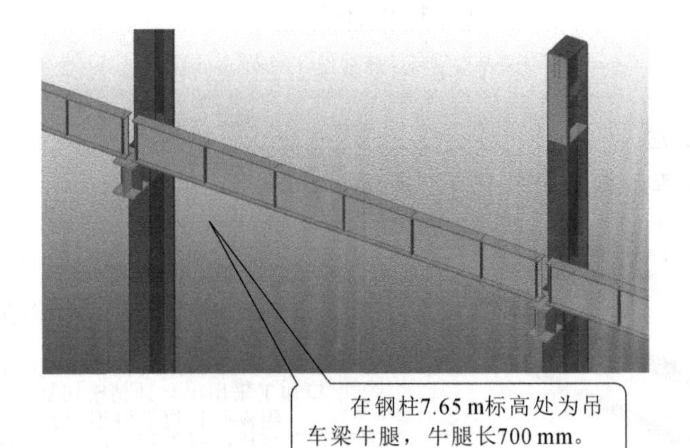

图 10-1-5 牛腿示意图

二、焊接 H 型钢制作工艺

1. 加工工艺流程

H 型钢加工工艺流程图如图 10-1-6 所示。

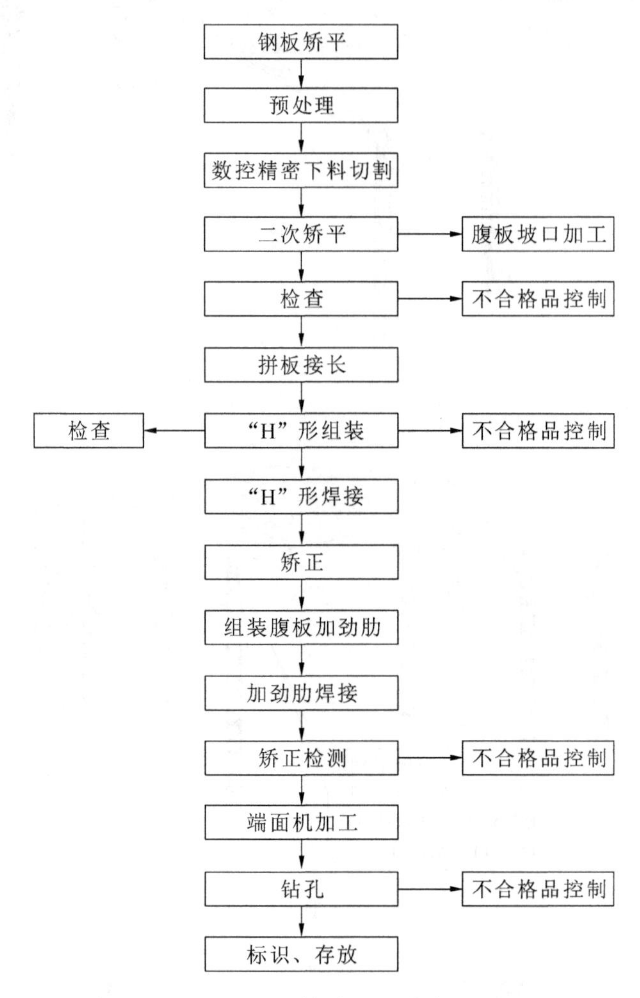

图 10-1-6 H 型钢加工工艺流程图

2. 加工流程示意

H 型钢加工流程示意图如图 10-1-7 所示。

图 10-1-7 H 型钢加工流程示意图

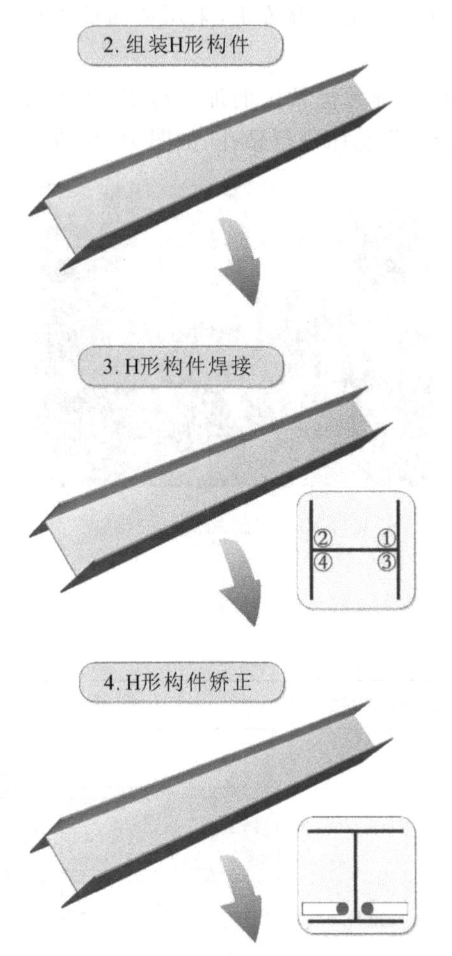

② 组装H形构件

在专用H型钢自动组装机上组装成H形构件，腹板和翼板的对接缝应错开200 mm以上。

③ H形构件焊接

在专用H型钢生产线上的龙门式埋弧自动焊机上采用船形位置焊接。焊接按照工艺要求的焊接顺序施焊，控制焊接变形。

④ H形构件矫正

在专用H型钢翼缘矫正机上进行翼板角变形矫正。在专用弯曲矫直机上进行挠度变形矫正调直。

注意：H型钢矫正后采用端铣设备对两端面进行加工，保证杆件的长度且提供制孔的基准面。对于H形杆件端面加工应在焊接全部结束后进行。

（注：H形杆件端面加工后可以直接转入制孔工序完成H形构件的制作。）

续图 10-1-7

3. 关键工艺及设备

(1)“H”形构件在专用H型钢自动组装机上组装。

(2)“H”形构件在专用H型钢生产线上进行，采用龙门式自动埋弧焊机在船形焊接位置焊接，如图10-1-8所示。

图 10-1-8　龙门式H型钢埋弧自动焊焊接生产线

(3)“H”形构件在 H 型钢翼缘矫正机上进行翼板角变形矫正，采用弯曲矫直机进行挠度变形的调查，如图 10-1-9 所示。

(4)“H”形构件采用数控钻床进行出孔，根据三维数控钻床的加工范围，优先采用三维数控钻床制孔，对于截面超大的杆件，则采用数控龙门钻床进行钻孔，如图 10-1-10 所示。

图 10-1-9 H 型钢翼缘矫正机

图 10-1-10 固定式数控三维钻床

4. 制作允许偏差

制作允许偏差如表 10-1-1 所示。

表 10-1-1 制作允许偏差

项目		允许偏差/mm	检验方法	图例
长度 L	端部有凸缘支座板	0～0.5	钢尺	
	其他形式	$\pm L/2500$；± 10.0		
H 型钢高度 h	$h<500$	± 2.0		
	$500<h<1000$	± 3.0		
	$h>1000$	± 4.0		
H 型钢宽度 b		± 2.0		
腹板中心偏移 e	接合部位	1.5		
	其他部位	2.0		
翼缘板垂直度 Δ	接合部位	$b/100$ 且不大于 1.5	直角尺钢尺	
	其他部位	$b/100$ 且不大于 3.0		
H 型钢梁旁弯 s		$L/2000$ 且不大于 10.0	拉线钢尺	
H 型钢梁拱度 c	设计要求起拱	$\pm L/5000$		
	设计未要求起拱	-7.0～10.0 且$\leqslant L/1000$		
梁的扭曲 a(梁高 h)		$h/250$ 且不大于 4.0	拉线吊线钢尺	

三、钢结构施工方案

(1) 由于厂房构件较轻,钢柱、钢梁重 4.2 吨,吊装半径 8～10 m,现场安装采用 2 台 25 吨汽车吊用于构件卸车和倒运。在场地四周设置 4 块 10 m×15 m 的硬化场地,作为材料堆场以及钢梁拼装场地,施工道路采用 10 cm 厚混凝土。

(2) 如图 10-1-11 所示,安装顺序从 11 轴开始,到 1 轴线收尾,两排钢柱安装完成后立即安装钢柱之间的水平支撑、垂直支撑,形成稳定的结构体系。

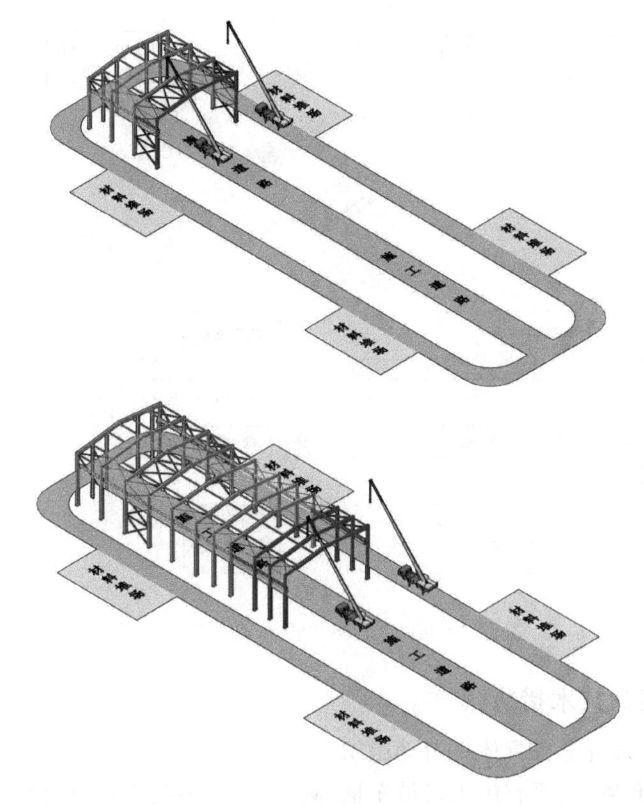

图 10-1-11 厂房钢结构安装顺序

(3) 钢梁跨度 30 m,吊点设置以及钢丝绳高度如图 10-1-12 所示。

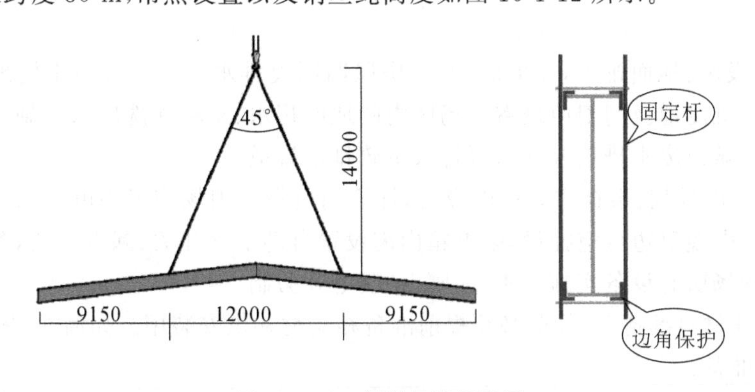

图 10-1-12 钢梁吊装示意图

(4) 厂房钢柱、钢梁重 4.5 吨,经过实体放样,构件吊装半径 6～10 m,吊装高度 12 m,

因此采用 25 吨汽车吊。

四、现场平面布置示意图

现场平面布置示意图如图 10-1-13 所示。

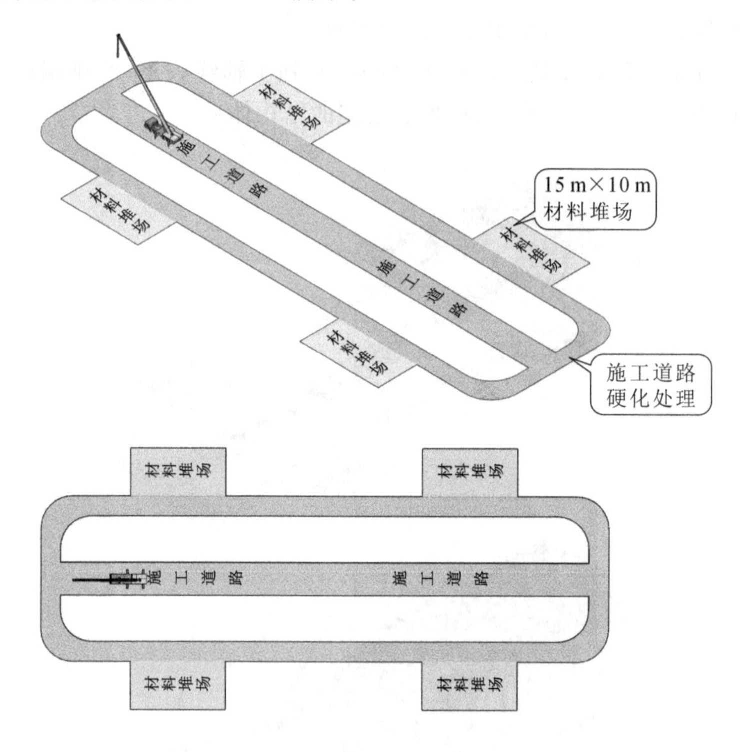

图 10-1-13　现场平面布置示意图

五、施工流程及技术措施

(1) 人员准备：人员配备具体见劳动组织。

(2) 施工机具准备：主要有施工机械车辆、测量工具、吊装工具以及其他工具。

(3) 临时用水计划。

施工用水：引入现场总水源，作为施工用水，干管选用镀锌管入地埋设，分别接至办公区及生活区。

现场排水设施：地面排水，在生活、办公房屋四周设排水沟。在各施工场地的大门附近均设置洗车槽、沉淀池及门卫值班室。场区内的地面积水、车辆冲洗废水及施工废水排入主排水沟内(符合城市废水排放标准)，再排入市政排水管道。

(4) 临时用电计划：根据主要用电设备，计算用电量。现场施工用电由二级配电箱引至施工作业面内，电缆靠边悬空挂设，配电箱内需设置自动空气开关、漏电开关，各配电箱必须作重复接地，现场所有设备实施一机、一闸、一漏电开关制。

(5) 消耗性材料准备：工作前必须提前准备相关材料供安装用。如溜绳、垫片、木塞等。

(6) 场地准备：

① 将两侧场地划为单独吊装施工区域进行管理，规避与其他作业面的交叉作业。

② 设置专门的交通通道。运输主要以所在区内形成的主环道为主。

③ 场地应布局紧凑，施工总平面布置应合理，满足施工现场管理要求，同时符合文明施

工布置要求。

④ 钢结构组装过程中，所有小型部件或材料可分区域集中分类堆放，堆放的地面应满铺防水油布、枕木，防止构架安装材料污染。

⑤钢梁采用地面组装，整体吊装，所有构件按安装顺序整齐地摆放到吊机的工作半径内，避免二次搬运。

(7) 技术交底。

在钢结构安装前要对施工班组长、施工人员进行详细的安装技术交底，交底的主要内容包括：

① 安装工作的范围和工作量，包括钢柱和钢梁的重量、大小等各项参数；

② 钢结构吊装的时间和进度，具体的吊装进度安排；

③ 钢结构吊装人员组织，各个面、点的工作负责人；

④ 钢结构的地面组装要点，钢柱和钢梁的吊装方法，对施工方法进行交底时应配合图片解释，以便施工人员能够清楚、明白；

⑤ 施工安全要点、危险点、危险源，以及相应的控制措施；

⑥ 质量创优控制点，包括钢柱的垂直度、水平度、轴线偏差等各项控制指标；

⑦ 每付柱或梁吊装前，对对接尺寸进行测量，严格控制偏差，如果偏差超标，在吊装前应进行调整处理。

六、钢结构到货验收保管

1. 到场验收

(1) 各种柱、梁构件及其组成杆件的型号、规格、数量、尺寸应符合设计要求。

(2) 验证各种构件的出厂合格证及其原材料的材质检验证明和复检报告。

(3) 各种钢结构外观质量检查：有无弯曲变形、焊缝开裂，镀锌层有无漏镀、损伤、颜色不一致等缺陷。

以上三方面的验收必须严格按照钢结构验收规范和技术协议要求，否则要求厂家返厂或者现场整改。

2. 现场堆放

(1) 现场应设置构件堆放场，场地应平整、坚实。

(2) 装卸应采用起重机械，并采取相应保护措施，所用工器具不得对构件油漆层造成碰伤和磨损。

(3) 构件的堆放不得超过三层，支点的选择应根据构件刚度进行。

七、基础复测

吊装施工前必须对基础的轴线与标高进行复测，由于钢柱安装对基础预埋螺栓的精度要求比较高，应根据土建施工进度，实时对预埋螺栓的标高及轴线进行复测，特别注意测量预埋螺栓轴线偏差。对基础预埋螺栓标高及轴线分别用水平仪和经纬仪进行复测，并做好记录。中心线对定位轴线位置的允许偏差，复测后进行画线标识。

钢柱吊装时先在基础上标注十字线，使钢柱十字线与基础十字线对齐。对基础进行轴线标记并且在基础底部设置柱脚垫片，如图 10-1-14 所示。

八、地脚螺栓安装工艺

根据设计图纸，本工程中，基础全部采用地脚螺栓连接。地脚螺栓连接后需进行底板二

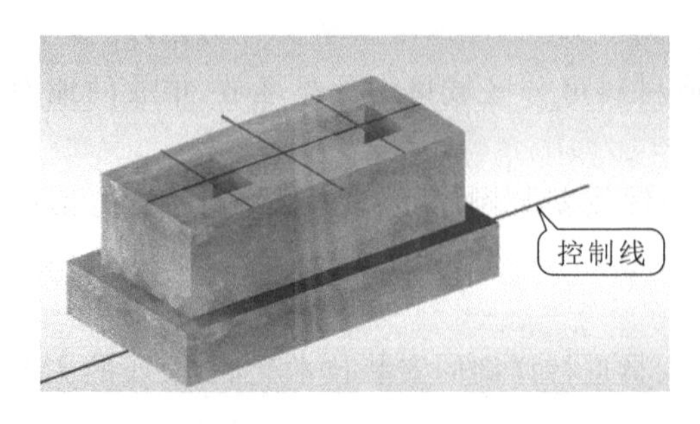

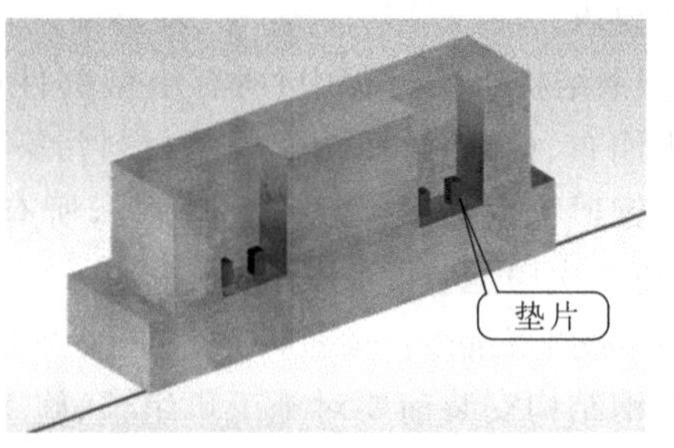

图 10-1-14 基础复测

次灌浆。

(1) 地脚螺栓埋设应在基础浇筑之前进行。

(2) 钢筋绑扎完毕后，根据设计图纸要求，将地脚螺栓按图纸位置和定位尺寸埋设。

(3) 为防止地脚螺栓在混凝土浇筑过程中发生移位，对后期钢结构安装造成不利影响，应对地脚螺栓及模板进行永久性固定。具体方法可采用型钢或钢筋制作固定支架，与钢筋网(最好是主钢筋)焊接；其后，将地脚螺栓与固定支架进行连(焊)接固定，如图 10-1-15 所示。

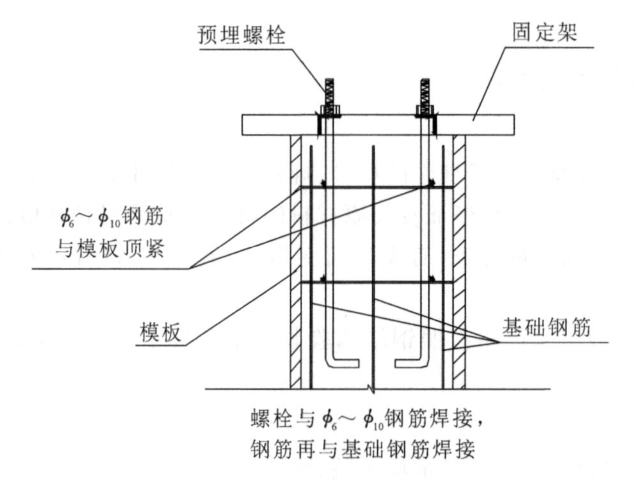

图 10-1-15 地脚螺栓的固定

(4) 在地脚螺栓定位之后，立即进行测量复核。在满足规范和设计允许偏差要求后，即可移交下道工序进行混凝土浇筑施工。浇筑过程中实时跟踪，以便出现误差时在砼初凝前进行校正。对不符合要求的，要进行重新浇筑。

九、钢柱安装工艺

1. H 型钢柱吊装

H 型钢柱的吊装：吊装采用旋转法(如图 10-1-16 所示)，钢丝绳绑扎点与钢构件接触点之间，应用软材料保护好钢构件，以防钢构件及钢丝绳受损，起重机边回转边起钩，使柱绕柱脚旋转而直立，立柱时，先将柱脚螺栓孔插入预留螺栓，回转吊臂，使柱头大致垂直后初步对中，即对螺栓进行初拧。

2. 施工测量

(1) 校正前先检查柱脚的轴线，使其达到规范的要求，再检查标高，柱子的标高要用垫

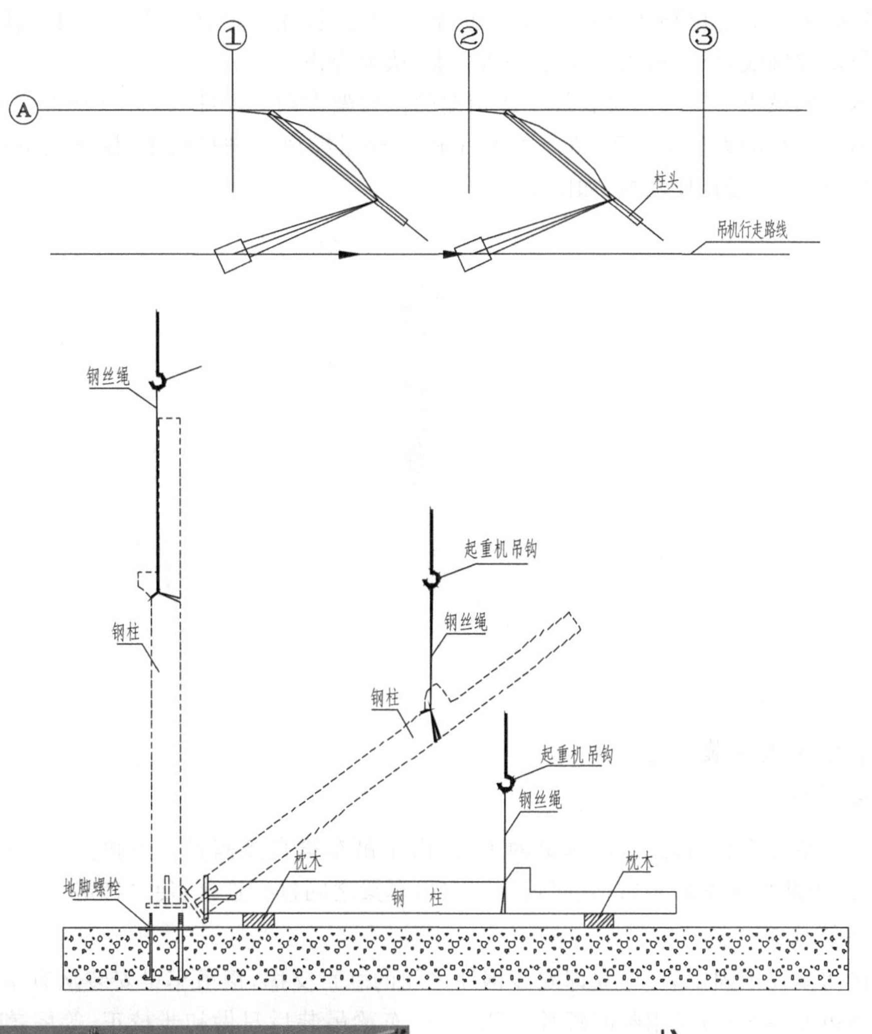

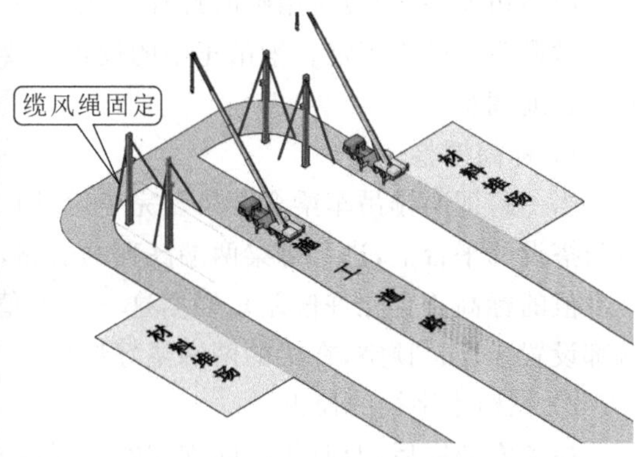

图 10-1-16 柱的安装

板控制，垫板应设置在靠近地脚螺栓的柱脚底板加劲板或柱肢下。每根地脚螺栓侧应设 1～2 组垫板，每组垫板不得多于 3 块，垫板与基础面和柱底面的接触应平整、紧密。采用成对斜垫板时，其叠全长度不应小于垫板长度的 2/3。

（2）钢柱的测量。

钢柱吊装就位在预埋件上。测量时只需用两台经纬仪检查钢柱垂直度。方法是用经纬仪后视柱脚下端的定位轴线，然后仰视柱顶钢柱中心线，互相垂直的两个方向钢柱顶中心线投影均与定位轴线重合，或误差小于控制要求，认为合格。

在钢柱的纵横十字线的延长线上或稍偏的位置架设两台经纬仪，进行垂直度测量，经纬仪与纵横十字线的夹角应小于15°。采用钢锲或松紧缆风绳进行校正，校正完毕后，松开缆风绳不受力，再进行复校调整，如图10-1-17所示。

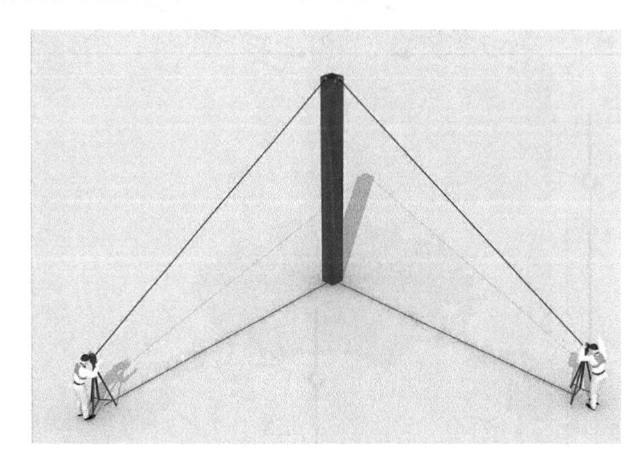

图10-1-17 柱的测量

十、吊车梁安装工艺

1.就位固定

吊车梁系统安装时，进行吊车梁的吊装，由于吊车梁直接搁置在牛腿上面，没有直接与钢柱连接，为此吊车梁吊装后，立即将牛腿与吊车梁之间进行连接，使之稳定。

2.测量校正

钢柱初步校正固定后，应立即安装钢柱之间的垂直支撑，钢吊车梁安装从有垂直支撑的开间向两边安装，安装后用临时螺栓先固定，吊车梁吊装后只做初步校正，等屋盖系统安装后再做最后的校正固定。钢吊车梁的校正主要包括标高调整、纵横轴线（直线度、轨距）调整和垂直度调整。

1）标高调整

当一跨即两排吊车梁全部吊装完毕后，用一台水准仪（精度在±3 mm/km）架在梁上或专门搭设的平台上，进行每梁两端高程的引测，将测量的数据加权平均，算出一个标准值（此标准值的标高符合允许偏差），根据这一标准值计算出各点所需要加的垫板厚度，在吊车梁端部设置千斤顶顶空，在梁的两端垫好垫板。

2）纵横十字线的校正

柱子安装完后，及时将柱间支撑安装好形成排架，首先用经纬仪在柱子纵向侧端部从柱基控制轴线引到牛腿顶部，定出轴线距离吊车梁中心线的距离，在吊车顶面中心线拉一通长钢丝，逐根吊车梁端部调整到位，可用千斤顶或手拉葫芦进行轴线位移。

3）吊车梁垂直度校正

从吊车梁上翼缘挂锤球下来，测量线绳至梁腹板上下两处的水平距离，如图10-1-18所示，如 $a=a'$，说明垂直，如 $a\neq a'$，则可用铁楔进行调整。

图10-1-19所示为吊车梁吊装实例。表10-1-2所示为吊车梁安装允许偏差。

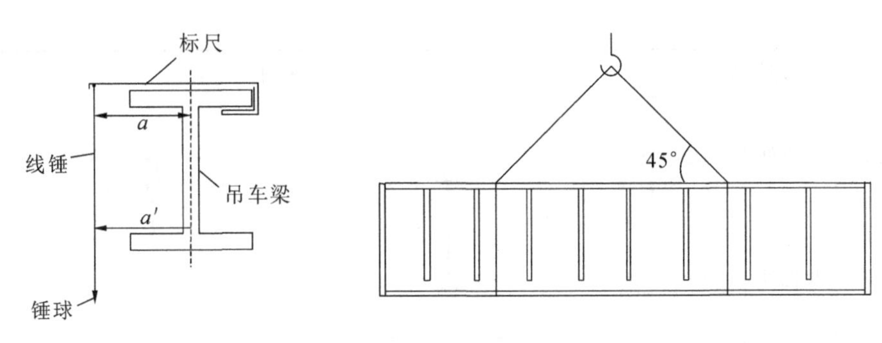

图 10-1-18　吊车梁垂直度测量示意图

图 10-1-19　吊车梁吊装实例

表 10-1-2　吊车梁安装允许偏差

项目	允许偏差/mm	图例
轨距	10	$L+a$（最大值）　$L-a$（最小值）
直线度	3	腹板中心线　交点　理论中心线　a　a
竖向偏差	梁跨的 $l/1500$	a　a

续表

项目	允许偏差/mm		图例
同跨间内同一横截面吊车梁顶面高差	支座处	10	
	其他处	15	
相邻两吊车梁接头部位	中心错位	3.0	
	顶面高差	1.0	
同跨间任一截面的吊车梁中心跨距	±10		

十一、钢屋架吊装工艺

钢屋架跨度 31 m，拼装成整段进行吊装。

1. 屋架梁拼装和吊装

多段屋架梁现场拼装可在现场制作简易龙门架，如图 10-1-20、图 10-1-21 所示。

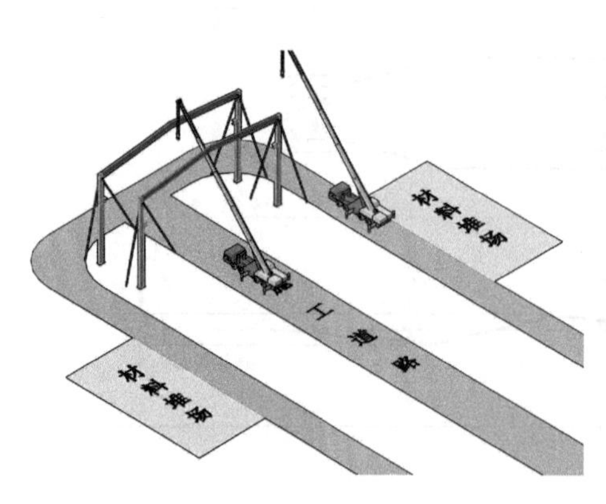

图 10-1-20　现场制作简易龙门架示意图

图 10-1-21　多段屋架梁现场连接图例

2. 屋架吊装方法

屋架采用 4 点吊装，吊点在屋架中心两边对称节点设置，钢丝绳绑扎时对屋架做好保护工作。钢梁的绑扎方法比较简单，一般采用千斤捆扎法或工具式吊耳吊装，如图 10-1-22～图 10-1-24 所示。

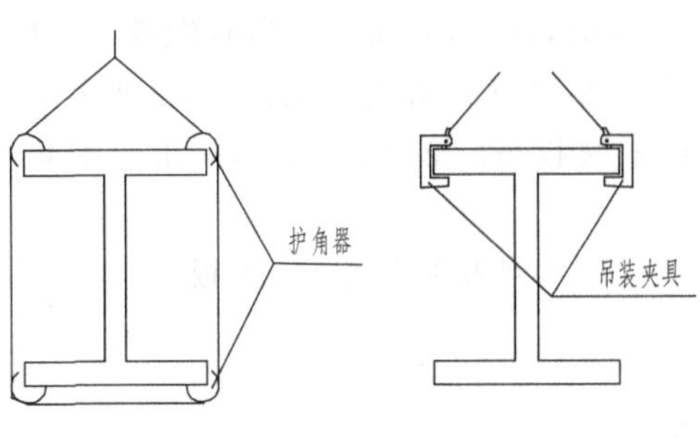

图 10-1-22 钢梁吊耳实例图

图 10-1-23 组合屋架梁吊装实例

图 10-1-24 屋面檩条安装图例

由于钢屋架采用大截面 H 型钢，其吊装平面稳定性较弱，为保证构件的顺利吊装，在屋架梁上通过绑扎钢管来增强其平面稳定性，钢梁安装就位后再进行拆除，如图 10-1-25 所示。

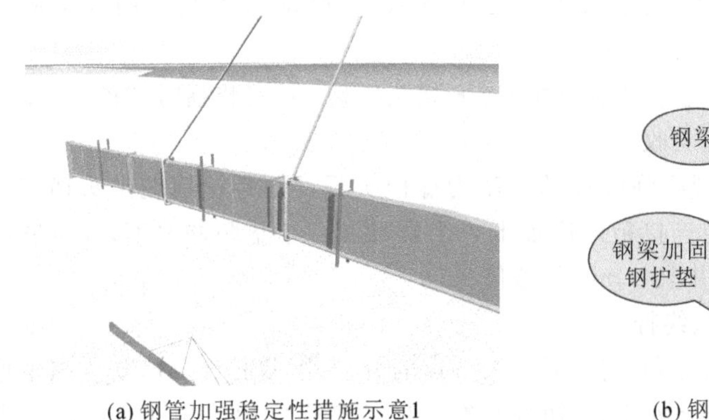

(a) 钢管加强稳定性措施示意1

固定杆
钢梁
钢管
钢梁加固
钢护垫

(b) 钢管加强稳定性措施示意2

图 10-1-25 钢管加强稳定性措施

十二、螺栓安装工艺

1. 高强螺栓施工

1）安装前的准备

（1）产品的质量检查：螺栓、螺母、垫圈均应附有质量证明书，并应符合设计要求和国家标准的规定。应按照验收规范要求对产品进行抽样复检。连接用的钢板摩擦面应进行抛丸处理，现场抽样进行抗滑移系数检验，根据图纸要求抗滑移系数 $\mu \geqslant 0.5$。复检合格后方可使用。

(2) 产品存放管理:高强螺栓入库应按规格分类存放,并防雨、防潮。遇有螺栓、螺母不配套,螺纹损伤时,不得使用。螺栓、螺母、垫圈有锈蚀,应抽样检查紧固轴力,满足要求后方可使用。螺栓等不得被泥土、油污沾染,保持洁净、干燥状态。必须按批号,同批内配套使用,不得混放、混用。

(3) 高强螺栓施工的机具:电动扭矩扳手及控制仪、手动扭矩扳手、手工扳手、钢丝刷、工具袋等,如图 10-1-26 所示。

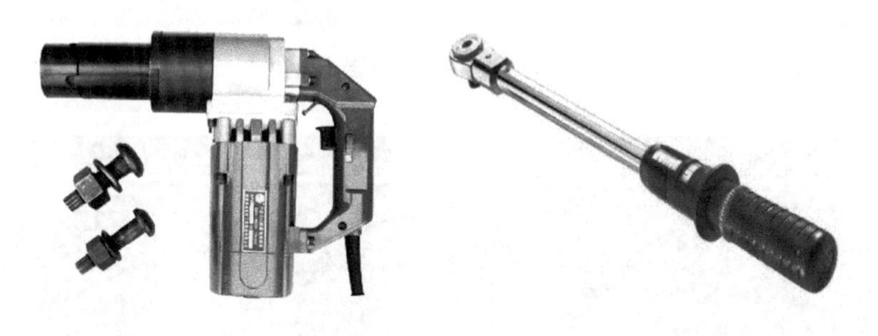

图 10-1-26　高强螺栓施工的机具

2) 高强螺栓施工

(1) 摩擦面处理:摩擦面采用喷砂、砂轮打磨等方法进行处理,摩擦系数应符合设计要求,摩擦面不允许有残留氧化铁皮,处理后的摩擦面可生成赤锈面后安装螺栓(一般露天存放 10 d 左右),用喷砂处理的摩擦面不必生锈即可安装螺栓。采用砂轮打磨时,打磨范围不小于螺栓直径的 4 倍,打磨方向与受力方向垂直,打磨后的摩擦面应无明显不平。摩擦面防止被油或油漆等污染,如污染应彻底清理干净。

(2) 检查螺栓孔的孔径尺寸,孔边有毛刺必须清除掉;电动扳手及手动扳手应经过标定。

(3) 工艺流程:作业准备 → 选择螺栓并配套 → 接头组装 → 安装临时螺栓 → 安装高强螺栓 →高强螺栓紧固 → 检查验收。

(4) 螺栓长度的选择:扭剪型高强螺栓的长度为螺栓头根部至螺栓梅花卡头切口处的长度。选用螺栓的长度应为紧固连接板厚度加上一个螺母和一个垫圈的厚度,并且紧固后要露出不少于两扣螺纹的余长,并取 5 mm 的整倍。

3) 高强度螺栓的初拧、复拧、终拧

扭剪型高强度螺栓拧紧分初拧和终拧,对于大节点的分初拧、复拧、终拧,初拧扭矩值为 $0.13P_c \cdot d$ 的 50%,复拧扭矩等于初拧值,初拧和复拧后的高强度螺栓用颜色在螺母上标记,然后用专用扳手进行终拧,直到拧掉螺栓尾部的梅花头为止,对个别不能使用专用扳手的扭剪型高强度螺栓,按大六角高强度螺栓施工。终拧完的螺栓用白色记号笔在螺母上做标记。个别不能使用专用扳手的扭剪型高强度螺栓的初拧、终拧采用下列方法:

(1) 扭矩法检验。

在螺尾端头和螺母相对位置画线,将螺母退回 60°左右,用扭矩扳手测定拧回至原来位置时的扭矩值。该扭矩值与施工扭矩值的偏差在 10%以内为合格。

高强度螺栓连接副终拧扭矩值按下式计算:

$$T_c = K \cdot P_c \cdot d$$

式中：T_c——终拧扭矩值（N·m）；

P_c——施工预拉力标准值（kN），见 GB 50205—2020 中表 B.0.3；

d——螺栓公称直径（mm）；

K——扭矩系数，按 GB 50205—2020 附录 B.0.4 的规定试验确定。

高强度大六角头螺栓连接副初拧扭矩值可按 0.5 取值。扭剪型高强度螺栓连接副初拧扭矩值可按下式计算：

$$T_o = 0.065P_c \cdot d$$

式中：T_o——初拧扭矩值（N·m）；

P_c——施工预拉力标准值（kN），见 GB 50205—2020 中表 B.0.3；

d——螺栓公称直径（mm）。

（2）转角法检验。

检查初拧后在螺母与相对位置所画的终拧起始线和终止线所夹的角度是否达到规定值。

在螺尾端头和螺母相对位置画线，然后卸松全部螺母，再按规定的初拧扭矩和终拧角度重新拧紧螺栓，观察与原画线是否重合。终拧转角偏差在 10%以内为合格。

终拧转角与螺栓直径、长度等因素有关，由试验确定。

螺栓终拧后，用密封胶在节点板或摩擦面周围密封，使缝隙与外界隔绝，避免水和氧气进入缝隙，从而阻止腐蚀的发生。

4）高强度螺栓的验收

目测扭剪型高强度螺栓尾部梅花头拧断为合格，对于不能使用专用工具的扭剪型高强度螺栓按下列方法检测：

先用小锤（0.3 kg）普查有无漏拧，如有，则按规定紧固。

扭矩检查：螺栓连接副终拧完成 1 h 后、48 h 内进行终拧扭矩检查。

检查数量：按节点数抽查 10%，且不少于 10 个；每个被抽查节点螺栓数抽查 10%，但不少于 2 个。

扭剪型高强度螺栓施工形成的记录：高强度螺栓连接副复检数据、抗滑移系数、初拧扭矩、扭矩扳手检查数据、施工记录。

5）高强螺栓施工时注意事项

（1）螺栓穿入方向以便利施工为准，每个节点均整齐一致。

（2）已安装的高强螺栓严禁使用火焰或电焊切割梅花头。

（3）超拧的高强螺栓应更换，换下的螺栓不得使用。

（4）安装中的错孔、漏孔不允许用气割开孔。

（5）扭剪型高强螺栓使用专用的电动扳手，拧掉梅花头。

2.普通螺栓施工

普通螺栓施工的安装前准备同上文高强螺栓一样。

1）普通螺栓施工工艺流程

普通螺栓施工工艺流程如图 10-1-27 所示。

2）普通螺栓施工质量要求

普通螺栓施工质量要求如表 10-1-3 所示。

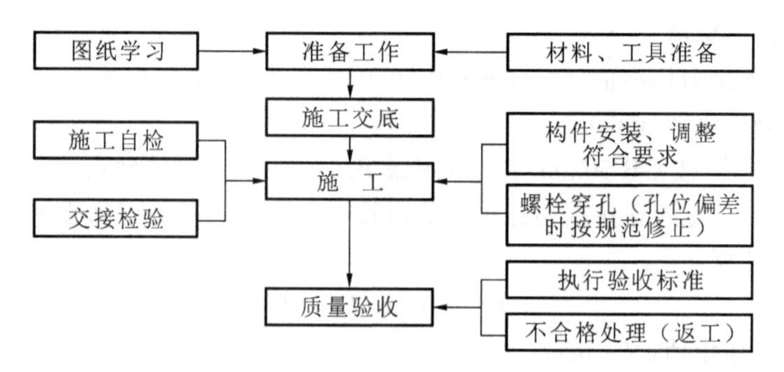

图 10-1-27 普通螺栓施工工艺流程

表 10-1-3 普通螺栓施工质量要求

序号	质量要求
1	为使普通螺栓连接头中的螺栓受力均匀，螺栓的紧固次序应从中间开始，对称向两边进行
2	普通螺栓紧固应牢固可靠，外露丝扣不应少于 2 扣，可用锤击法检查。即使用 0.3 kg 小锤，一手扶螺栓头，另一手持锤敲击，要求螺栓头不偏移、不颤动、不松动，锤声比较干脆；否则说明螺栓紧固质量不好，需要重新紧固

十三、结构吊装注意事项

(1) 钢结构件起吊前应进行强度和稳定性的验算，明确起吊点，以防因受力不均而引起构件变形。

(2) 索具、吊钩和卡具的构造及机械性能，应符合吊装施工要求。

(3) 构件吊装就位依次的顺序是：柱—梁（侧梁、吊车梁）—屋架及天窗架的拼装，与其构件逐件吊装就位。

(4) 钢柱的吊装就位，控制的主要项目是：位置、标高、垂直度、水平度、拼接。测量的定位轴线应从地面的控制轴线直接引上。

(5) 钢梁吊装就位时，控制的主要项目是：拱度值与支承面位置的标高。

(6) 钢屋架吊装就位时应控制的主要项目是：屋架的水平度、垂直度、拱度的尺寸值符合设计要求和规范的规定。

(7) 钢结构的柱、梁、屋架、支撑等主要构件在安装就位后，应立即进行校正、固定，使其形成空间刚度单元。在作业工作的当天必须使安装的结构构件及时形成稳定的空间体系。

十四、钢柱脚二次灌浆

在钢结构整体调整，报监理验收通过后，立即采用无收缩早强灌浆料进行柱脚二次灌浆，抗压强度不低于 60 MPa。

十五、验收及后期工作

(1) 设备安装完毕后进行安装结果检查；

(2) 设备安装完成后检查全部螺栓紧固情况，无遗漏螺栓；

(3) 完成构架接地工作；

(4) 工器具清理及工作场地清理；

(5) 认真做好过程控制和过程记录，安装记录数据应真实有效。

十六、维护系统安装

1. 屋面系统的施工

屋面系统选用：双层压型板型加保温棉，为保证彩板系统安装质量，制订安装方法如下：

为了保证施工进度及施工质量，屋面板分成两个班组进行安装作业，屋面系统的各种配件及包角紧随屋面板安装同时进行。

屋面系统安装工艺流程如下：

屋面檩条就位→下层板安装→铺岩棉复合板→固定座安装→上层板安装→扣合固定密封→清理检修。

屋面板构造如图 10-1-28 和图 10-1-29 所示。

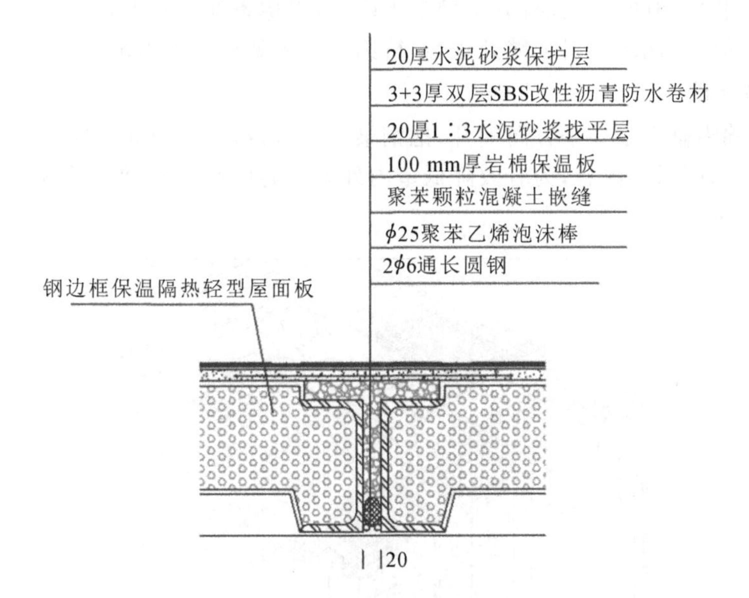

图 10-1-28 屋面板构造示意图

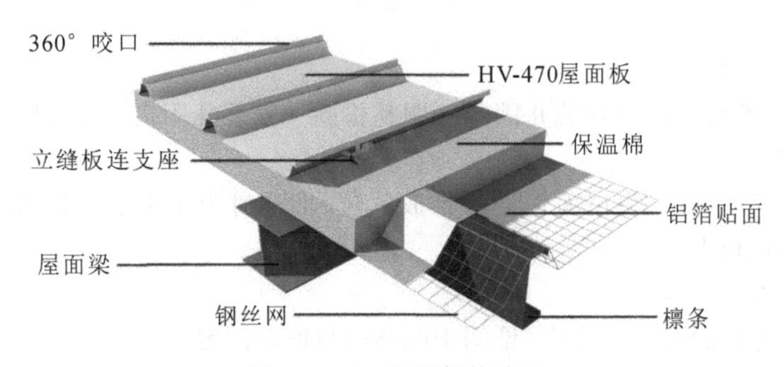

图 10-1-29 屋面板构造图

2. 屋面板吊装

板材吊装应配制专用的板材吊装架，每次吊装的块数不应大于 8 块，板材与吊装绳接触处应加设防磨垫，每种规格的板材根据实际情况合理吊放至檩条上，并用白棕绳固定，每处摆放不宜超过 4 块。压型钢板吊至屋面准备开始安装时，应注意确保所有的钢板正面朝上，且所有的搭接边朝向将要安装的屋面这边。否则不仅会翻转钢板，还会使钢板调头。在固定第一块钢板之前，确保其位置的垂直和方正；并将它正确地落在与其他建筑构件相关的位置上，如图 10-1-30 所示。

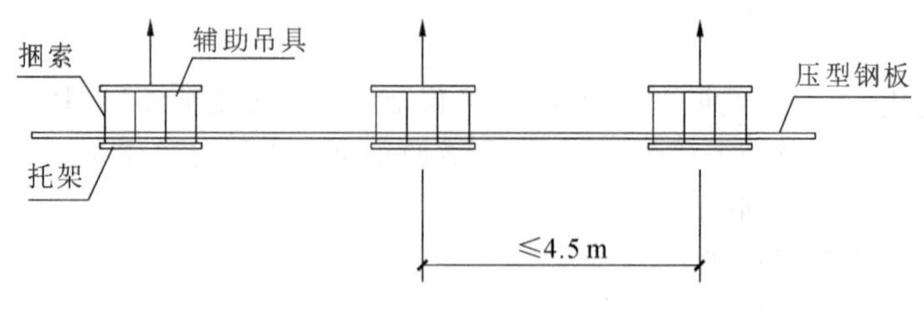

图 10-1-30 屋面板吊装

3. 屋面下层板安装

铺设板材：将定制的下层板拉升至檩条下端，每根檩条处设两人，一人推紧下层板，另一人用自攻螺丝固定。两块板拼装缝处预留，待第二块板就位后再固定。

4. 保温棉铺设

先将保温棉沿垂直于檩条方向铺开，把钢梁完全覆盖，然后用固定座将屋面上层板和棉毡固定在檩条上；同时要注意，为有效降低室内外温差的传递速度，保温棉按上下错缝铺贴，如图 10-1-31 所示。

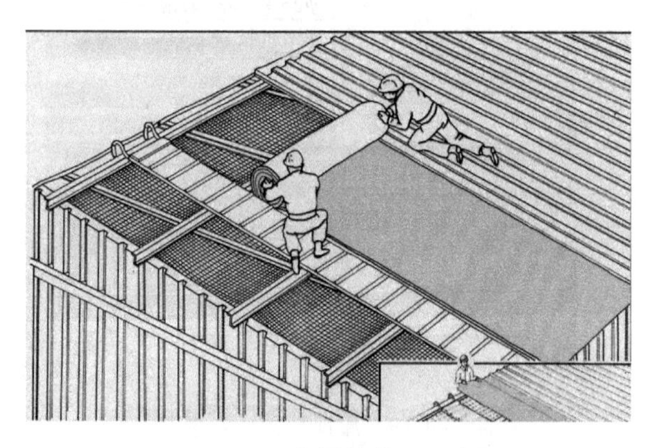

图 10-1-31 保温棉施工示意图

5. 屋面上层板安装

工艺流程为：堆放就位→安装并固定→调整检验→安装并固定→ 密封→清理检修。

1）堆放就位

屋面板吊装至屋面后，将屋面板逐步堆放就位，堆放时为了不磨坏钢板表面，须用方形木条每隔 4 米垫在板上。

2）安放并固定

屋面板通过专用隐藏式固定座（见图 10-1-32）与檩条固定。

3）屋面板的现场施工

第一步，先将第一列固定座固定，每根檩条上面一个，以便它们能正确地与钢板的内肋和中心肋啮合。

第二步，将第一块钢板安放在已固定好的固定座上，安装时用脚使其与每块固定座的中心肋和内肋的底部压实，并使它们完全啮合。

第三步，将第二块钢板放在第二列固定座上后，内肋叠在第一块钢板或前一块钢板的外

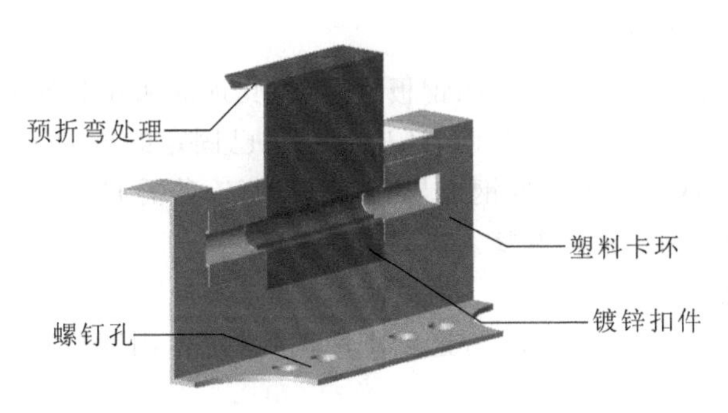

图 10-1-32　专用隐藏式固定座

说明：该支座的特点可以使屋面板在热胀冷缩时（塑料卡环脱落），在一定幅度内可以自由伸缩，更有效地控制变形。

肋上，中心肋位于固定座的中心肋直立边上。

具体安装时板型的锁定过程如图 10-1-33 所示。

图 10-1-33　屋面板现场施工示意图

4）检验及调整

主要检验板材与固定座是否完全联锁及屋面板平行度调整，如图 10-1-34 所示。

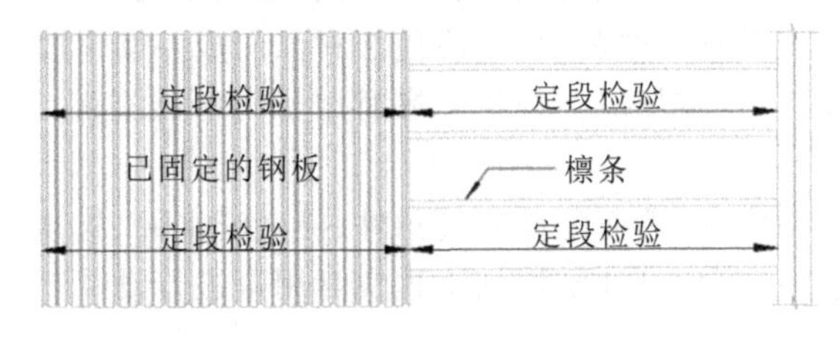

图 10-1-34　屋面板检验

第一种检验方法是沿着正在安装的钢板的全长走一次，将一只脚踩在紧贴重叠内肋底板处，另一只脚以规则的间距踩压联锁肋条的顶部，同样也要踩压每个夹板中心肋的顶部，为了达到完全联锁（这很重要），重叠在下面的外肋的凸肩，必须压入搭接内肋的凹肩。暗扣板谷峰搭接边应逆常年主导风向铺设。

第二种检验方法是测量已固定好的钢板宽度，在其顶部和底部各测一次，以保证不出现移动扇形，在某些阶段，如安装至一半时，还应测量从已固定的压型钢板顶底部至屋面的六边或完成线的距离，以保证所固定的钢板与完成线平行。若需调整，则可以在以后的安装和固定每一块板时很轻微地作扇形调整。

5）咬口固定锁边

对于已咬在固定座上的屋面板，调整至正确的位置后，用咬口锁边机沿板材方向咬口锁边。

6）密封

全部固定完毕后，板材搭接处用擦布清理干净，涂满密封膏，用密封膏枪打完一段后再用手轻擦使之均匀。泛水板等防水点处应涂满密封膏。

7）清理检修

每天退场前应清理废钉、杂物，以防氧化生锈。工程全部完工应全面清理杂物，检查已做好的地方是否按要求做好，如不合要求马上进行返修。

6. 墙面板安装

根据本工程墙面系统工程量以及施工进度要求，墙面系统安装分成两个班组同时进行安装，另外配备一个施工班组紧接着进行配件的安装。

1）材料准备

（1）墙板的准备。

每批墙板制作完成后，都应有原材料质量证明书和出厂合格证书。原材料质量证明书应包括彩钢板生产厂家的产品质量证明书。出厂合格证书应包括质量检验结果、供货清单、生产日期等。

墙板成型后，其基板不应有裂纹，涂层、镀层压型金属板成型后，其涂层、镀层不应有肉眼可见的裂纹、剥落和擦痕等缺陷。其表面应干净，不应有明显凹凸和皱褶。

（2）材料堆放。

板材堆放应设在安装点的相近点，避免长距离运输，可设在建筑的周围和建筑内的场地中。

板材宜随进度运到堆放点，避免在工地堆放时间过长，造成板材不可挽回的损坏。

堆放板材的场地旁应有二次加工的场地。

堆放场地应平整不易受到工程运输施工过程中的外物冲击、污染、磨损、雨水的浸泡。

按施工顺序堆放板材，同一种板材应放在一叠内，避免不同种类的叠压和翻倒板材。

堆放板材应设垫木或其他承垫材料，并应使板材纵向成一倾角放置，以便雨水排出。

当板材长期不能施工时，现场应在板材干燥时用防雨材料覆盖。

（3）墙板配件。

墙板配件主要为墙面配件，墙面配件有转角件、板底泛水件、板顶封边件、门窗洞口包边件等，各种压型钢板配件由深化设计室根据工程实际用量进行设计下料。

（4）连接件。

本工程墙面钢板所采用的连接件为尼龙头自攻螺钉，外露自攻螺钉尼龙头的颜色应与彩钢板外颜色相同，泛水板安装采用开口式铆钉连接，并在上面涂抹密封胶。

连接件由专业厂家生产供应，收货时应检查出厂合格证、材质单和技术性能书等，使用时须对成箱到货的产品进行规格型号和数量的检查。

(5) 密封材料。

本工程选用的彩钢板与彩钢板、彩钢板与其他材料间的密封胶及密封条应满足下列要求：

① 密封材料应为中性，对钢板和彩涂层无腐蚀作用；

② 要进行黏结性能测试，以保证密封材料与彩板间的黏结性能，避免假黏；

③ 要有明确的施工操作温度规定，一般在 5～40 ℃温度下有良好的挤出性能和触变性；

④ 要有良好的抗老化性能，耐紫外线、耐臭氧和耐水性能；

⑤ 固化后要有良好的低温下延展性，高温下不变软、降解，保持良好的弹性；

⑥ 购入的密封材料必须要有出厂合格证书、操作工艺规定和产品的技术性能数据；

⑦ 密封材料进场后应检验其数量和规格，对防水密封材料应检验其出厂日期和保存时间；

⑧ 检验其每筒的容量是否达到规定的筒装数量；检验其总数是否准确。

2) 墙板安装工艺流程

屋面板安装流程如图 10-1-35 所示。

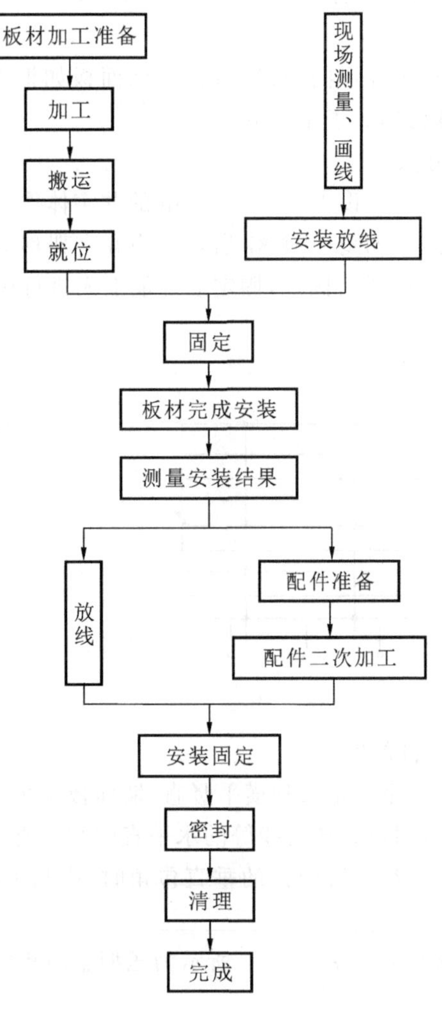

图 10-1-35　屋面板安装流程图

3）墙板的安装

（1）安装放线。

墙面板安装前的放线工作对后期安装质量起保证作用，须有效控制，不可忽视。

安装放线前应先对墙面檩条等进行测量，主要对整个墙面的平整度和墙面檩条的直线度进行检查，对达不到安装精度要求的部分进行修改。对施工偏差作出记录，并针对偏差提出相应的安装对策措施。

根据排版设计确定排版起始线的位置。施工中，先在墙面檩条上标定出起点，即沿高度方向在每根墙面檩条上标出排版起始点，各个点的连线应与建筑物的纵轴线相垂直，而后在板的宽度方向每隔几块板继续标注一次，以限制和检查板安装偏差累积，如图 10-1-36 所示。

（2）墙面板的吊装。

墙面板到施工现场后，可由人力将板从堆场抬出，按照安装顺序临时堆放在安装位置。在安装部位的上方由人力直接拉动吊装，当墙面板高度较高时，可在安装部位上方安装一定滑轮，采用人工拉升进行吊装。

吊装时以单块板的形式吊装到墙面，将板在边缘提起。在向上吊装时，下面应由人力托起，避免墙板与地面产生摩擦而导致折弯。

（3）安装方向。

墙面板的安装方向为逆主导风向，长度较长的墙面板如根据深化设计要求中间搭接的情况下，墙面板的搭接长度必须大于 15 cm。

（4）安装过程及安装方法。

墙面板安装时采用脚手管搭设 1.5 m×1.5 m 的井字体作为操作平台，在井字架下面安装轮子，以便井字架水平移动，如图 10-1-37 所示。当井字架移动到位后，应将井字架通过麻绳或钢丝绳在钢柱上每隔 6 m 进行固定，固定后才能上人进行操作。

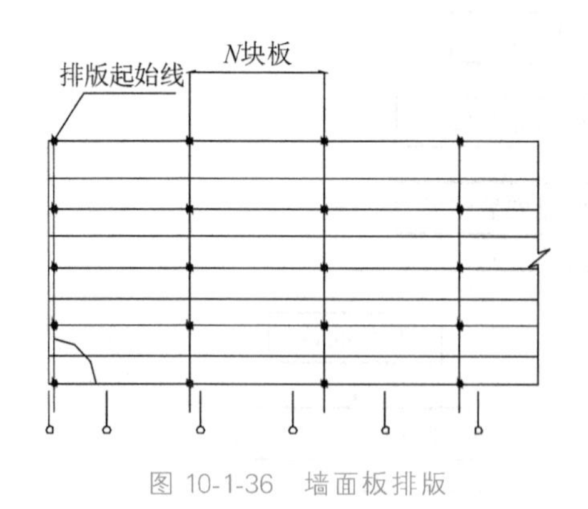

图 10-1-36 墙面板排版

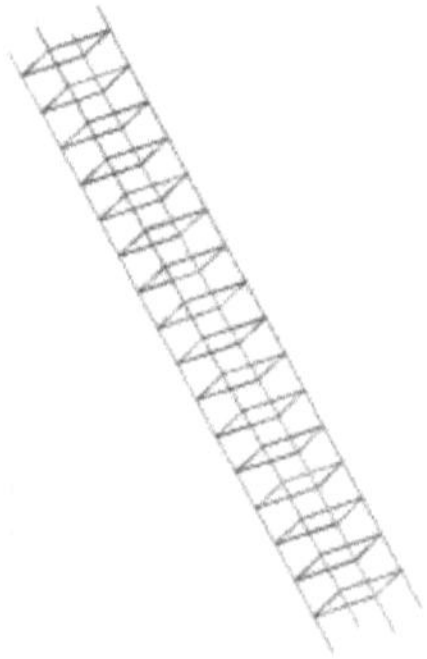

图 10-1-37 井字护栏

4）墙面泛水板、包边配件的安装

墙面泛水板、包边安装的重点是做到横平竖直，墙面板安装完毕后应对配件的安装作二次放线，以保证檐口线、窗口门口和转角线等的水平直度和垂直度。应采用线锤从顶端向下测量，以调整包边的垂直度。在安装门窗的垂直包角时，应从上层门窗向下挂线锤，做到上下对齐。

墙面配件如图 10-1-38 所示。表 10-1-4 所示为压型金属板安装的允许偏差。

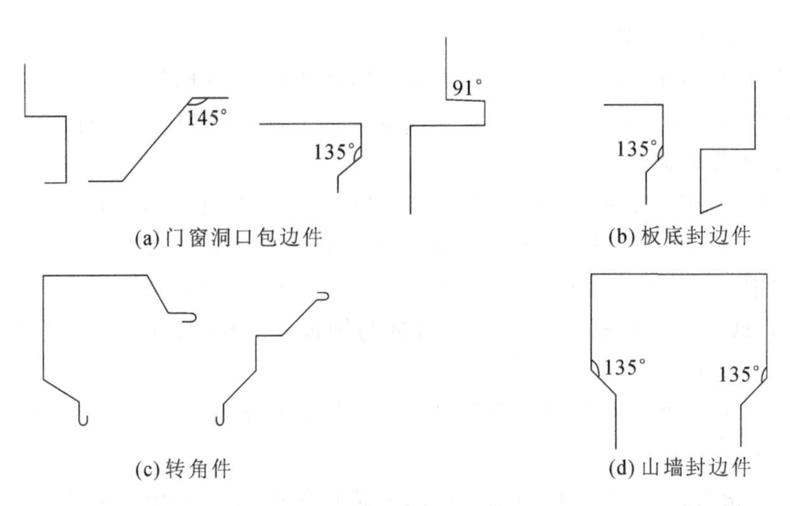

图 10-1-38 墙面配件

表 10-1-4 压型金属板安装的允许偏差(mm)

项目		允许偏差
墙面	墙板波纹线的垂直度	H/800,且不应大于 25.0
	墙板包角边的垂直度	H/800,且不应大于 25.0
	相邻两块压型金属板的下端错位	6.0

注:H 为墙面高度。

5) 紧固自攻螺丝的正确使用

在紧固自攻螺丝时应掌握紧固的程度,不可过度,过度会使密封垫圈上翻,甚至将板面压得下凹而积水。紧固不够会使密封不到位而出现漏雨,目测检查拧紧程度的方法是看垫板周围的橡胶是否被轻微挤出,如图 10-1-39 所示。

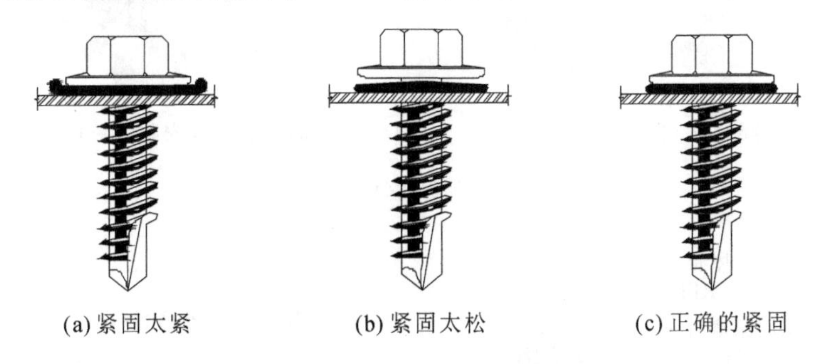

图 10-1-39 紧固自攻螺丝的使用

7. 泛水板、收边板的安装

泛水板和收边板的安装是整个围护系统安装的重要部分,直接影响整个工程的质量和效果,所以应该特别重视。

1) 纵向泛水板和盖板

(1) 安装形式:纵向泛水板和盖板应在屋面板的底盘或波谷处有一向下弯的翻边。下弯深度同钢板外形相应。

(2) 固定方式:泛水板安装好以后,与屋面板的波峰用自攻螺钉固定。固定螺钉采用

M6×20，间距 500 mm 一颗。

（3）搭接与密封：纵向泛水板之间的搭接，屋面纵向泛水板的搭接长度为 200 mm，沿顺坡方向靠近坡顶的泛水板搭接在上面，在搭接处涂上密封胶，用 4×13 的拉铆钉固定搭接。

2）横向泛水板和盖板

（1）安装方式：用于屋面的横向泛水板和盖板，沿下边线有一加固的裂口，为保证防雨，可以切割裂口使其与波纹相配，同时在其下设置带双面胶带的塑料堵头，也可稍做修改，使其嵌入沟槽之中。对小坡度屋面，最好将裂口切开贴紧波纹，带肋条钢板的横向泛水板和收边板，需要沿着低边缘处开槽或向下弯折，以便与钢板外形相配，这样可防止由风带来的水渗透到泛水板或盖板上。

（2）固定：横向泛水板一般用自攻螺钉固定在屋面板的波峰上，可用自攻螺钉 M6×20 固定，隔肋一颗。

（3）搭接与密封：横向泛水板和泛水板之间搭接长度为 200 mm，在搭接处应使用密封剂来密封，在搭接定位和固定前将上面一片翻转过来，在内面离终端 12 mm 处的整个宽度涂上 3 mm 宽的连续的密封剂，并用 4×13 的拉铆钉将其固定。图 10-1-40 所示为泛水板、收边板的安装步骤。盖板的安装如图 10-1-41 所示。

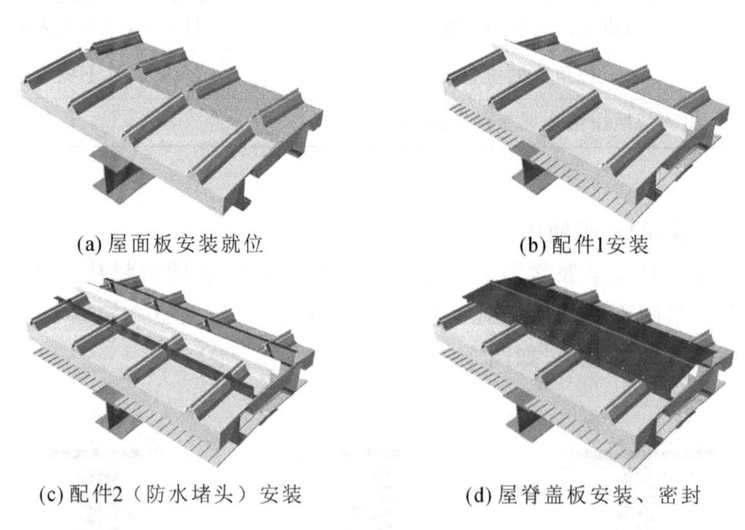
(a) 屋面板安装就位　(b) 配件1安装
(c) 配件2（防水堵头）安装　(d) 屋脊盖板安装、密封

图 10-1-40　泛水板、收边板的安装步骤

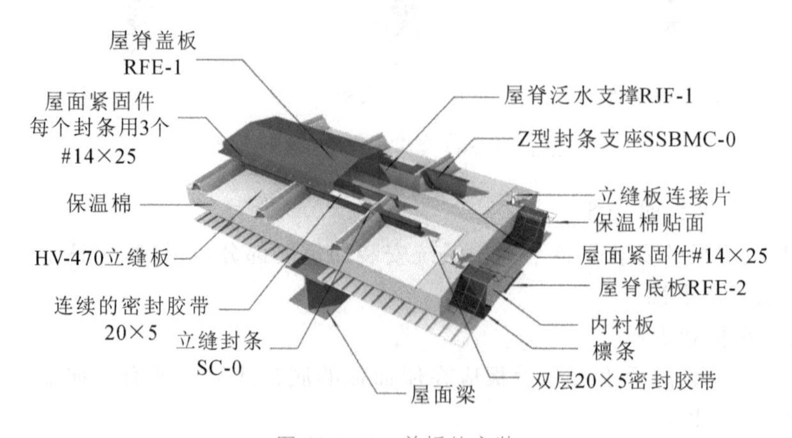

图 10-1-41　盖板的安装

任务2　网架结构施工案例

一、工程概况

某钢网架结构，网架均选用正放四角锥网架，网架分两个区域，Ⅰ区采用螺栓球节点（局部焊接球），下弦支承。网架轴线长度 95.05 m×43.6 m，网架顶标高 45.9 m，跨度 42.65 m，双坡坡度 3%。网架主构件为 Q235B 材质，钢管为焊接钢管或无缝钢管，最小杆件规格为 ϕ60×3.5，最大杆件直径为 ϕ219×16；螺栓球最小规格为 ϕ120 mm，螺栓球最大规格为 ϕ280 mm。焊接球最小规格为 ϕ350×12，焊接球最大规格为 ϕ500 mm×20。Ⅱ区采用螺栓球节点（局部焊接球），下弦支承。网架轴线长度 78.1 m×57.5 m，网架顶标高 42.5 m，跨度 49.65 m，双坡坡度 3%。网架主构件为 Q235B 材质，钢管为焊接钢管或无缝钢管，最小杆件规格为 ϕ60×3.5，最大杆件直径为 ϕ245×16；螺栓球最小规格为 ϕ150 mm，螺栓球最大规格为 ϕ300 mm。焊接球最小规格为 ϕ400×14，焊接球最大规格为 ϕ500 mm×22，柱顶支撑点为固定球铰钢支座。

Ⅰ区网架共有支座 13 个，支座呈非对称布置，网架尺寸 95.05 m×43.6 m，长边支座共计 11 个，两端山墙各 1 个，具体如图 10-2-1 和表 10-2-1 所示。

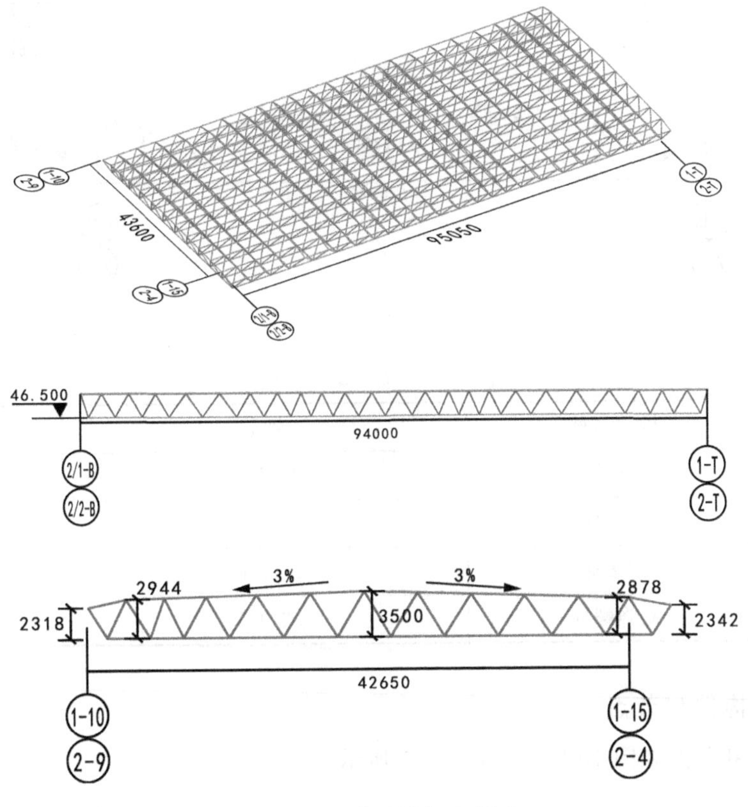

图 10-2-1　Ⅰ区网架示意图

表 10-2-1　Ⅰ区网架构件信息表

序号	构件名称	数量	重量/吨
1	杆件	2304 根	132.399
2	螺栓球	552 个	17.480
3	焊接球	91 个	4.844
4	高强螺栓	3975 个	5.205

Ⅱ区网架共有支座 18 个，支座呈非对称布置，网架尺寸 77.05 m×55.7 m，长边支座共计 12 个，两端山墙各 3 个，具体如图 10-2-2 和表 10-2-2 所示。

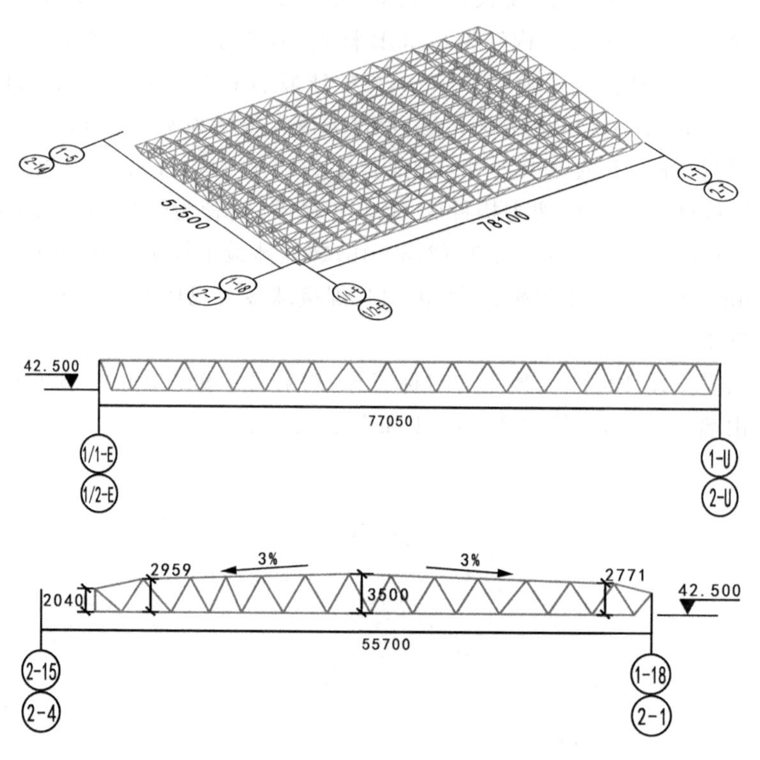

图 10-2-2　Ⅱ区网架示意图

表 10-2-2　Ⅱ区网架构件信息表

序号	构件名称	数量	重量/t
1	杆件	2051 根	123.828
2	螺栓球	428 个	14.310
3	焊接球	118 个	10.212
4	高强螺栓	3214 个	3.972

二、典型构件和节点

典型构件和节点如图 10-2-3～图 10-2-7 所示。

图 10-2-3　网架支座节点

图 10-2-4　焊接球

图 10-2-5　螺栓球

图 10-2-6　上弦管道支架

图 10-2-7　下弦管道支架

三、网架安装总体思路

Ⅰ区网架采用分块吊装法，分为 4 片网架单元。Ⅱ区网架采用分块吊装加高空散装，第一单元网架拼装第一跨起步架，后续采用高空散装。两区分片网架单元交替吊装。网架块在地面拼装后用 250 t，500 t 履带吊吊装至既定位置，接着在网架块交界位置处高空补杆，最后调整定位。

安装步骤：Ⅰ区第一块网架地面拼装，拼装完成后由 250 t 履带吊吊装就位。Ⅰ区焚烧间第二块网架地面拼装，拼装完成后由 500 t 履带吊吊装就位。Ⅱ区第三块网架地面拼装，拼装完成后由500 t履带吊吊装就位。Ⅰ区焚烧间第四块网架地面拼装，拼装完成后由 500 t 履带吊吊装就位。Ⅰ区第五块网架地面拼装，拼装完成后由 500 t 履带吊吊装就位。网架由汽车吊高空散拼。

四、吊索与吊点的选择

1. 吊索的选择

网架块最重约 40 t，为确保安全，按 50 t 计算。采用单机起吊法进行吊装，主机到就位时满载，由于采用 4 点起吊，每个吊点设置一根钢索，吊索处于近 45°状态。验算单根钢丝绳受力满足吊装要求。

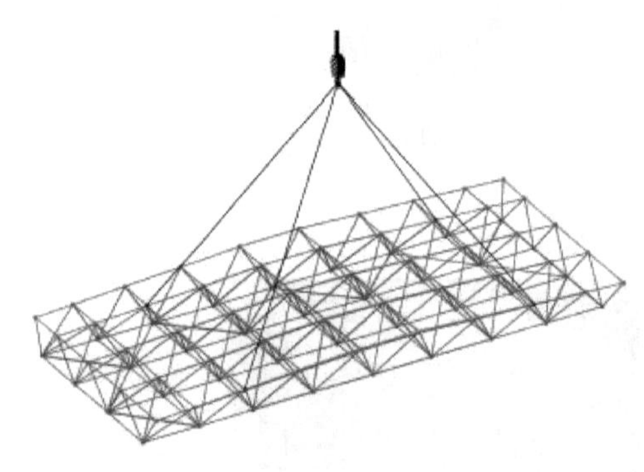

图 10-2-8 网架吊装的吊点

2. 网架吊装的吊点选择

通过对网架块的结构分析和吊装试算，按照四点两端起吊，吊索与水平成 45°角。每一分块吊点设置如图 10-2-8 所示。

五、网架的临时支撑架

由于Ⅰ区格构柱分布不均且柱距较大，最大约 30 m，导致网架支座间距较大，为了防止分片网架单元下挠变形过大，保证网架单元高空顺利补杆，需在网架下方设置临时支撑，具体布置如图 10-2-9 所示。

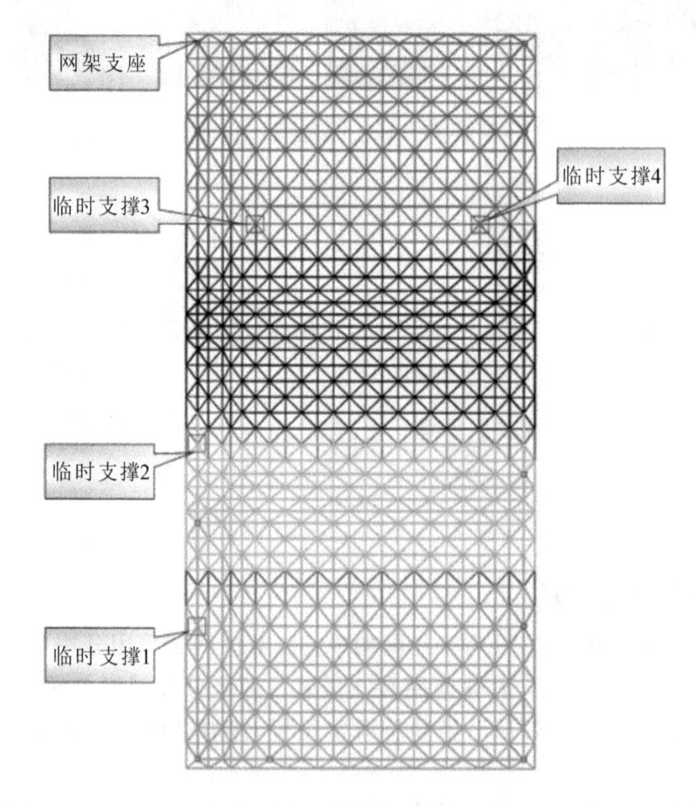

图 10-2-9 临时支撑布置图

六、网架单元拼装

1. 测量定位

网架块在履带吊半径位置进行拼装，拼装场地要求铺设碎石，必须夯实、平整且排水畅通，首先对施工现场测量定位，定位放线工作主要是根据平面坐标图进行测量，以便控制网架安装的整体精度，如图 10-2-10 所示。必须采用水准仪对胎架进行抄平，地面拼装放线用经纬仪在地面放出“网架”的正投影线，作为“网架”地面拼装的控制线，在满足设计及规范要求后方可拼装。

图 10-2-10 施工测量实例图

2. 网架地面拼装施工流程

网架拼装流程如图 10-2-11 所示。

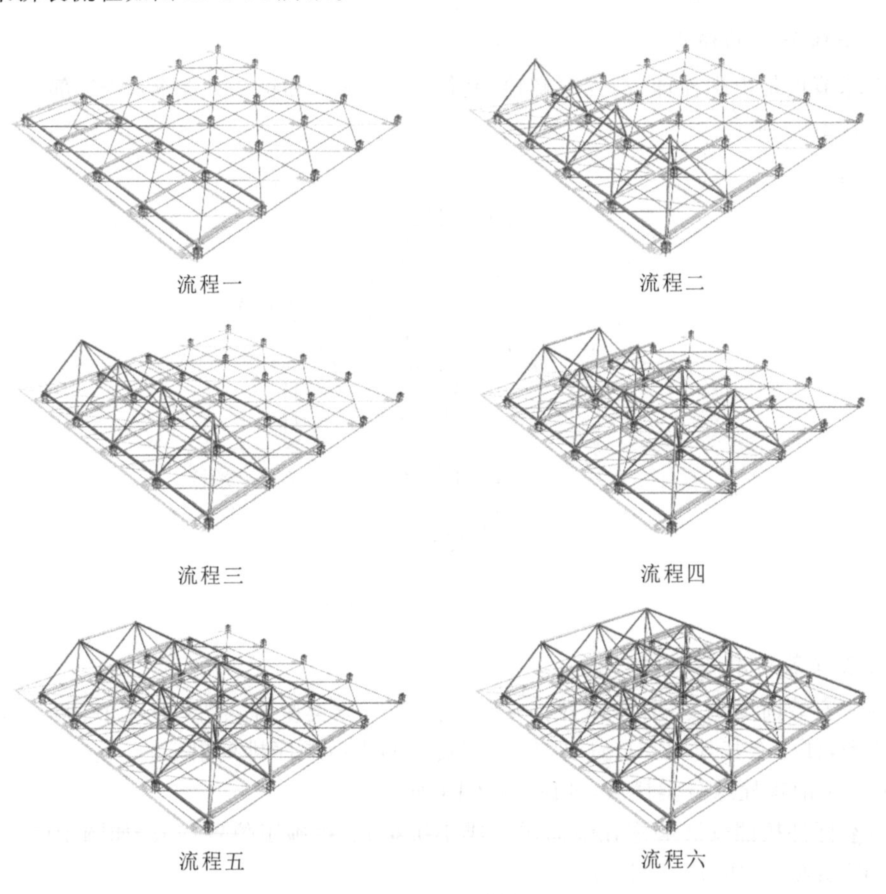

图 10-2-11 网架拼装流程

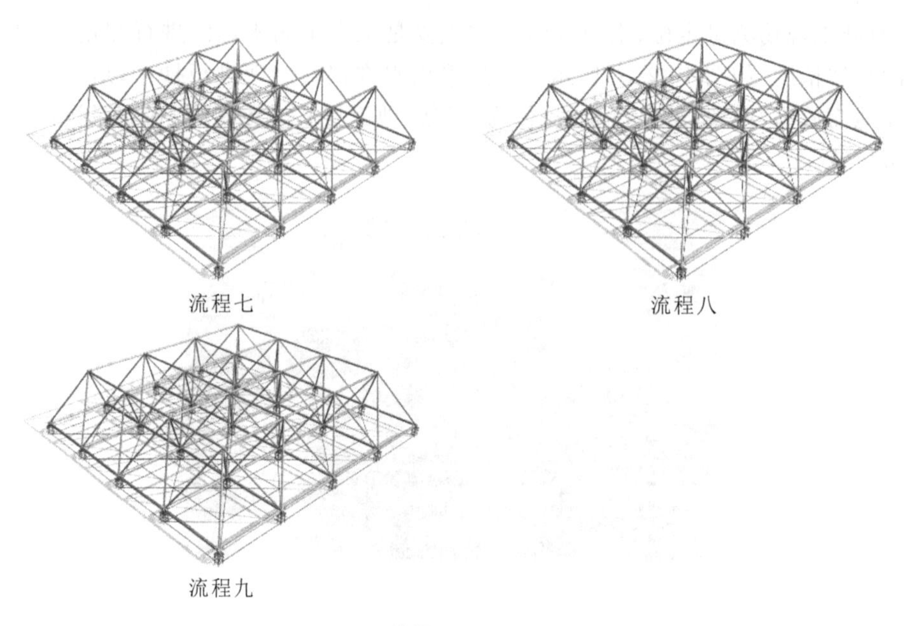

流程七　　流程八

流程九

续图 10-2-11

七、螺栓球节点施工

1. 螺栓球节点的组成

螺栓球节点是由螺栓球、高强度螺栓、套筒、紧固螺钉和锥头或封板等零、部件组成的节点，如图 10-2-12 所示。

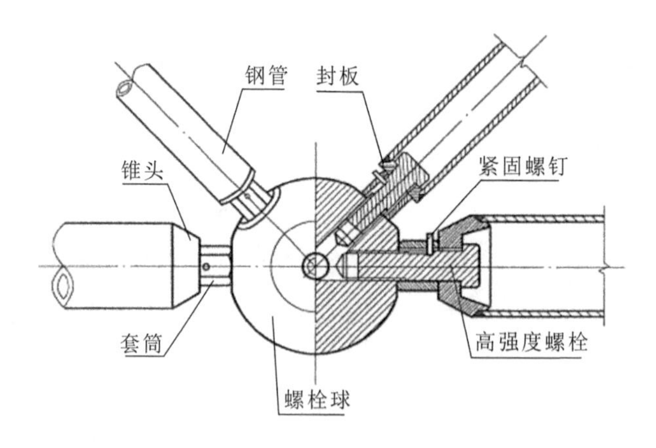

图 10-2-12　螺栓球节点组成

2. 网架安装前准备工作

网架在安装前要把零部件，如杆件、螺栓球，进行分类整理，按规格大小、编号种类按次序排列整齐，便于查找使用。杆件、螺栓球按安装的先后顺序排列出来。

(1) 安装前螺栓球分类摆放，如图 10-2-13 所示。

将网架杆件按照安装顺序在地面拼装成小拼单元，按施工位置摆放，如图 10-2-14 所示。

(2) 网架安装同时进行测量定位。

典型螺栓球节点端部处理示意图如图 10-2-15 所示。图 10-2-16 所示为网架安装示意图。

图 10-2-13　螺栓球分类摆放

图 10-2-14　安装前杆件小拼后分类摆放

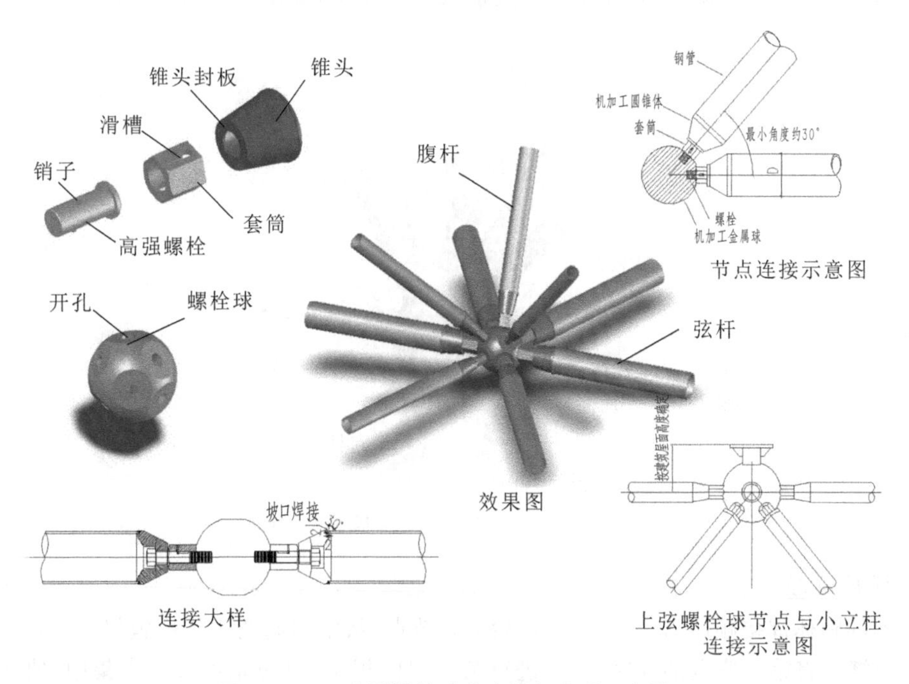

图 10-2-15　典型螺栓球节点端部处理示意图

图 10-2-16 网架安装示意图

待所有网架安装完毕后，整体调整网架各个支座位置，利用千斤顶将网架微调至设计位置后，焊接各个支座。

八、焊接球节点施工

1. 焊接方法

定位焊：根据钢管直径大小，定位焊一般为 2～4 处，定位焊前应检查管端是否与球面完全吻合，坡口两侧是否有油污杂质，应清理干净后方可点焊，定位焊缝正式施焊：环形固定的焊缝是以管的垂直中心将环形焊口分成对称的两个半圆形焊口，按照仰—立—平的焊接顺序，各进行仰—立—平焊，在仰焊及平焊处形成两个接头，如图 10-2-17 所示。

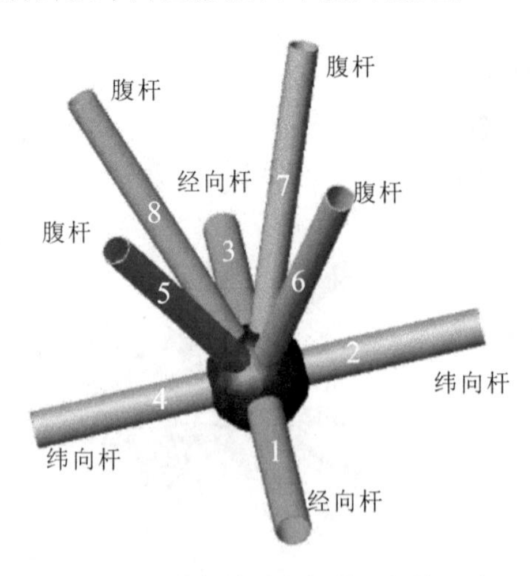

图 10-2-17 单个焊接球各焊缝的焊接顺序

2. 焊接顺序

网架的整体焊接顺序为先下弦节点，后上弦节点，从中间向两边扩散施焊。对每个节点上的所有焊缝应将第一遍全部焊完后，再进行第二遍的焊接，以防止焊接应力集中，使网架产生变形。不允许在同一条焊缝中一半成型后再焊另一半。图 10-2-18 所示为焊接顺序示意图。

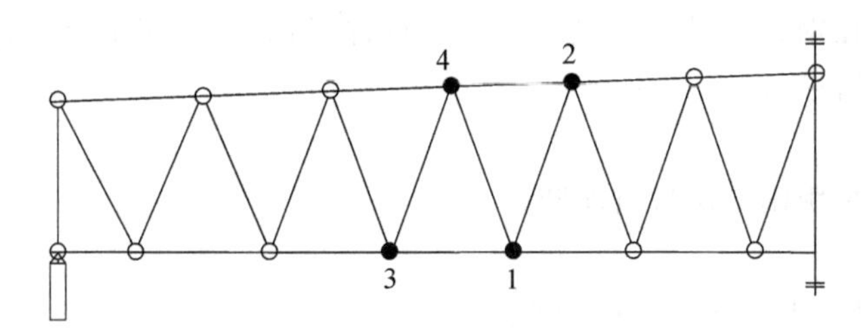

图 10-2-18 焊接顺序示意图

3. 焊接质量检验

应对所有焊缝进行100%的外观检查，严禁有漏焊、裂纹、咬肉等缺陷，下弦节点焊缝进行超声波探伤跟踪检测。

九、网架现场涂装

1. 涂装要求

钢材表面要求达到《涂覆涂料前钢材表面处理 表面清洁度的目视评定 第1部分：未涂覆过的钢材表面和金面清除原有涂层后的钢材表面的锈蚀等级和处理等级》(GB 8923.1—2011)规定的Sa2.5除锈等级，按规范要求对照图片观察检查。钢结构构件除现场焊接、高强螺栓连接(根据工程要求的特殊部位)部位不在制作厂涂装外，其余需涂装的部位均在制作厂内完成底漆涂装。

2. 施工前的准备

1) 涂料的检查与验收

涂料、稀释剂和固化剂等材料的品种、规格、性能等应符合国家产品标准和设计要求。应全数检查产品出厂合格证、中文标志及检验报告等。

2) 涂料的储存与保管

涂料属于易燃、易爆及有毒物品，不允许存放在施工现场，必须按品种、规格存放在干燥、通风、阴凉的仓库内，严格与火源、电源隔离，温度保持在5～30 ℃，并设有充足的消防水源、消防器材和“严禁烟火”的醒目标牌。涂料应保持包装完整及密封，码放位置要平稳牢固，防止倾斜与碰撞，先进先发，严格控制保存期；油漆每月倒置一次，以防止沉淀。开封的油漆应尽量在当天用完，如有剩余，应进行密封单独放置在仓库的一边，第二天领料时应先用第一天剩余的涂料。

3) 涂装环境要求

防腐涂装施工环境温度的要求在15～30 ℃，具体应按涂料产品说明书的规定执行。防火涂料涂装环境温度宜保持在5～38 ℃，空气应流通。涂料施工环境的湿度，防腐涂料一般宜在相对湿度小于80%的条件下进行施工，防火涂料相对湿度不宜大于90%，同时也应参考涂料产品说明书。雨、雪、雾和较大灰尘的环境，涂层可能受到油、腐蚀介质、盐分等污染；控制涂装时的环境温度及空气的相对湿度，并不能完全表示出钢材表面的干湿度，钢材表面温度必须高于空气露点温度3 ℃以上。

3. 防腐涂装工艺

1) 底漆补涂时间

现场焊接焊缝处补涂，在焊接完成并检查合格后进行，并对焊渣进行清理；运输安装过程中破损部位补涂在钢构件吊装完成后及时进行;高强螺栓连接节点补涂在高强度螺栓终拧完成并检查合格后进行。

2）涂装方法

现场底漆补涂采用刷涂法进行涂装。

3）涂层检测

采用湿膜测厚仪、干膜测厚仪进行涂层检测。

4.钢构件防火涂装

本工程网架防火要求:本工程网架防火等级为二级,耐火极限为1 h,应涂刷防火涂料。

防火涂料采用薄型防火涂料。防火涂料的涂层厚度应满足设计要求的钢网架≥1.0 h防火的要求。检验方法:用涂层测厚仪检查,测量方法应符合钢结构防腐涂料应用技术规程的规定。

十、成品保护

由于各工种交叉频繁,对于成品和半成品,容易出现二次污染、损坏和丢失,影响工程进展,应进行成品保护。

参考文献

[1] 中华人民共和国住房和城乡建设部,中华人民共和国国家质量监督检验检疫总局. 房屋建筑制图统一标准(GB/T 50001—2010)[S]. 北京:中国建筑工业出版社,2010.

[2] 中华人民共和国住房和城乡建设部,中华人民共和国国家质量监督检验检疫总局. 建筑结构制图标准(GB/T 50001—2010)[S]. 北京:中国建筑工业出版社,2010.

[3] 中华人民共和国国家质量监督检验检疫总局,中国国家标准化管理委员会. 碳素结构钢(GB/T 700—2006)[S]. 北京:中国标准出版社,2006.

[4] 国家市场进度管理总局,中国国家标准化管理委员会. 低合金高强度结构钢(GB/T 1591—2018)[S]. 北京:中国标准出版社,2018.

[5] 中华人民共和国国家质量监督检验检疫总局,中国国家标准化管理委员会. 合金结构钢(GB/T 3077—2015)[S]. 北京:中国标准出版社,2015.

[6] 国家质量技术监督局. 焊接结构用耐候钢(GB/T 4172—2000)[S]. 北京:中国标准出版社,2001.

[7] 中华人民共和国国家质量监督检验检疫总局,中国国家标准化管理委员会. 热轧 H 型钢和部分 T 型钢(GB/T 11263—2010)[S]. 北京:中国标准出版社,2010.

[8] 中华人民共和国国家质量监督检验检疫总局,中国国家标准化管理委员会. 热轧型钢(GB/T 706—2016)[S]. 北京:中国标准出版社,2016.

[9] 中华人民共和国住房和城乡建设部,中华人民共和国国家质量监督检验检疫总局. 钢结构设计标准(GB 50017—2017)[S]. 北京:中国计划出版社,2017.

[10] 中华人民共和国住房和城乡建设部,国家市场监督管理总局. 钢结构通用规范(GB 55006—2021)[S]. 北京:中国计划出版社,2021.

[11] 马张永,王泽强. 装配式钢结构建筑与 BIM 技术应用[M]. 北京:中国建筑工业出版社,2019.

[12] 廖小烽,王君峰. Revit2013/2014 建筑设计火星课堂[M]. 北京:人民邮电出版社,2018.

[13] 夏训清,郑宇,梁杰. 简明钢结构设计施工资料集成[M]. 北京:中国电力出版社,2005.